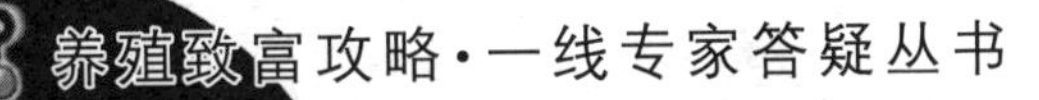

肉牛最新育肥技术300问

蒋洪茂　编著

中国农业出版社

内容提要

本书内容绝大部分为作者实践经验的总结，资料丰富翔实，所介绍的技术具有先进性和实用性，包括育肥架子牛的选择、肉牛的运输、架子牛过渡期的饲养、育肥牛的饲料及配合技术、育肥牛的饲养和管理、育肥牛的保健、育肥牛的生活环境建设、肉牛的屠宰加工等现代化、规范化、高档（高价）化牛肉生产技术。叙述简明，通俗易懂，是肉牛育肥场（户）较好的技术性指导材料(资料)，也可供科研人员和农业院校师生阅读参考。

作者简介

蒋洪茂，男，80岁，北京市农林科学院农业综合研究所研究员。长期在养牛生产第一线从事肉牛科研、生产、推广工作。退休后在多家养牛企业任首席科学家、总工程师、总经理等职。曾获得国家和北京市科技成果一等奖、二等奖多次，其中高档牛肉生产技术的研究和开发取得了多项成果，填补了国内空白。发表论文几十篇，主编、编著《肉牛易地育肥技术》《肉牛育肥技术》《农家养牛120问》《优质牛肉生产技术》《黄牛育肥实用技术》《肉牛高效育肥饲养与管理技术》《肉牛快速育肥实用技术》（一二版）《肉牛无公害高效养殖》（一二版）《科学养牛指南》《优质肉牛屠宰加工技术》《肉牛肥育技术325问》等近二十部图书。

前 言

我国肉牛业在国内经济持续增长的大好形势下正稳步发展，虽然肉牛数量有所下滑但肉牛质量有较大的提高。在人们生活消费中牛肉及其制品占有的份额越来越多，人们对牛肉品质的要求也越来越高；“安全型”牛肉、“长寿型”牛肉越来越受到消费者的青睐；高档（高价)、优质牛肉需求量和供应量的矛盾越来越大；越来越多的肉牛屠宰加工企业渴望收购优质育肥牛；越来越多的肉牛饲养户（场)、肉牛科技工作者关注牛肉市场，大家的共识是只有依靠现有先进的、实用的肉牛科学技术才能生产高档(高价)、优质肉牛，产供销一体化经营、有针对性的育肥饲养才能满足牛肉市场的需要，这些共识标志着我国肉牛产业进入了一个崭新的历史时期。科学技术也有时效性，在肉牛育肥技术的实践中要不断创新，在创新中要一刻不脱离肉牛育肥技术的实践，这样才能保持技术的活力，这个过程必将促使我国肉牛产业化健康发展，达到一个新的目标。《肉牛育肥技术300问》旨在以先进实用的肉牛育肥技术，翔实丰富的肉牛育肥饲养资料（实践经验)，为肉牛饲养户（场）实现肉牛生产现代化、规范化、标准化、产业化进程中提供技术指导（或助手、或帮手、或推手)，使饲养管理人员掌握最先进的技术，生产出数量多、质量优，满足市场需求的牛肉，并获得较高的饲养效益。

由于受知识水平的限制，书中仍难免有不妥或错误之处，恳请读者批评指正。谨向本书所引用的参考资料的作者和译者致谢！

作　者

2016年5月

目 录

第一部分　育肥牛的选择

1. 什么叫肉牛易地育肥？

肉牛易地育肥是指犊牛在甲地繁殖、培育，在乙地进行架子牛育肥。它既能充分发挥母牛繁殖基地饲草资源丰富、饲养成本低廉的优势繁殖培育犊牛，又能充分发挥架子牛专业育肥场或育肥饲养户拥有牛肉销售市场、精饲料充足、技术先进、市场信息灵通等优势育肥肉牛，是繁殖育肥双赢、互利互惠、专业分工很强的繁殖—育肥模式。肉牛易地育肥极大地推动了肉牛产业化的进程，并取得了十分显著的经济效益。国外在1930年前后试行并大规模推行，而在我国较大规模的肉牛易地育肥开始于20世纪70年代末期，北京市农林科学院农业综合发展研究所肉牛研究室，前后从内蒙古自治区草原将20 000余头架子牛运输到北京郊区育肥，取得了非常显著的饲养效益。实践证明，肉牛易地育肥不仅提高了内蒙古草原母牛繁殖犊牛的效益；也充分发挥了农区秸秆资源、牛肉市场、先进技术的优势；还提高了牛肉质量，对提高架子牛产地和育肥地区肉牛生产力起到了前所未有的作用。肉牛易地育肥在国外已跨越国界，在国内已跨越省界。

如何在实施肉牛易地育肥进程中获得较好的效果，根据作者20余年的实践，提供几点体会供参考。

1. 依据育肥牛市场（或屠宰户）的需求标准和架子牛交易实况养牛　育肥牛饲养户的肉牛最终要卖给屠宰户才能体现养牛效益，而屠宰户（育肥牛市场）对育肥牛的需求是牛肉消费市场的反映，因此，养牛户要紧紧围绕育肥牛的市场需求（屠宰户收购肉牛的标准、方式、方法等）养牛，才能获得更高的养牛利润，育肥牛市场的需求量受以下一些因素的影响。

（1）育肥牛市场（或屠宰户）需求的育肥牛品种、年龄、体重、性别等标准。

（2）育肥牛市场（或屠宰户）需求育肥牛体重、体膘的分级标准；脂肪颜色标准；大理石花纹等级标准等。

（3）育肥牛市场（或屠宰户）进行牛交易时的计价方法，活重计价、鲜胴体重计价、排酸后胴体重计价、净肉重计价等。

（4）育肥牛市场（或屠宰户）进行牛交易时的计价标准，以头估价、以屠宰率、胴体重、背部膘厚等计价。

（5）育肥牛需求量的淡季和旺季。

2. 依据买卖差额养牛 架子牛的买卖差额越大，养牛的效益越高（架子牛买卖差额见第2问）。在买卖差额较大时应选择体重大的架子牛，在短期便能获得较高的利润；在买卖差额较小时要选择体重小的架子牛，小体重架子牛一方面可以通过延长饲养等待育肥牛价格的上升；另一方面由于饲养时间延长，获得了卖价更高的优质肉牛，从而得到更高的饲养效益。

3. 依据资金养牛 具有资金优势的养牛户应该饲养高品质肉牛（高品质肉牛的买卖差额较大）；资金实力条件较差的养牛户饲养买卖差额较小、体重较大的肉牛，利润虽小但资金周转快。具有资金优势的养牛户可以实施规模化经营，获取规模经营效益。

4. 依据技术条件养牛 具有技术优势的养牛户（或聘请技术指导）应该饲养高品质肉牛（高品质肉牛买卖差额较大）；只有一般技术水平的养牛户饲养买卖差额较小、体重较大的肉牛，利润虽小但风险也小，以数量多而获得较大的利润。

5. 依据市场信息养牛 具有市场信息（架子牛、育肥牛、饲料交易价格、牛肉价格、运输计价等）优势的养牛户应该饲养高品质肉牛（高品质肉牛的买卖差额较大）；市场信息较差的养牛户饲养买卖差额较小的肉牛。

6. 依据季节养牛 我国当前的牛肉销售市场受消费习惯的影响，牛肉的销售量呈现季节性变化，育肥牛的需求量和价格也随着变化，因此，在设计育肥牛出栏计划时，适当减少在育肥牛需求淡季时的出售量（饲养体重小一点的架子牛或少养牛），而设计在育肥牛需求旺

季时多出售；严冬腊月和酷暑季节少养牛，以减少风险。

7. 依据牛肉质量养牛 在牛肉消费中始终存在档次高和低的现实，生产高档牛肉利润要高于普通牛肉几倍至十几倍，因此，如果养牛户具有资金、技术（饲养和屠宰）、信息等条件，可以饲养高档肉牛。饲养规模不一定很大（年出栏优质肉牛2 000～3 000 头），以牛肉品质取得较高的经济效益（以质量取胜）。

8. 依据架子牛产地条件养牛 肉牛异地育肥技术已在国内外肉牛繁殖、育肥中发挥了十分重要的作用，并将在我国肉牛产业化进程中进一步显示它的功能效力，应用好肉牛异地育肥技术，必将给养牛者带来更好的效益（见第 3 问）。

2. 什么叫架子牛的买卖差额？

架子牛买卖差额，是指架子牛交易地的价格和架子牛育肥地育肥后出售时的价格差额（简单理解为买进价和卖出价的差价），肉牛易地育肥具有较强生命力的原因之一是两地牛交易价格存在差别，这里架子牛价格差别包含两个层面，其一是两地架子牛价格的差异（如甲地架子牛价为 9.00 元/千克，乙地为 10.00 元/千克，两地的差额为 1.00 元/千克，1 头 300 千克体重架子牛的易地差额为 300 元）；其二是架子牛育肥后出售时的价格，如出售价格为 11.00 元/千克，则架子牛自身增值部分为 600 元〔（11－9）×300〕；如出售价格为 12.00 元/千克，则架子牛自身增值部分为 900 元〔(12－9)×300〕。因此，架子牛的买卖差额不仅仅是 300 元，而是 600 元或 900 元。作者于 1980—1986 年在内蒙古，北京间，2002—2003 年在山东省东、中部间，2004—2005 年在山东、北京间进行肉牛易地育肥时的买卖差额统计于表 1-1、表 1-2 内。表 1-1 内 3 118 头架子牛的平均买卖差额为 0.28 元/千克，表 1-2 内 1 850 头架子牛的平均买卖差额为 483 元/头。假如 1 850 头架子牛育肥阶段增加体重 200 千克时的增重效益为零时，则养牛户的利润仅为 483 元/头；增重效益为 300 元时，养牛的利润则为 783 元/头。因此，在购买架子牛时就要对育肥牛的出售价格做出评估，买卖差额越大，育肥饲养户获利越多。架子牛买卖差额的存在是促进肉牛易地育肥事业发展的重要条件之一，育肥饲养户要充分利用买卖差额规律，以获得更高的养牛效益。

表 1-1 架子牛买卖差额

年 度	头 数	架子牛成本（元/千克）			出售价（元/千克）	买卖差额（元/千克）
		收购价	其他费用	合计		
1980	89	1.66	0.11	1.77	2.19	0.42
1981	112	1.75	0.11	1.86	2.07	0.21
1982	379	1.60	0.11	1.71	2.12	0.41
1983	449	1.62	0.17	1.79	2.03	0.24
1984	262	1.63	0.15	1.78	1.94	0.16
1985	640	1.49	0.36	1.85	2.05	0.25
1986	1 187	1.44	0.36	1.80	2.10	0.30
合计	3 118					0.28

表 1-2 肉牛易地育肥买卖差额

批次	头数	架子牛成本（元/千克）			出售价（元/千克）	买卖差额（元/千克）	购买 350 千克牛的差价（元）
		收购价	费用	合计			
1	99	8.30	0.55	8.85	10.95	2.10	735.00
2	114	8.74	0.55	9.29	10.35	1.06	371.00
3	389	8.01	0.54	8.55	10.59	2.04	714.00
4	159	8.11	0.85	8.96	10.15	1.19	416.50
5	362	8.17	0.76	8.93	9.73	0.80	280.00
6	340	7.43	1.75	9.18	10.25	1.07	374.50
7	387	7.21	1.78	8.99	10.50	1.51	528.50
合计	1 850	7.84	1.09	8.93	10.31	1.38	483.00

3. 进行架子牛交易前应做哪些准备工作？

肉牛易地育肥技术可带给育肥饲养户（牛场）较好的经济效益，育肥饲养户（牛场）的牛源绝大部分来自异地他乡，由产犊区或交易市场选购架子牛，运送到育肥饲养户（育肥牛场）。因此，架子牛收购工作的好坏，直接影响育肥饲养户（育肥牛场）肉牛的育肥期、饲

料消耗、饲养效益、经营成本、牛肉品质、育肥牛的健康等，收购到好的架子牛等于易地育肥成功一半，所以必须十分重视架子牛的收购工作。

架子牛收购前的准备工作包括：①收购资金准备工作：收购架子牛资金要汇入当地银行；当地银行提存款方式，包括工作日、提款预约、最大提款额度、提款必备证件。②舆论准备工作：在架子牛收购工作开始前几周，利用当地电视、广告，广泛宣传架子牛收购的方法、架子牛标准、数量、牛价等。③运输工具的准备工作：如为自有车辆应进行车况检查；如为雇用车辆，要了解车主信誉、运输车型号、载重量、收费标准及交费方式。④准备牛耳标、耳号。⑤准备收购记录本。⑥准备押运员。⑦运输路线：选择安全、快捷方便、途中费用少的运输线路。⑧接收架子牛的准备工作：牛舍的清扫、消毒、铺垫草；架子牛到场的称重系统；预防接种疫苗。⑨架子牛到场后的饲料饲草、饲养员工的准备。⑩准备对运牛车辆到场后的消毒工作。

4. 如何进行架子牛交易前的谈判?

架子牛交易谈判的主体为购买架子牛一方，客体为交易场所管理人员或经纪人。

架子牛交易谈判的内容：①架子牛交易价格确定的方式：活牛估个作价、以净肉重作价（含内脏牛皮、不含内脏牛皮）、以体重作价（实际称重、估重）。②架子牛交易价格：确定架子牛交易价格的上限和架子牛交易价格的下限。③采购架子牛数量和质量要求：每个交易日收购数量；架子牛质量要求，包括品种、年龄、性别、体重、体形外貌、体质体况等。④采购架子牛健康状况要求。⑤架子牛交易后的暂时寄存、寄养、看管、饲养等的费用。⑥架子牛交易中税费种类、收费标准；架子牛交易成功后税费、证件手续办理；付款方式（现金、银行划拨、汇款）。⑦架子牛交易后发生意外伤亡牛的处理，等等。

明确交易双方责任，必要时签订架子牛交易合同，并在当地公证处公证。

5. 决定架子牛价格的因素有哪些？

架子牛的价格受多种因素影响，有决定作用的因素是：

（1）架子牛交易数量　架子牛少而买牛者多时，牛价会高些；架子牛多而买牛者少时，牛价会低些。

（2）架子牛交易时间　架子牛交易开始时牛价会高些，架子牛交易终了时牛价会低些。

（3）架子牛交易季节　“春买骨头秋买膘”，意指春天用较高价格购买瘦些（健康）的架子牛，而秋季用较高价格购买较肥的架子牛。

（4）架子牛性别　阉公牛价格高于公牛，公牛价格高于母牛，母牛价格较低。

（5）架子牛品种　东北、中原肉牛带纯种黄牛价格高于杂交牛；在中原肉牛带利木赞牛、德国黄牛、安格斯牛、和牛的杂交牛价格高于西门塔尔杂交牛。

（6）架子牛年龄　幼牛（8～12 月龄）牛价格高，青年牛（13～18 月龄）价格高于老龄牛。

（7）架子牛体质体况　架子牛有健壮的体质和良好的体况（毛光亮而顺滑、结构紧凑、周身干净利落）价格高，反之则价格低。

（8）架子牛体形外貌　头方颈短粗、长方形或长圆形的体躯、背宽平直、四肢粗壮直立的肉牛，价格高。

（9）季节性畜牧业较明显地区（如寒冷地区）入冬前，牛的价格低一些；春季牛的价格高一些。

6. 架子牛交易过程中有哪些费用？

架子牛交易时发生的费用，各地有差异，现以中原肉牛带为例介绍于下：

（1）交易手续费　由买方支付经纪人，每头牛 10 元。

（2）兽医检疫费　由买方支付，每头牛 10～20 元。

（3）工商管理费　买卖各方支付，每头牛 10～20 元。

（4）车辆消毒　由买方支付，每辆车 10 元。

（5）场地费　由买方支付，每头 2 元。

（6）黄牛技术改良费　由买方支付，每头 5～10 元。

（7）黄牛保种费　由买方支付，每头 5～10 元。

（8）换牛绳费　由买方支付，每头 0.5～1 元。

（9）牵牛装车费　由买方支付，每头 0.5～1 元。

交易成功 1 头牛的各项杂费共约 55 元。

7. 怎样计算架子牛的购买成本？

在计算育肥牛经营的总成本中，架子牛的购买成本占有较大的比重，购买架子牛的成本中包括以下内容。

（1）架子牛牛价

（2）交易场所发生的费用　见第 7 问。

（3）架子牛运输费用　按当地汽车吨公里收费标准计算。

（4）架子牛运输失重　架子牛在运输途中失重是难免的，因此，要把运输中失去的体重损失估算在架子牛的购买成本中。架子牛运输失重的多少受架子牛装车时牛采食量及采食饲料干稀程度和运输距离的影响，据作者测定：运输距离 500～800 千米，架子牛的运输失重率为 5.2%～14.6%；运输距离 800～1 000 千米，架子牛的运输失重率为 10.5%～12.0%（详见第 34 问）。

（5）不可预见损失　运输途中牛只伤亡，据作者运输 2 万头架子牛的死亡统计，死亡率＜0.1%。

（6）购买人员费用　购买架子牛人员的餐费、住宿费、交通费、工资；招待费。

（7）购牛后临时租借拴牛费　架子牛购买后当天不能运输时需要租借拴牛场所时（包括牛只的看管费）发生的费用。

（8）购牛后运输前喂牛草料费　架子牛购买后当天不能运输时，需要购买草料喂牛所发生的费用（包括雇佣喂牛人员工资）。

（9）利息　购买架子牛贷款利息。

8. 如何进行架子牛交易？

架子牛交易的方法和种类较多，目前较流行的有以下几种方式。

1. 以头数进行架子牛交易　有按头交易（1头牛一个价）和群体交易（一群牛一个总价）。

2. 以牛体重或净肉重交易

（1）目测估“个”法　全凭经验估量（测）架子牛的体重或净肉重而作价。

交易方法：捏手指法，牛经纪人、买主、卖方三者间不用语言交谈，而是牛经纪人分别和买卖双方通过捏手指传递该牛牛价信息，捏手指交换价格时不能被第三者看见。

（2）称重法　首先协商好以牛活重计价，用度量衡计量。交易方法为实测法。

3. 以净肉重交易　首先协商好每千克牛肉的价格，多用目测法估算牛的净肉重。

架子牛交易中牛经纪人的作用不能低估。

9. 如何挑选架子牛？

1. 看架子牛的整体　健康牛高昂头，精神活泼，两眼左右环视、两耳不停地摆动，对周围环境反应敏感；被毛整齐、顺滑、富有光泽与弹性；鼻镜湿润、鼻水分布均匀成珠；步态稳健，四肢直立，灵活自如；背腰平宽，体长体宽比例合适；尾巴常摆动。首选长方形体型，不选两头尖、中间大的枣核型牛、不选短粗型牛、不选“小老牛”（年龄大、体重小）。

2. 看架子牛的品种　符合育肥牛品种要求，见本书第20问。不购买不符合育肥市场需求的架子牛。

3. 看架子牛的年龄　符合育肥牛年龄要求，见本书第16问。不购买不符合育肥市场需求的架子牛。

4. 看架子牛的性别　公牛、母牛、阉公牛，检查去势是否彻底

（用手摸鉴别）。

5. 看架子牛的体表体质　牵牛走几圈，检查四肢有无毛病；检查体表表皮有无划伤、疤痕、肿块。不购买体表体质有毛病的牛。

6. 检查架子牛是否灌水　①先看牛腹围，灌水牛腹围大；②灌水牛排尿次数频、尿量多；③灌水牛的耳朵发凉；④灌水牛常用尾巴打击腹部；⑤灌水牛精神状态差；⑥轻轻敲击肷部，能听到水音。不购买灌水牛。

7. 检查架子牛是否被强制喂精饲料　①被强制喂精饲料的牛肚围特大；②轻轻敲击肷部为实音；③牛排尿次数少、尿量少。

8. 查看架子牛体膘　架子牛体膘受季节的影响较大，因此不能笼统地选择膘肥体壮的牛，养牛前辈给我们留下了宝贵名言“春买骨头秋买膘”，经过冬天后，架子牛较瘦弱，膘情差，但是精神活泼，这一类型的牛可以购买；到了秋季，健康的架子牛应该是膘肥体壮，故秋季买牛要买有膘的牛，没有膘的牛或许是不健壮或有病的牛。

9. 检查相关证件　县级检疫证、非疫区证、注射证、出境证明、车辆消毒证等证件，不买无证件架子牛。

10. 架子牛体质健壮、精神饱满的表现　①反应敏捷，头高高抬起；密切注视周围的任何动静；耳朵不停地转动。②眼睛有神，当有人接近牛时，体质健壮的牛两眼炯炯有神，全神专注。③耳朵竖立听辨声响或耳朵成水平方向，前后摆动。④尾巴左右摇摆自如。⑤四肢粗壮、端正、直立。⑥被毛光顺。⑦背腰平直。⑧腹部较大而不下垂，较紧凑。

11. 架子牛体质的选择方法　①眼看：身体各部位结构是否紧凑匀称，有无缺陷，体表有无伤疤。②手摸：皮肤松紧程度。③牵牛走一走，转一转，走路有劲、四肢灵活的无病。④观察架子牛外表：架子牛体躯要深、胸要宽，管围要粗，牛蹄要圆而大。⑤营养：营养状况较好。⑥体形：长方形或低矮形较好。

12. 粪尿颜色正常

13. 反刍正常　可观察牛的反刍时间或一个食团的反刍次数，一个食团的反刍次数50次以上为体质健壮、精神饱满的标志之一，据作者观测，一个食团的反刍次数30次以下的牛体质多数较差。

14. 考察牛的体重和体积的比例

（1）短粗肥胖型　早期肥胖造成体积小、体重大的牛，发展前途差，在进一步育肥时增重慢、饲料报酬低。

（2）长高消瘦型　年龄符合要求而早期生长受阻造成体积大、体重小的牛，要了解牛生长受阻的时间，生长受阻的时间在6个月以下的可以购买，超过6个月的不应购买。

（3）超年龄标准　（标准由育肥场自定）体瘦、体弱的牛最好不买。

（4）由于疾病造成牛的体膘差、消瘦，且疾病尚未痊愈，这样的牛不能购买。

15. 牛体膘春夏秋冬四季的差别　不同季节牛膘情有较大的差别，一般来说春季的牛体膘差一些，秋季的牛体膘好一些，民间流传“春买骨头秋买肉”是有道理的；平时购买架子牛时牛有五六成膘即可。

16. 检测方法　检测牛的体膘靠眼看手摸，全凭经验。

10. 育肥牛的年龄鉴定方法有几种?

架子牛年龄的识别在肉牛育肥中具有十分重要的地位，因为架子牛的年龄和育肥期增重、饲料报酬、饲养成本、资金周转、屠宰成绩、胴体等级、牛肉品质都有密切关系。识别架子牛年龄的方法有：

1. 查看档案记录　此法准确性最高，将牛的出生年月日记录在案，有的记录在耳标上，清晰明白，目前在我国架子牛生产区具备档案记录的仅为少数。

2. 看角轮鉴定年龄　由于饲料条件的因素，一段时间饲料供应充足，一段时间饲料供应不充足，牛的营养时好时坏，从牛的体膘看，饲料供应充足时牛体膘好，饲料供应不充足时牛体膘不好，反映到牛角上，饲料供应充足时牛角颜色深而且长得快，饲料供应不充足时牛角颜色淡而且长得慢，形成一圈黑、一圈白的角轮，因此可以根据牛的角轮识别牛的年龄，在温差大、冬季时间长的地区更容易看到。

3. 看被毛分叉判别牛年龄 牛被毛毛尖随年龄而变化，年轻牛的毛尖不分叉，年老牛的毛尖才分叉，因此，根据毛尖是否分叉可判定年轻牛或老龄牛。此法较难判别确切的年龄。

4. 看牙齿鉴定牛的年龄 依牙齿更换规律鉴定牛的年龄，牛有 4 对门齿；中间的 1 对称为第一门齿，也叫钳齿；紧靠第一门齿的 1 对称第二门齿，也叫中间齿；紧靠第二门齿的 1 对称第三门齿，也叫外中间齿；紧靠第三门齿的 1 对称第四门齿，也叫隅齿。牛出生时便有 4 对乳齿，随着牛年龄的变化，牛的牙齿也发生变化，由乳齿换成永久齿，牛门齿变化情况如图 1-1。

门齿变化情况	年龄
两个或两个以上乳齿出现	初生至 1月龄
第一对乳齿由永久门齿代替	1.5～2 岁
第二对永久门齿出现	2.5 岁
第三对永久门齿出现	3.5 岁
第四对永久门齿出现	4.5 岁

（续）

门齿变化情况	年龄
永久门齿磨成同一水平，第四对亦出现磨损	5～6岁
7～8岁，第一对门齿中部出现珠形圆点，8～9岁第二对门齿中部呈现珠形圆点，10～11岁第四对门齿中部呈现珠形圆点	7～10岁
牙齿的弓形逐渐消失，变直，呈三角形，明显分离，进一步成柱状，随年龄而愈加明显	12岁以后

图1-1　纯种肉用牛不同年龄门齿的一般变化

掌握识别牛年龄的技巧后，便可随心所欲选择你所需要年龄的架子牛，根据育肥目的不同，架子牛年龄的选择有较大的差别，下面是作者选择架子牛的经验，供参考。

架子牛月龄	牛肉档次	生产条件
12～18月龄	生产高档（高价）牛肉	资金充足，市场意识到位，信息灵通，技术力量雄厚，调度适宜，纯种阉公牛，杂交阉公牛，饲养屠宰一体化，较长时间育肥，以养牛质量、数量获得较多利润
18～24月龄	生产优质牛肉	资金较充足，市场意识较好，信息灵通，有一定技术力量，调度适宜，纯种阉公牛，杂交阉公牛，较长时间育肥，以养牛质量、数量获得较多利润
大于36月龄	生产普通牛肉	资金欠缺，小规模经营，较短时间育肥，牛群周转快，以养牛数量获得较多利润

11. 育肥牛哪些体形外貌和其他性状有相关关系？

据作者和同事们对育肥牛体形外貌（图1-2）性状的测定研究分析，架子牛体形外貌与性状之间存在一定的相关，即架子牛体形外貌甲性状表现得好，乙性状的表现也好，甲性状表现不好，乙性状的表

现也不好，此规律的发现为我们选购架子牛时提供了由体形外貌选购优质牛的依据。作者和同事们在生产实践和科学研究中测定了架子牛可测量体形外貌性状（牛头长度、宽度、额宽、头重、胸围、胸深、臀部宽、管围、牛蹄重）之间有无相关关系及相关关系的强弱，供参考。

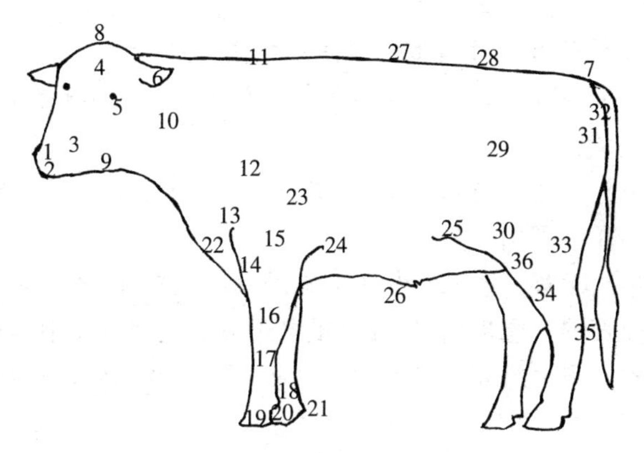

图 1-2　育肥牛体形图

1. 鼻镜　2. 鼻孔　3. 脸面　4. 额　5. 眼睛 . 6. 耳朵　7. 尾根　8. 额顶　9. 下颌　10. 颈　11. 鬐甲　12. 肩　13. 肩端　14. 臂　15. 肘部　16. 腕部　17. 管部　18. 球节　19. 蹄　20. 系部　21. 悬蹄　23. 胸部　24. 前肋　25. 后肋　26. 腹部　27. 背部　28. 腰部　29. 腰角　30. 膁部　31. 臀部　32. 臀尖　33. 大腿　34. 小腿　35. 飞节　36. 膝

1. 牛头头长和牛体其他性状间的相关关系

（1）牛头的长度（厘米）和牛头宽度（厘米）、牛胸围（厘米）、牛胸深（厘米）、牛胸宽（厘米）、前管围（厘米）之间存在中等相关（$0.33<r<0.66$）关系。

（2）牛头的长度（厘米）和牛蹄的重量（千克）之间存在强相关（相关系数 $r>0.66$）关系。

（3）牛头的长度（厘米）和牛在饲养期间的增重（千克）存在强相关关系。

（4）牛头的长度（厘米）和眼肌重量（千克）、腰肉重量（千克）之间存在中等相关关系。

2. 牛头头宽和牛体其他性状间的相关关系

（1）牛头宽度（厘米）和牛在育肥期间的增重（千克）之间存在中等相关关系。

（2）牛头宽度（厘米）和牛的胸宽（厘米）、胸深（厘米）之间存在中等相关关系，在选购架子牛时要选择牛头宽（厘米）一些的牛，在育肥期会有较高的增重。

3. 牛头额宽和牛体其他性状间的相关关系

（1）牛头额宽（厘米）和牛在育肥期间的增重（千克）之间存在中等相关关系。

（2）牛头额宽（厘米）和牛的眼肉重量（千克）、西冷重量（千克）之间存在中等相关关系。

（3）牛头额宽（厘米）和牛的胸围（厘米）、胸宽（厘米）、胸深（厘米）、前管围（厘米）、牛蹄重量（千克）之间存在中等相关关系。

在选购架子牛时要选择额部宽（厘米）一些的牛，在育肥期会有较高的增重。

4. 牛头头重和牛体其他性状间的相关关系

（1）牛头头重（千克）和头长（厘米）、头宽（厘米）、额宽（厘米）之间存在中等相关关系。

（2）牛头头重（千克）和胸围（厘米）、胸宽（厘米）、胸深（厘米）之间存在中等相关关系。

（3）牛头头重（千克）和前管围（厘米）、牛蹄重量（千克）之间存在中强等相关关系。

（4）牛头头重（千克）和牛柳重量（千克）、西冷重量（千克）、臀肉重量（千克）、大米龙重量（千克）、小米龙重量（千克）之间存在中等相关关系。

（5）牛头头重（千克）和眼肉重量（千克）、膝圆重量（千克）、腰肉重量（千克）之间存在中强等相关关系。

（6）牛头头重（千克）和牛在育肥期的增重量（千克）之间存在强相关关系。

在选购架子牛时要选择牛头重一些的牛，在育肥期会有较高的增重。

5. 牛胸围和牛体其他性状间的相关关系

（1）牛胸围（厘米）和牛头长度（厘米）、额宽（厘米）、牛头重量（千克）之间存在中等相关关系。

（2）牛胸围（厘米）和胸宽（厘米）、胸深（厘米）之间存在强相关关系。

（3）牛胸围（厘米）和牛蹄重量（千克）、前管围（厘米）之间存在中等相关关系。

（4）牛胸围（厘米）和牛柳重量（千克）、西冷重量（千克）、眼肉重量（千克）、臀肉重量（千克）、大米龙重量（千克）、膝圆重量（千克）、腰肉重量（千克）之间存在中等相关关系。

（5）牛胸围（厘米）和育肥期增重量（千克）之间存在中等相关关系。

在选购架子牛时要选择胸围（厘米）大一些的牛，在育肥期会有较高的增重。

6. 牛胸深和牛体其他性状间的相关关系

（1）牛胸深（厘米）和胸宽（厘米）、胸围（厘米）之间存在中等相关关系。

（2）牛胸深（厘米）和头宽（厘米）、额宽（厘米）、牛头重之间存在中等相关关系。

（3）牛胸深（厘米）和管围（厘米）、牛蹄重量（千克）之间存在中等相关关系。

（4）牛胸深（厘米）和牛柳重量（千克）、西冷重量（千克）、眼肉重量（千克）、臀肉重量（千克）、大米龙重量（千克）、小米龙重量（千克）、膝圆重量（千克）、腰肉重量（千克）之间存在中等相关关系。

（5）牛胸深（厘米）和育肥牛在育肥期的增重量（千克）之间存在强相关关系。

在选购架子牛时要选择牛胸深（厘米）大一些的牛，在育肥期会有较高的增重。

7. 牛臀部宽度和牛体其他性状间的相关关系

（1）臀部宽度（厘米）和牛头重量（千克）之间存在中等相关

关系。

（2）臀部宽度（厘米）和胸围（厘米）、胸深（厘米）、胸宽（厘米）之间存在中等相关关系。

（3）臀部宽度（厘米）和牛前管围、牛蹄重量（千克）之间存在中等相关关系。

（4）臀部宽度（厘米）和牛柳重量（千克）、西冷重量（千克）、眼肉重量（千克）、臀肉重量（千克）、大米龙重量（千克）、小米龙重量（千克）、膝圆重量（千克）、腰肉重量（千克）之间存在中等相关关系。

（5）臀部宽度（厘米）和牛在育肥期的增重量（千克）之间存在中等相关关系。

8. 牛前管围和牛体其他性状间的相关关系

（1）牛前管围（厘米）和额宽（厘米）之间存在中等相关关系。

（2）牛前管围（厘米）和胸宽（厘米）、胸围（厘米）、胸深（厘米）之间存在中等相关关系。

（3）牛前管围（厘米）和牛蹄重量（千克）之间存在中等相关关系。

（4）牛前管围（厘米）和牛柳重量（千克）、眼肉重量（千克）、臀肉重量（千克）、大米龙重量（千克）、小米龙重量（千克）、膝圆重量（千克）、腰肉重量（千克）之间存在中等相关关系。

（5）牛前管围（厘米）和牛育肥期的增重量（千克）之间存在中强等相关关系。

在选购架子牛时要选择前管围（厘米）粗一些的牛，在育肥期会有较高的增重。

9. 牛蹄重量和牛体其他性状间的相关关系

（1）牛蹄重量（千克）和额宽（厘米）之间存在中等相关关系。

（2）牛蹄重量（千克）和胸宽（厘米）、胸深（厘米）之间存在中等相关关系。

（3）牛蹄重量（千克）和前管围（厘米）之间存在中等相关关系。

（4）牛蹄重量（千克）和西冷重量（千克）、眼肉重量（千克）、

臀肉重量（千克）、大米龙重量（千克）、小米龙重量（千克）、腰肉重量（千克）之间存在中等相关关系。

（5）牛蹄重量（千克）和膝圆之间存在中强等相关关系。

（6）牛蹄重量（千克）和牛的增重之间存在中强等相关关系。

在选购架子牛时要选择牛蹄重量（千克）量大一些的牛，在育肥期会有较高的增重。

12. 育肥牛哪些体形外貌性状和日增重有相关关系？

架子牛体形外貌的一些性状特征和它在育肥时的日增重存在一定的相关关系，即某一性状（或长、或宽、或重）日增重随这些性状而变化。这种性状相关规律为我们选择日增重高的架子牛提供了依据。

1. 不同性状特征与日增重的关系

（1）架子牛在育肥期的增重（千克）和牛头宽（厘米）、额宽（厘米）之间存在中等相关（相关系数 $0.33<r<0.66$）关系。

（2）架子牛在育肥期的增重（千克）和牛头重（千克）之间存在强等相关（相关系数 $r>0.66$）关系。

（3）架子牛在育肥期的增重（千克）和牛胸围（厘米）之间存在中等相关（相关系数 $0.33<r<0.66$）关系。

（4）架子牛在育肥期的增重（千克）和牛胸深（厘米）之间存在强等相关（相关系数 $r>0.66$）关系。

（5）架子牛在育肥期的增重（千克）和牛胸宽（厘米）之间存在中等相关关系。

（6）架子牛在育肥期的增重（千克）和牛前管围（厘米）之间存在中等相关关系。

（7）架子牛在育肥期的增重（千克）和牛蹄重（千克）之间存在中等相关关系。

（8）架子牛在育肥期的增重（千克）和臀宽（厘米）之间存在中等相关关系。

在选购架子牛时要选择牛头重（千克）一些，牛蹄重量（千克）大一些，牛胸围、胸深（厘米）大一些的牛，在育肥期会有较高的增重。

2. 牛体尺经济形状表型值测量标准

（1）头长　用卷尺测量牛枕骨脊至鼻镜的长度。

（2）额宽　用卡尺测量牛两眼角上缘外侧的距离。

（3）头宽　用卡尺测量牛角的角基间距离。

（4）体高　用测杖测量牛鬐甲最高点至地面的垂直距离。

（5）十字部高　用测杖测量牛腰角连线中点至地面的垂直距离。

（6）尻尖高（臀端高）　用测杖测量牛尻尖至地面的垂直距离。

（7）胸深　用测杖测量牛鬐甲到胸骨下缘的垂直距离。

（8）胸宽　用卡尺测量牛两肩胛后缘间的距离。

（9）胸围　用卷尺测量牛肩胛后缘胸部的圆周长度。

（10）体直长　用测杖测量牛肩端前缘至尻尖的水平距离。

（11）体斜长①　用测杖测量牛肩端前缘至尻尖的直线长度。

（12）体斜长②　用卷尺测量牛肩端前缘到尻尖的软尺距离。

（13）尻长　用卡尺测量牛腰角前缘至尻尖的直线距离。

（14）臀长　用卷尺测量牛腰角前缘至坐骨节后突的长度。

（15）腰角宽　用卡尺测量牛两腰角外缘间的距离。

（16）臀端宽　用卡尺测量牛臀端外缘间的直线距离。

（17）前管围　用卷尺测量牛左前肢管骨上 1/3 最细处的周长。

13. 怎样确定肉牛体重？

在架子牛的交易过程中，绝大多数以体重论价，因此，架子牛体重的精确认定是交易成败的关键，认定架子牛体重的方法有以下几种：

1. 用称量器测量牛体重　此法最公平、公开、公正，但是在实际操作中意想不到的事很多，诸如牛上称量器前灌水、过量饲喂精料；牛不愿意上称量器，造成费事费劲费力，效率低；等等。但有条件时以采用此法较好。

2. 凭经验估测牛体重　目前很多交易市场仍然采用经纪人、牛贩子以活牛体重、活牛产肉量估测牛价，经纪人、牛贩子估测牛体重

有独特的技能，但是由于受经济利益的驱动，往往很难做到公平、公开、公正。

3. 利用牛体尺和体重之间的相关性估测牛体重 架子牛的体重和体积存在一定的相关关系，因此当我们获得了一些牛的体尺数据后，便可以推测出牛的体重。此法虽然精确性差一些，但简单易行，在架子牛的交易和育肥过程中，可用此法抽查检测牛的活重，测量人员手持软尺测量牛胸围的周长，便可计算出该牛的体重。如一头牛的胸围为126厘米，该牛的体重为176千克。为方便使用，现将已计算好的胸围（厘米）和体重（千克）的对应数列于表1-3。

表1-3 胸围（厘米）和体重（千克）关系便查表

胸围	体重	胸围	体重	胸围	体重	胸围	体重	胸围	体重
66	36	90	68	114	133	138	222	162	342
68	38	92	72	116	139	140	231	164	355
70	39	94	76	118	145	142	239	166	367
72	41	96	79	120	151	144	248	168	380
74	43	98	84	122	161	146	257	170	396
76	46	100	89	124	170	148	266	172	412
78	49	102	94	126	176	150	275	174	424
80	52	104	99	128	181	152	289	176	436
82	55	106	105	130	187	154	300	178	448
84	58	108	111	132	197	156	310	180	462
86	61	110	117	134	205	158	321	182	476
88	64	112	125	136	214	160	332	184	490

4. 肉牛体尺体重计算

（1）适用范围 架子牛及肉牛育肥期间的任何时间。

（2）体尺测量工具 软尺和测杖。

（3）测定及计算方法 由于架子牛、育肥牛体膘体况不同，测得数据后要采用不同的系数进行校正（适合外来品种牛和改良牛）。

1）育肥牛

计算方法一：体重（千克）＝胸围长度（X，米）的平方×体斜长（T，米）×87.5

$$X^2 \times T \times 87.5$$

计算方法二：体重（千克）＝胸围长度（X，厘米）的平方×体斜长（T，厘米）÷10 800

$$(X^2 \times T) \div 10\,800$$

2）未育肥牛

计算方法一：体重（千克）＝胸围长度（X，厘米）的平方×体斜长（T，厘米）÷11 420

$$(X^2 \times T) \div 11\,420$$

计算方法二：体重（千克）＝体直长（Z，厘米）×胸围（X，厘米）×系数÷100

$$(Z \times X \times 系数) \div 100$$

系数：肉用牛的系数为 2.5，兼用牛的系数为 2.25。

3）适合中国黄牛体尺计算体重的方法

体重（千克）＝胸围长度（X，厘米）的平方×体斜长（T，厘米）÷估测系数

$$(X^2 \times T) \div 估测系数$$

估测系数：6 月龄牛犊 12 500，18 月龄牛 12 000。

根据养牛户（育肥牛场）饲养育肥牛目的不同，选购架子牛的体重不要小于 150 千克，大的可超过 400 千克。

14. 我国有哪些黄牛品种？特点是什么？

我国黄牛品种多，资源量丰富，全国有黄牛品种 28 个。

（1）依体型大小可分为较大和较小两类。较大体型黄牛品种的典型代表有秦川牛、晋南牛、鲁西牛、南阳牛、延边牛、复州牛、郏县红牛、渤海黑牛、冀南黄牛、蒙古牛等；较小体型黄牛品种的典型代表有巫陵牛、雷琼牛、枣北牛、巴山牛、广丰牛等。

（2）新培育品种的代表有三河牛、草原红牛、新疆褐牛等。

（3）各品种都有独特的特点，在牛肉生产的分级档次中，较大体型黄牛品种和新培育的品种都能够生产高档（高价）牛肉，较小体型黄牛品种能够生产优质牛肉，但生产高档（高价）牛肉较难。

（4）我国黄牛适应自然环境的能力极强，能在高山陡坡、奇山异石、丛山密林中行走采食；也能在酷暑严寒中生存。

认识肉牛品种是选择优质育肥牛的重要内容。

14-1. 秦川牛的品种特点是什么？

秦川牛的主产区在陕西关中平原，咸阳市、渭南市是秦川牛的育成地。

1. 秦川牛的体形外貌　秦川牛的外貌特征为体格高大，结构匀称，肌肉丰满，毛色紫红，体质结实，骨骼粗壮，具有肉用牛的体形（彩图 1）。

（1）牛头　面平口方，头大额宽，清秀。

（2）牛角　钝角，短粗，向后，常常是活动角。

（3）鼻镜　鼻镜宽大，粉红色。

（4）被毛　紫红色，皮厚薄适中而有弹性。

（5）躯体　胸部宽深，肋骨开张良好，背腰平直，长短适中，尻部稍斜，胸部深而宽。

（6）四肢　四肢粗壮，直立。

（7）臀部　臀部较发达，育肥后圆而宽大。

（8）牛蹄　蹄圆大，蹄壳红色。

2. 秦川牛的体尺、体重　秦川牛的体尺和体重见表 1-4。

表 1-4　秦川牛的体尺和体重

性别	体高（厘米）	体长（厘米）	胸围（厘米）	管围（厘米）	体重（千克）
公牛	141.4	160.4	200.5	22.4	594.5
母牛	124.5	140.3	170.8	16.8	381.8

3. 秦川牛的产肉性能　邱怀用 6 月龄秦川牛在中等营养条件下饲养到 18 月龄，屠宰测定秦川牛的产肉性能见表 1-5。

表 1-5　秦川牛的产肉性能

单位：千克，%

项　目	公牛（3头）	母牛（4头）	阉牛（2头）	平均（9头）
屠宰前活重（千克）	408.6±4.6	345.5±14.9	385.5±27.5	375.7±33.2
胴体重（千克）	282.0±4.6	202.3±12.0	232.2±27.0	218.4±21.0
净肉重（千克）	198.9±2.8	177.3±11.4	199.5±18.2	189.6±15.7
屠宰率（%）	56.8±0.8	58.5±1.1	60.1±2.0	58.3±1.7
净肉率（%）	48.6±1.2	51.4±1.4	51.7±1.4	50.5±1.7
胴体产肉率（%）	85.7±1.6	87.1±1.2	85.9±2.0	86.8±1.9
骨肉比	1∶5.8	1∶6.8	1∶5.8	1∶6.1
脂肉比	1∶9.6	1∶5.4	1∶6.4	1∶6.5
眼肌面积（厘米^2）	106.5	93.1	96.9	97.0±20.3

笔者于1991年采用肉牛易地育肥法，从咸阳市的兴平县购买16月龄的未去势秦川公牛30头育肥（育肥开始前20天去势），由开始体重221.8千克，经过395天育肥，体重达到517.8千克，平均日增重749克。屠宰前活重为（590.4±53.6）千克，屠宰率为63.02%±2.17%，胴体重（372.3±39.9）千克，净肉重（312.6±31.2）千克，净肉率为52.95%±2.56%，胴体产肉率为84.09%±4.43%，经过充分育肥的秦川牛表现了非常优秀的肉用性能。

4. 秦川牛的杂交效果　秦川牛用丹麦红牛、利木赞牛、西门塔尔牛等品种牛作父本进行杂交改良，也取得了较好的效果。

14-2. 晋南牛的品种特点是什么？

山西省运城市的万荣县是晋南牛的育成地。现在晋南黄牛的主产区在运城、临汾等。

1. 晋南牛体形外貌　体格高大，骨骼粗壮，体质壮实，全身肌肉发育较好（见彩图2）。

（1）牛头　晋南牛头有“狮子头”之称，较长较大，额宽嘴大。

（2）鼻镜　鼻镜粉红色。

（3）牛角　角短粗呈圆形或扁平形，顺风角形较多，角尖枣红色。

（4）被毛　晋南牛被毛多为枣红色和红色，皮厚薄适中而有弹性。

（5）体躯　晋南牛体躯高大，鬐甲宽大并略高于背线，前躯发达，胸宽深，背平直，腰较短，腹部较大而不下垂。

（6）臀部　臀部较大且发达，尻较窄且斜。

（7）四肢　四肢结实，粗壮。

（8）牛蹄　牛蹄大、圆，蹄壳深红色。

2. 晋南牛的体尺、体重　晋南牛的体尺和体重见表1-6。

表1-6　晋南牛的体尺和体重

性别	体高（厘米）	体长（厘米）	胸围（厘米）	管围（厘米）	体重（千克）
公牛	138.6	157.4	206.3	20.2	607.4
母牛	117.4	135.2	164.6	15.6	539.4

3. 晋南牛的产肉性能　根据作者1991年、1994年、1998年、2001年的饲养和屠宰情况，晋南牛的产肉性能见表1-7。

表1-7　晋南牛的产肉性能

年度	头	年龄（月）	宰前活重（千克）	胴体重（千克）	屠宰率（%）	净肉重（%）	胴体产肉率（%）
1991	28	27	581.9	369.3	63.38	313.7	84.94
1994	30	24	541.9	344.0	63.44	292.8	85.11
1998	9	24	485.8	302.7	62.36	267.6	88.40
2001	88	36	521.3	274.6	53.7*	229.4	83.53

*　民营屠宰企业的胴体标准。

表1-7表明，晋南牛具有非常优良的产肉性能。

4. 晋南牛的杂交效果　据山西运城市家畜家禽改良站李振京等报道，用夏洛来牛、西门塔尔牛、利木赞牛分别改良晋南牛，在相同的饲养管理条件下比较了杂交牛15～18月龄育肥和屠宰性能，见表1-8。

表 1-8 晋南改良牛生长肥育比较

组别	头数	饲养天数	开始体重（千克）	结束体重（千克）	增重（克）	以晋南牛增重为100%
晋南牛	4	100	276.05	331.75	619	100.0
夏晋牛	4	100	355.35	436.75	905	146.2
西晋牛	4	100	350.00	425.5	839	135.5
利晋牛	4	100	343.13	417.30	824	133.1

经过100天的育肥后，在18月龄时夏晋牛体重（436.8千克）比晋南牛体重（331.8千克）高105千克；西晋牛体重（425.5千克）比晋南牛体重（331.8千克）高94千克；利晋牛体重（417.3千克）比晋南牛高86千克（表1-9）。在100天的育肥时间内，夏晋牛、西晋牛、利晋牛分别比晋南牛的日增重高46.2%、35.5%、33.1%，说明改良效果显著。

在屠宰成绩中，夏晋牛、西晋牛、利晋牛的屠宰率分别比晋南牛高5.81%、5.27%、4.28%，净肉率同样是杂交牛高于纯种晋南牛，仍以上述排序，杂交牛净肉率要比晋南牛分别高5.89%、5.07%、5.64%。

表 1-9 晋南改良牛屠宰成绩

组别	头数	宰前活重（千克）	胴体重（千克）	屠宰率（%）	净肉重（千克）	净肉率（%）	胴体产肉率（%）	骨重（千克）	骨肉比	月龄
晋南牛	4	318	164.4	51.69	127.7	40.15	77.66	31.1	1∶4.1	18～20
夏晋牛	4	422	242.2	57.50	194.1	46.04	80.13	41.8	1∶4.7	17～19
西晋牛	4	412	234.7	56.96	186.3	45.22	79.38	42.7	1∶4.4	18～19
利晋牛	4	404	226.3	55.97	185.2	45.79	81.82	36.1	1∶5.1	17～20

再据山西万荣县畜牧局王恒年等报道，用利木赞牛改良晋南牛，杂交一代牛在24月龄体重达到651千克，比同龄的晋南牛292千克高359千克，杂交优势非常明显。

14-3. 鲁西黄牛的品种特点是什么？

鲁西黄牛的育成地在山东省的济宁市和菏泽地区。现在鲁西黄牛的主要产区除济宁市和菏泽地区外，泰安市、青岛市、德州市等均有较多数量。

1. 鲁西黄牛的体形外貌　鲁西黄牛体形外貌特点是体躯高大、体长稍短、骨骼细、肌肉发达，鲁西黄牛按体格大小可以分为大型牛和中型牛。大型牛又称“高辕牛”，中型牛又称“抓地虎”（见彩图3）。

（1）牛头　鲁西黄牛的牛头短而宽，粗而重。

（2）鼻镜　鼻镜颜色为肉红色。

（3）牛角　鲁西黄牛角以扁担角、龙门角较多，棕色或白色。

（4）被毛　全身被毛棕红色、黄色或淡黄色者较多。嘴、眼圈、腹部内侧、四肢内侧毛色较淡，称为“三粉”，皮厚薄适中而有弹性。

（5）体躯　鲁西黄牛体躯高大而稍短，前躯比较宽深，背腰平宽而直，侧望似长方形，腹部大小适中、不下垂，具有肉用牛的体型，胸部较深较宽。

（6）臀部　较丰满，尻部较斜。

（7）四肢　四肢粗壮有力。

（8）牛蹄　牛蹄子大而圆，颜色为棕色或白色。

2. 鲁西黄牛的体尺、体重　鲁西黄牛的体尺和体重见表1-10。

3. 鲁西黄牛的产肉性能　根据作者1991年、1998年、2001年的饲养和屠宰情况，鲁西牛的产肉性能见表1-11。

表1-10　鲁西黄牛的体尺和体重

性别	体高（厘米）	体长（厘米）	胸围（厘米）	管围（厘米）	体重（千克）
公牛	155	160.9	206.4	21.0	680
母牛	135	138.2	168.0	16.2	420

表 1-11　鲁西牛的产肉性能

年度	头	年龄（月）	宰前活重（千克）	胴体重（千克）	屠宰率（%）	净肉重（千克）	胴体产肉率（%）
1991	30	27	527.9	332.9	63.06	282.4	84.69
1998	10	24	493.8	310.5	62.87	255.7	82.35
2001	293	18～30	449.0	241.7	53.87*	203.4	84.15

* 民营屠宰企业的胴体标准。

有些资料介绍我国黄牛（鲁西牛、秦川牛、南阳牛、晋南牛、延边牛、渤海黑牛、郏县红牛、冀南牛等）的产肉性能时统计数量少、或是未到屠宰体重、或是未经充分育肥、或是育肥时间短，没有（或者没有条件）提供我国黄牛展示优良肉用性能的平台，因此提出的部分数据，如，屠宰重、净肉重、肉块重量等，不能反映我国黄牛真实的肉用性能，其实我国黄牛具有非常好的、并能和国外专用肉牛品种相媲美的肉用性能。

4. 鲁西黄牛杂交效果　纯种鲁西黄牛有很多优点，但也有不少不足之处，例如生长速度较慢、后躯发育稍差、斜尻等，因此，适度改良鲁西黄牛很有必要（表 1-12）。改良鲁西黄牛的父本品种有利木赞牛（也称利木辛牛）、西门塔尔牛、皮埃蒙特牛等。

表 1-12　西门塔尔牛改良鲁西黄牛屠宰成绩

品种	头数	宰前重（千克）	胴体重（千克）	净肉重（千克）	屠宰率（%）	净肉率（%）	胴体产肉率（%）	眼肌面积（厘米^2）
本地牛	2	385	190.04	147.26	49.36	38.25	78.27	
F_1	2	480	264.35	209.00	57.16	43.54	76.18	72.25
F_2	2	489	281.20	226.40	57.51	46.30	80.51	116.00
F_3	2	555	326.40	263.35	58.81	47.45	80.68	122.43

杂交牛 1～3 代的平均屠宰率为 57.83%，净肉率为 45.77%，比本地黄牛高 8.74 及 7.52 个百分点。

14-4. 南阳黄牛的品种特点是什么？

南阳黄牛的育成地在河南省南阳市的唐河县。现在南阳黄牛的主产区除南阳市外，在河南省的周口市、商丘市等也有大量饲养。

1. 南阳黄牛的体型外貌　南阳黄牛体形外貌的特点是体格高大，肩峰高耸，腹部小，不下垂（见彩图4）。

（1）牛头　南阳黄牛头较小、较轻。

（2）鼻镜　鼻镜颜色为肉色。

（3）牛角　较小较短，角色为淡黄色。

（4）被毛　南阳黄牛被毛毛色有黄红色、黄色、米黄色、草白色，皮薄而有弹性，皮张品质优良，为国内制革行业首选原料皮。

（5）体躯　南阳黄牛体格高大，肩峰高耸，腹部较小，长圆筒形，前躯发育好于后躯，全身肌肉较丰满。

（6）臀部　臀部较小，发育较差，尻部斜而窄。

（7）四肢　四肢正直，但四肢骨骼较细。

（8）牛蹄　蹄圆，大小适中，蹄壳颜色以琥珀色和蜡黄色较多。

2. 南阳黄牛的体尺、体重　南阳牛的体尺和体重见表1-13。

表1-13　南阳牛的体尺和体重

性别	体高（厘米）	体斜长（厘米）	胸围（厘米）	管围（厘米）	体重（千克）
公牛	144.9	159.8	199.5	20.4	647.9
母牛	126.3	139.4	169.2	16.7	411.9

3. 南阳黄牛的产肉性能　南阳牛腹部较小，体躯呈圆筒状，因此经过充分育肥的南阳牛屠宰率较高。作者1991年、2001年育肥饲养南阳牛百余头，屠宰率64%，净肉率55%。

4. 南阳黄牛的杂交效果　据河南省南阳市畜牧兽医站赵凡等报道，南阳黄牛用皮埃蒙特牛、契安尼娜牛改良也取得了较好的效果，见表1-14。

表 1-14 南阳黄牛改良效果

组别	头数	育肥期（月）	开始重（千克）	结束重（千克）	日增重（克）	屠宰率（%）	眼肌面积（厘米^2）
南阳牛	2	8	246	411	906	61.0	85.5
皮南牛	2	8	303	479	960	61.8	91.7
契南牛	2	8	319	532	1 170	58.8	141.0

在另一个皮南杂交牛、契南杂交牛和南阳黄牛的育肥试验中，在310天试验期内，南阳黄牛日增重为747克，皮南杂交牛的日增重为723克，契南杂交牛的日增重为859克。皮南杂交牛的增重不如南阳牛，本次试验结果可以说明，利用杂交优势要进行杂交组合的选定，不是任何杂交组合都有杂交优势。

据中国农业科学院畜牧研究所吴克谦等报道，南阳黄牛用西门塔尔牛、夏洛来牛、利木赞牛改良，表现出以下几个特点：①杂交牛的个体大于纯种牛；②杂交牛的屠宰率高于纯种牛，杂交二代高于杂交一代；③杂交牛的净肉率高于纯种牛（表 1-15）。

表 1-15 南阳黄牛和杂交牛屠宰成绩

项　目	西杂 F_2	西杂 F_1	夏杂	利杂	秦杂	南阳牛	对照牛*
宰前活重（千克）	555	526	554	500	488	499	425
胴体重（千克）	329.5	295.5	324	301	285.8	274	238
屠宰率（%）	59.4	56.2	58.5	60.2	58.5	54.9	56.0
胴体体表脂肪覆盖(%)	85.0	86.0	85.0	80.0	75.0	80.0	75.0
骨重（千克）	48.0	48.0	50.0	45.5	48.0	39.5	40.0
净肉率（%）	50.7	47.1	49.5	51.1	48.7	47.0	46.6
骨肉比	1∶5.86	1∶5.16	1∶5.48	1∶5.62	1∶4.95	1∶5.94	1∶4.95

* 对照牛是指未经专门育肥的南阳黄牛。

14-5. 延边黄牛的品种特点是什么？

延边黄牛的主产区在吉林省的延边自治州。

1. 延边黄牛的体形外貌 延边黄牛体形外貌的特点是体躯较高

大，体长稍短，骨骼较细，肌肉较发达（见彩图 5）。

（1）牛头　延边黄牛的牛头较小，额部宽平。

（2）鼻镜　鼻镜颜色为淡褐色，带有黑斑点。

（3）牛角　角根较粗，向外后方伸展成一字形或倒八字形角为主。

（4）被毛　全身被毛为黄色者占 75%、浓黄色占 16%、淡黄色较少，被毛长而密，皮厚而有弹性。

（5）体躯　前躯发育好，后躯发育不如前躯，但仍有长方形肉用牛体形，骨骼结实，胸部深而宽。

（6）臀部　臀部发育一般，斜尻较重。

（7）四肢　四肢健壮，粗细适中。

（8）牛蹄　蹄壳为淡黄色。

2. 延边黄牛的体尺、体重　延边黄牛的体尺和体重见表 1-16。

表 1-16　延边牛的体尺和体重

性别	体高（厘米）	体长（厘米）	胸围（厘米）	管围（厘米）	体重（千克）
公牛	130.6	151.8	186.7	19.8	465.5
母牛	121.8	141.2	171.4	16.8	365.2

3. 延边黄牛的产肉性能　笔者于 1994 年采用肉牛易地育肥法，从延边自治州购买 10～12 月龄的未去势延边公牛 10 头育肥（育肥开始后 180 天去势），经过 420 天育肥，屠宰前活重为 535.0±42.47 千克，屠宰率为 61.29%±1.25%，胴体重328.0±28.27 千克，净肉重 273.69±26.7 千克，净肉率为 51.10%±1.60%，胴体产肉率为 83.37%±1.25%。

14-6. 复州黄牛的品种特点是什么？

辽宁省的复县（今瓦房店市）为复州黄牛主产区。

1. 复州黄牛的体形外貌　复州公牛的体形外貌特征酷似利木赞牛，体躯高大，肉用牛体形。

（1）牛头　牛头短粗，头颈结合良好，嘴大而方形。

（2）牛角　公牛角粗而短、向前上方弯曲，母牛角较细、多呈龙门角。

（3）鼻镜　鼻镜颜色为肉色。

（4）被毛　全身被毛为浅黄色或浅红色，四肢内侧毛色较淡，皮厚、结实而有弹性。

（5）躯体　体质健壮，结构匀称，骨骼粗壮，背腰平直，体躯呈长方形或圆筒形，胸较宽较深。

（6）臀部　发育较好，尻部稍倾斜。

（7）四肢　四肢粗壮，直立结实。

（8）牛蹄　蹄质坚实，蹄壳呈蜡黄色。

2. 复州牛的体尺、体重　复州牛的体尺和体重见表1-17。

表1-17　复州牛的体尺和体重

性别	体高（厘米）	体斜长（厘米）	胸围（厘米）	管围（厘米）	体重（千克）
公牛	147.8	184.8	221.0	22.8	764.0
母牛	128.5	147.8	179.2	17.3	415.0

3. 复州牛的产肉性能　笔者于1994年春季购买6～8月龄复州公牛犊10头，饲养15个月，体重达到585.8千克时屠宰，胴体重363千克，屠宰率62.05%，净肉重302千克，净肉率51.62%，表明复州牛有较好的产肉性能。

14-7. 郏县红牛的品种特点是什么？

郏县红牛的主产区在河南省平顶山的郏县、鲁山、宝丰等县。

1. 郏县红牛的体形外貌　全身红色、浅红色、紫色被毛，中等体形（见彩图6）。

（1）牛头　头清秀，较宽，长短适中，嘴较大而齐。

（2）牛角　牛角偏短，向前上方和两侧平伸角较多，角色以红色和蜡黄色较多，角尖以红色者为多。

（3）鼻镜　鼻镜呈肉红色。

（4）被毛　被毛红色、浅红色、紫色，毛色比例为红色 48.5%、浅红色 24.3%、紫色 27.2%，皮厚薄适中而有弹性。

（5）躯体　体躯结构匀称、较长，呈筒状，骨骼坚实，体质健壮，具有兼用牛体形，垂皮较发达，尻较斜。

（6）臀部　臀部发育较好，较方圆、较宽、较平、较丰满。

（7）四肢　四肢粗壮，直立。

（8）牛蹄　牛蹄圆、结实、大小适中。

2. 郏县红牛的体尺、体重　郏县红牛的体尺和体重见表 1-18。

表 1-18　郏县红牛体尺和体重

性别	体高（厘米）	体斜长（厘米）	胸围（厘米）	胸深（厘米）	管围（厘米）	体重（千克）
公牛	146.72	183.31	199.42	66.5	20.8	608.05
母牛	131.42	158.85	187.05	60.9	18.92	460.04
阉牛	135.3	149.2	190.2	69.9	20.1	512.1

（据魏成斌等资料，中国牛业科学 2013 年 1 期）

3. 郏县红牛的产肉性能　据对 6 头未经育肥的郏县红牛屠宰测定，屠宰率为 51.4%，净肉率为 40.8%，眼肌面积 69 厘米^2，骨肉比为 1∶5.1；经过 90 天育肥郏县红牛的屠宰率为 57.0%，净肉率为 48.8%，眼肌面积 83.9 厘米^2。

郏县红牛和南德温牛杂交效果较好，经过 90 天育肥的南郏杂交牛（18 月龄、公牛）的屠宰率为 59.96%，净肉率为 51.62%，眼肌面积 98.02 厘米^2。

14-8. 渤海黑牛的品种特点是什么？

渤海黑牛的主产区在山东滨州市无棣县。

1. 渤海黑牛的体形外貌　全身为黑色被毛。

（1）牛头　渤海黑牛头较小、较轻。

（2）鼻镜　鼻镜颜色为黑色，典型的渤海黑牛有鼻、嘴、舌三黑的特点。

（3）牛角　角形以龙门角和倒八字角为主。

（4）被毛　全身被毛为黑色，皮厚薄适中而有弹性。

（5）体躯　低身广躯，呈长方形肉用牛体形。

（6）臀部　臀部发育较好，斜尻较轻。

（7）四肢　四肢较短。

（8）牛蹄　蹄壳为黑色。

2. 渤海黑牛的体尺、体重　渤海黑牛的体尺和体重见表1-19。

表1-19　渤海黑牛体尺和体重

性别	体高（厘米）	体斜长（厘米）	胸围（厘米）	管围（厘米）	体重（千克）
公牛	135.1	156.9	195.5	19.8	528.6
母牛	129.5	147.2	183.8	16.2	431.1

3. 渤海黑牛的产肉性能　据笔者测定12头渤海黑公犊牛，经过充分育肥，屠宰前体重501.3千克，胴体重318.7千克，屠宰率63.6%，净肉重267.6千克，净肉率53.4%。

另据资料介绍，未经育肥的渤海黑牛的产肉性能见表1-20。

表1-20　渤海黑牛的产肉性能

项　　目	公牛2头（4～5岁）	阉牛4头（2.5～7岁）
屠宰前体重（千克）	437.0（410.0～464.0）	373.8（321.0～423.6）
屠宰后体重（千克）	420.5（393.0～448.0）	357.7（307.2～406.8）
胴体重（千克）	231.9（208.7～255.0）	187.4（173.7～200.8）
肉重（千克）	198.3（176.6～220.0）	154.2（143.2～165.2）
屠宰率（%）	53.0（50.9～55.0）	50.1（47.4～54.1）
净肉率（%）	45.4（43.0～47.4）	41.3（38.2～45.7）
胴体产肉率（%）	85.5（84.6～86.2）	82.3（80.6～84.4）
骨肉比	1∶5.9（1∶5.6～6.8）	1∶4.6（1∶4.1～5.4）
熟肉率（%）	57.5（53.3～61.7）	54.1（52.8～56.5）

14-9. 蒙古牛的品种特点是什么？

蒙古牛的主产区在内蒙古自治区的东部、中部地区。

1. 蒙古牛的体形外貌　前宽后窄，中等体型。

（1）牛头　头短宽而粗重。

（2）牛角　角长，向上向前方弯曲，角质致密有光泽，呈蜡黄色或青紫色，公牛角长40厘米，母牛角长25厘米。

（3）鼻镜　鼻镜的颜色随毛色。

（4）被毛　毛色较复杂，有黑色、黄色、红色、狸色、烟熏色，皮厚而结实、有弹性。

（5）躯体　胸扁而深，背腰平直，前躯发育好于后躯，体矮体长。

（6）臀部　后躯短而窄，尻部倾斜严重。

（7）四肢　四肢较短，但是强壮有力。

（8）牛蹄　牛蹄壳的颜色随毛色。

2. 蒙古牛的体尺、体重　蒙古牛的体尺和体重见表1-21。

表1-21　蒙古牛体尺和体重

性别	体高（厘米）	体斜长（厘米）	胸围（厘米）	管围（厘米）	体重（千克）
公牛	120.9	137.7	169.5	17.8	415.4
母牛	110.8	127.6	154.3	15.4	370.0

3. 蒙古牛的生产性能

（1）产肉性能　据测定，中等营养水平的阉牛平均宰前体重可达376.9千克，屠宰率为53%，净肉率为44.6%，骨肉比1∶5.2，眼肌面积56.0厘米^2。放牧催肥的牛一般超不过这个育肥水平。母牛在放牧条件下年产奶500～700千克，乳脂率5.2%，是当地土制奶酪的原料，但不能形成现代商品化生产。未经育肥的成年蒙古牛一般屠宰率为41.7%，净肉率为35.6%。

（2）繁殖性能，母牛8～12月龄开始发情，2岁时开始配种，发情周期为19～26天，产后第一次发情为65天以上，母牛发情集中在4～11月份。平均妊娠期为284.8天。怀公犊与怀母犊的妊娠期基本没有区别。

14-10. 巫陵牛的品种特点是什么？

巫陵牛的主产区在湘、鄂、黔三省交界的县市地区，湘西的凤凰、桑植、慈利等县，黔东北的思南、石阡等县，鄂西的恩施地区。

1. 巫陵牛的体形外貌 前宽后窄，中小体形（见彩图7）。

（1）牛头 头形差别较大，大小和体重的比例较合适，头顶稍圆。

（2）牛角 角形不一，角色有黑色、灰黑色、乳白色、乳黄色。

（3）鼻镜 鼻镜的颜色有黑色、肉色、灰黑色，鼻孔大。

（4）被毛 全身被毛黄色占60%～70%，栗色、黑色次之，体躯上部色深，腹部及四肢内侧较淡。

（7）四肢 四肢中等长，强健有力，后肢飞节内靠。

（8）牛蹄 牛蹄颜色以黑色居多，蹄质坚实。

2. 巫陵牛的体尺、体重 巫陵牛的体尺和体重见表1-22。

表1-22 巫陵牛的体尺和体重

性别	体高（厘米）	体斜长（厘米）	胸围（厘米）	管围（厘米）	体重（千克）
公牛	117.1	131.8	162.8	16.9	334.3
母牛	106.1	119.8	146.8	14.7	240.2

3. 巫陵牛的产肉性能 未经育肥饲养、膘情中等的公牛4头、母牛4头、阉公牛4头屠宰测定，屠宰率49.5%，净肉率39.8%，骨肉比1∶4.2。

14-11. 雷琼牛的品种特点是什么？

雷琼牛的主产区在广东的徐闻县和海南省的琼山、澄迈县和海口市。

1. 雷琼牛的体形外貌特征 前宽后窄，小体形。

（1）牛头 头略短、略小、略方、额较宽。

（2）牛角 公牛角长，略弯曲或直立稍向外；母牛角短或无角。

（3）鼻镜 黑色。

（4）被毛 大多数为黄色，大多数牛被毛有十三黑的特征，即鼻镜、眼睑、耳尖、四蹄、尾扫、背线、阴户、阴囊为黑色。

（5）躯体　前躯发达，后躯较小，躯干结实。

（6）臀部　尻部方正，尾根高、尾长，尾尖丛生黑毛。

（7）四肢　四肢结实，管围略细。

（8）牛蹄　蹄小圆而坚实，黑色。

2. 雷琼牛的产肉性能

（1）淘汰牛产肉性能　屠宰率49.3%（44.5%～53.3%）。

（2）成年牛产肉性能　屠宰率49.6%，净肉率37.3%。

14-12. 枣北牛的品种特点是什么?

枣北牛的主产区在湖北省襄阳市的襄阳县、枣阳县、光化县、随县。

1. 枣北牛的体形外貌特征　前宽后窄，小体形。

（1）牛头　公牛头方宽，颈粗短，肩峰发达，母牛头较窄长。

（2）牛角　迎风角，角色以淡黄色为多。

（3）鼻镜　鼻镜颜色多为肉色。

（4）被毛　以浅黄、红、草白色为多，全身毛色以四肢、阴户及胸腹底部较淡，背线及胸腹两侧的毛色最浓。

（5）躯体　前躯发达，背腰稍有凹形，腹部圆大。

（6）臀部　尻部稍斜，臀部发育一般。

（7）四肢　四肢粗细适中，直立有劲。

（8）牛蹄　蹄圆小、有光泽，蹄壳多为琥珀色和蜡黄色。

2. 枣北牛的产肉性能　1.5～2岁未经育肥牛的屠宰率为47.4%，净肉率为36.3%，骨肉比1∶3.3。

14-13. 巴山牛的品种特点是什么?

巴山牛的主产区在四川、湖北、陕西三省交界的大巴山区。

1. 巴山牛的体形外貌特征　红毛黑蹄、一高（肩峰高）、二大（睾丸大）、三宽（头、胸、尻宽）、四窄（蹄缝紧）、五粗（颈、四肢）、六光（两眼、四蹄光亮）。

（1）牛头　牛头略小而方宽，公牛颈短粗而宽厚。

（2）牛角　龙门角型占40%；芋头角型；羊叉角型。

（3）鼻镜　黑色占60%左右；肉色占14%左右；黑红相间占26%左右。

（4）被毛　红色占70%左右。

（5）躯体　体形长方，肌肉丰满，公牛粗壮结实，母牛细致紧凑，肩峰高。

（6）臀部　尻部长而稍显尖削或呈斜尻，肌肉欠发达。

（7）四肢　粗壮结实。

（8）牛蹄　黑蹄，蹄结实、光亮。

2. 产肉性能

（1）未经育肥牛　屠宰率52.66%，净肉率41.63%，骨肉比1∶4.3。

（2）90天育肥牛　屠宰率54.35%，净肉率45.25%，骨肉比1∶5.0。

（3）放牧不补料牛　屠宰率48.35%，净肉率37.45%，骨肉比1∶3.6。

（4）放牧补料牛　屠宰率52.51%，净肉率39.86%，骨肉比1∶3.75。

14-14. 盘江牛的品种特点是什么？

盘江牛的主产区在南北盘江流域，云南、贵州和广西接壤的多民族山区，贵州省境内关岭县的关岭牛、云南省境内的文山牛、广西境内的隆林黄牛统称为盘江牛。

1. 盘江牛的体形外貌　前宽后窄，小体形。

（1）牛头　牛头额平或微凹，嘴大小中等，肩颈结合较好。

（2）牛角　角短，牛角角形多样，有上生、侧生、前生。

（3）鼻镜　鼻镜多为黑色，少数肉色。

（4）被毛　全身被毛黄色居多，褐毛和黑毛次之，也有花斑毛色。

（5）躯体　背腰平直，腹部稍大但不下垂，躯体稍短，胸较深、较宽。

（6）臀部　臀部发育较差，斜尻，尾根高。

（7）四肢　前肢正直，后肢飞节多内靠。

（8）牛蹄　牛蹄致密、结实、坚固。

2. 盘江牛的产肉性能

（1）育肥60～120天的1.5～3岁公牛，屠宰率52.10%，净肉率40.90%，骨肉比1∶4.3。

（2）未经育肥牛，屠宰率50.90%，净肉率40.90%，骨肉比1∶4.4。

14-15. 三河牛的品种特点是什么？

三河牛的主产区为内蒙古自治区呼伦贝尔市的三河地区及滨洲、滨绥两铁路沿线。

1. 三河牛的体形外貌　中等圆筒形体形。

（1）牛头　牛头白色或额部有白斑。

（2）牛角　向上向前方弯曲者多，少量牛的角向上，角色蜡黄色较多。

（3）鼻镜　呈肉色者较多。

（4）被毛　被毛为红白花、黄白花，花片分明。

（5）躯体　体躯结构较匀称、较长，呈圆筒形，骨骼坚实，体质健壮，具有兼用牛体形。

（6）臀部　臀部发育较好，稍有斜尻。

（7）四肢　四肢较粗壮、直立有力。

（8）牛蹄　牛蹄大小适中，蹄壳颜色多为蜡黄色。

2. 三河牛的体尺、体重　三河牛的体尺和体重见表1-23。

表1-23　三河牛的体尺和体重

性别	体高（厘米）	体斜长（厘米）	胸围（厘米）	管围（厘米）	体重（千克）
公牛	161.00	207.00	245.50	25.05	1 081.1
母牛	136.92	161.57	196.4	19.19	578.88

（据吴宏军等资料，中国牛业科学2012年4期）

3. 三河牛的产肉性能　据测定阉牛经短期育肥后屠宰，屠宰率可达54.6%，净肉率41.3%。

14-16. 草原红牛的品种特点是什么？

草原红牛的主产区在内蒙古自治区的昭乌达盟（赤峰市）、锡林郭勒盟，吉林省的通榆县、镇赉县，河北省的张家口、张北等地。

1. 草原红牛的体形外貌　肉用牛圆筒形的体形，骨骼坚实。

（1）牛头　大小适中，额较宽，颈肩结合良好。

（2）牛角　角伸向前外方、呈倒八字、稍向内弯曲。

（3）鼻镜　鼻镜紫红色者较多。

（4）被毛　全身被毛紫红色或红色。

（5）躯体　体躯结构匀称、背腰平直、较长、呈圆筒形，具有肉用牛的体形，骨骼坚实，体质健壮。

（6）臀部　臀部较大、较宽、较丰满，稍有斜尻。

（7）四肢　四肢粗壮，直立。

（8）牛蹄　牛蹄大小适中，蹄壳颜色多为紫红色。

2. 草原红牛的体尺、体重　草原红牛的体尺和体重见表1-24。

表1-24　草原红牛的体尺和体重

性别	体高（厘米）	体长（厘米）	胸围（厘米）	管围（厘米）	体重（千克）
公牛	137.7	177.5	213.3	21.6	760.0
母牛	124.3	147.4	181.0	17.6	453.0

3. 草原红牛的产肉性能　据测定草原红牛的产肉性能见表1-25。

表1-25　草原红牛的产肉性能

月龄	育肥方式	宰前体重（千克）	胴体重（千克）	屠宰率（%）	净肉重（千克）	净肉率（%）
9	育肥饲养	218.6	114.5	52.5	92.8	42.6
18	放牧	320.6	163.0	50.8	131.3	41.0
18	短期育肥	378.5	220.6	58.2	187.2	49.5
30	放牧	372.4	192.1	51.6	156.6	42.0
42	放牧	457.2	240.4	52.6	211.1	46.2

14-17. 新疆褐牛的品种特点是什么?

新疆褐牛的主产区在天山北麓的西端伊犁地区和准噶尔界山塔城地区。

1. 新疆褐牛的体形外貌　短粗型体形。

(1) 牛头　牛头方大，嘴大小中等，肩颈结合较好。

(2) 牛角　角尖稍直、呈深褐色，向侧前上方弯曲呈半椭圆形，大小适中。

(3) 鼻镜　鼻镜为褐色。

(4) 被毛　全身被毛为褐色，但深浅不一，顶部、角基部、口轮的周围和背线为灰色或黄白色，眼睑为褐色。

(5) 躯体　背腰平直，腹部稍大但不下垂，躯体稍短，胸较深、较宽。

(6) 臀部　臀部发育较好、较丰满，稍稍有点斜尻。

(7) 四肢　四肢粗壮，直立。

(8) 牛蹄　牛蹄蹄壳为褐色。

2. 新疆褐牛的体尺、体重　新疆褐牛的体尺和体重见表 1-26。

表 1-26　新疆褐牛的体尺和体重

性别	体高（厘米）	体斜长(厘米)	胸围（厘米）	管围（厘米）	体重（千克）
公牛	144.8	202.3	229.5	21.9	950.8
母牛	121.8	150.9	176.5	18.6	430.7

3. 新疆褐牛的产肉性能　在放牧条件下测定的新疆褐牛的产肉性能见表 1-27。笔者于 1995、1996 年在塔城市屠宰育肥牛 500 余头，屠宰前体重 445 千克，屠宰率 55%，净肉率 47%；另据闫向民先生等报道（中国牛业科学 2015 年 6 期），10～12 月龄公牛、阉公牛育肥 12 个月后屠宰，屠宰前体重分别为 580.62 千克和 559.80 千克，屠宰率分别为 58.26%和 58.97%，以上数据说明新疆褐牛具有较好的肉用性能。

表 1-27 新疆褐牛的产肉性能

性别	年龄（月）	头数	宰前体重（千克）	胴体重（千克）	屠宰率（%）	净肉重（千克）	净肉率（%）	骨重（千克）	骨肉比	眼肌面积（厘米^2）
阉牛	24	13	235.4	111.5	47.4	85.3	36.3	24.6	1∶3.5	47.1
公牛	30	16	323.5	163.4	50.5	124.3	38.4	35.7	1∶3.5	73.4
公牛	成年	10	433.2	230.0	53.1	170.4	39.3	51.3	1∶3.3	76.6
母牛	成年	10	456.9	238.0	52.1	180.2	39.4	52.4	1∶3.4	89.7

14-18. 科尔沁牛的品种特点是什么?

科尔沁牛是用西门塔尔牛（父本）改良蒙古牛（母本），在科尔沁地区形成的草原类型，是从二三代改良牛中选育而成，适应内蒙古自治区哲里木盟自然经济特点的兼用品种，有 30 多年的历史。科尔沁牛吸收了父本牛的特点，产乳和产肉性能较高，又具有蒙古牛适应性强、耐粗饲、耐寒、抗病力强、易于放牧等优良特点。

1990 年通过鉴定，并由内蒙古自治区人民政府正式验收命名为“科尔沁牛”。1994 年约存栏 8.12 万头。

1. 外貌特征 被毛为黄（红）白花，白头，体格粗壮，体质结实，结构匀称，胸宽深，背腰平直，四肢端正。后躯及乳房发育良好，乳头分布均匀。成年体重公牛 991 千克，母牛 508 千克。成年牛体高公牛 142.4 厘米，母牛 131.4 厘米。犊牛初生重 38.1～41.7 千克。

2. 生产性能 母牛 280 天产奶 3 200 千克，乳脂率 4.17%，高产牛达 4 643 千克。在自然放牧条件下 120 天产奶 1 256 千克。科尔沁牛在常年放牧加短期补饲条件下，18 月龄屠宰率为 53.3%，净肉率 41.9%。经短期强度育肥，屠宰率可达 61.7%，净肉率为 51.9%。

科尔沁牛适应性强、耐粗饲、耐寒、抗病力强、易于放牧，是牧区比较理想的乳肉兼用品种牛。

14-19. 夏南牛的品种特点是什么?

1. 夏南牛主产区 夏南牛主产区在河南省驻马店市泌阳县。

2. 夏南牛培育历史 夏南牛培育历时21年（1986—2007年）。是利用夏洛来公牛和当地南阳母牛杂交选育而成。夏南牛含有夏洛来牛血缘37.5%，含有南阳牛血缘62.5%。2007年，国家农业部发布第878号公告，宣告中国第一个肉牛品种——夏南牛诞生。夏南牛新品种证书编号：（农02）新品种证字第3号。

3. 特征 毛色纯正，以浅黄、米黄色居多。公牛头方正，额平直，成年公牛额部有卷毛；母牛头清秀，额平稍长。公牛角呈锥状，水平向两侧延伸；母牛角细圆，致密光滑，多向前倾。耳中等大小，鼻镜为肉色。颈粗壮，平直。成年牛结构匀称，体躯呈长方形，胸深而宽，肋圆，背腰平直，肌肉比较丰满，尻部长、宽、平、直。四肢粗壮，蹄质坚实，蹄壳多为肉色。尾细长。母牛乳房发育较好。

4. 体重 农村饲养管理条件下，公、母牛平均初生重38千克和37千克；18月龄公牛体重达400千克以上，成年公牛体重可达850千克以上；24月龄母牛体重达390千克，成年母牛体重可达600千克以上。

5. 生产性能 20头体重为（211.05±20.8）千克的夏南牛架子牛，经过180天的饲养试验，体重达（433.98±46.2）千克，平均日增重1.11千克。30头体重（392.60±70.71）千克的夏南牛公牛，经过90天的集中强度育肥，体重达到（559.53±81.50）千克，日增重达（1.85±0.28）千克。

未经育肥的18月龄夏南牛公牛屠宰率60.13%，净肉率48.84%，眼肌面积117.7厘米^2，熟肉率58.66%，肌肉剪切力值2.61，肉骨比4.81∶1，优质肉切块率38.37%，高档牛肉率14.35%。

另据祁兴磊先生等（中国牛业科学2015年第6期）报道，5～6月龄公牛阉割育肥16个月，体重607.4千克，屠宰率热胴体64.27%、冷胴体63.63%；净肉重325.7千克，净肉率53.62%；5～6月龄公牛阉割育肥24个月，体重780.3千克，热胴体重513.97千克、冷胴体重502.29千克；屠宰率热胴体65.87%、冷胴体64.46%，净肉重424.87千克，净肉率54.45%。表明夏南牛有良好的肉用性能（夏南牛的肉用指数为公牛6.31、母牛4.42）。

6. 繁殖性能 夏南牛初情期平均432日龄、最早290日龄，发情周期平均20天，初配时间平均490日龄，怀孕期平均285天，产后发情时间平均为60天，难产率1.05%。

目前采用的肉牛肉用参考指数标准为：

经济类型	公牛	母牛
肉用型	≥5.6	≥3.9
肉役兼用型	4.6～5.6	3.3～3.9
役肉兼用型	3.6～4.6	2.7～3.3
役用型	<3.6	<2.7

15. 安格斯牛为父本的杂交牛育肥时的特点是什么？

安格斯纯种牛原产地是苏格兰的阿伯丁，为肉用品种牛。该牛与我国黄牛杂交，可收到较好效果。杂交牛在育肥饲养期表现的特点是：

（1）生长发育速度快，在较好的饲料、饲养、管理条件下日增重达1 000～1 200克，采用中高型育肥模式，饲养效果较好。

（2）育肥期第1年的增重较第2年好，饲料利用率也类同。

（3）育肥期内骨骼肌肉同时增长，体内及表皮下易沉积脂肪而外表显得丰满，受养牛者的喜欢。

（4）有较强的早熟性表现，育肥结束体重以500～550千克较好，此时不仅饲料报酬好，饲养效益高，牛肉质量上乘。

（5）杂交牛不适合放牧育肥，也不适合低精饲料长时间育肥，优秀的杂交组合，一定要跟进优良的饲养管理条件才能获得满意的养牛效益。

（6）杂交牛的屠宰率较高，可达60%以上。

（7）适合生产高档（高价）牛肉。肌肉纤维易沉积脂肪，氨基酸含量较高，牛肉鲜嫩，味道较好。

16. 利木赞牛为父本的杂交牛育肥时的特点是什么？

利木赞（利木辛）纯种牛原产地是法国利木辛高原，为大体形肉

用品种牛。该牛与我国黄牛杂交，可收到较好效果。杂交牛在育肥饲养期表现的特点是：

（1）在18月龄前，杂交牛生长速度较慢，24月龄后生长速度较快；饲养效率24月龄后较18月龄前高。

（2）育肥期表皮下沉积脂肪较差而外表显得不丰满；育肥期瘦肉增加较多。

（3）晚熟品种，育肥结束体重600～650千克较好，育肥后期饲料利用效率较前期稍好，但是育肥前期日粮营养水平较高时往往会造成牛早肥，影响长个。

（4）单纯放牧育肥效果不如舍饲；放牧加补饲（精饲料）效果较好，精饲料补充量为育肥牛体重的0.5%～1.0%。

（5）用低精饲料较长时间育肥的模式饲养利木赞杂交一代牛的效果较差；二代杂交牛的增重高峰在20月龄左右。

（6）适合生产高档（高价）牛肉，体重300千克左右架子牛的育肥期在10～12个月；体重200千克左右架子牛的育肥期在13～15个月。

17. 夏洛来牛为父本的杂交牛育肥时的特点是什么？

夏洛来纯种牛原产地是法国中部的索恩—卢伯尔省夏洛来地区，为大型肉用品种牛，和我国黄牛杂交，收到较好效果。杂交牛在育肥饲养期表现的特点是：

（1）较晚熟品种，育肥结束体重600～650千克较好，育肥前期日粮以中等偏下营养水平，不宜用高营养水平，否则影响育肥牛长个。

（2）育肥期表皮下沉积脂肪较差而外表显得不够丰满。

（3）不适宜用低精饲料较长时间育肥的模式，此模式育肥效果差。

（4）单纯放牧育肥效果不如舍饲；放牧加补饲（精饲料）效果好，精饲料补充量为育肥牛体重的0.5%～1.0%。

（5）适合生产高档（高价）牛肉，体重300千克左右架子牛的育肥期在10～12个月；体重200千克左右架子牛的育肥期在13～15个月。

18. 西门塔尔牛为父本的杂交牛育肥时的特点是什么？

西门塔尔纯种牛原产地是阿尔卑斯山地区，为役用肉用奶用兼用品种牛。该牛与我国黄牛杂交，可收到较好效果。杂交牛在育肥饲养期表现的特点是：

（1）杂交牛的适应能力强，在我国大多数省（区、市）都有西门塔尔杂交牛，生长速度较快；二代杂交牛比一代杂交牛生长速度更快，在较优厚的饲养条件下16～18月龄体重可达400千克以上。

（2）育肥期皮下沉积脂肪的能力较差，即使外表显得较丰满时，皮下沉积脂肪仍较差，常常会误导饲养人员。和同龄的利木赞杂交牛、夏洛来杂交牛同等条件育肥，皮下沉积脂肪、肌肉间脂肪沉积速度慢，达到相同体况至少要晚60天以上。

（3）在育肥过程中用步步高的育肥模式，饲养效果较好，精饲料补充量为育肥牛体重的0.5%～0.8%。

（4）育肥结束体重550千克以上较好。

（5）适合生产高档（高价）牛肉，但要有足够的饲养时间，以作者的观察，体重300千克左右架子牛的育肥期在12～14个月；体重200千克左右架子牛的育肥期在15～17个月。

第二部分　肉牛的运输

19. 怎样选择架子牛的运输工具？

由于我国肉牛产业处在刚刚起步阶段，专业性的肉牛运输业尚未跟进，因此既无专用运牛车，也无运牛车的配套设施，目前用于架子牛运输的车种有汽车或拖拉机、火车、船只，汽车大多是兼用车辆或改装车辆，选择架子牛的运输工具应从以下几方面考虑。

1. 从运输距离选择

（1）距离较长（800千米以上）运输架子牛，第一选择火车，第二选择汽车，水路方便时船只运输也可作为第三选择。

（2）距离少于800千米运输架子牛，第一选择汽车，第二选择火车，水路方便时船只运输也可作为第三选择。

（3）距离少于400千米运输架子牛，第一选用汽车运输，第二选择拖拉机运输。

2. 从运输价格选择　运价的高低也是决定选择运输工具的参考依据。

3. 从气候条件选择　炎热的夏季选择汽车在夜间运输较好，严寒的冬季选择能保温的火车运输较好。

4. 从运输安全选择　火车运输较安全，风险较小，但是落实车皮较难。

5. 从运输失重选择　采用火车运输因在途中能喂牛、饮水，故运输失重较小，但是车皮难落实；汽车运输失重较大。

6. 从车种选择　火车运输架子牛数量大，比较安全，风险也较小，运输价格较低，但是落实车皮较难；汽车运输架子牛速度快，方便灵活，机动性大，但是运输量小，运输价格较高；随着公路建设的进步，公路运输有快捷、灵活的优点，以800千米为架子牛的运输距离，汽车运输有很强的运输优势。

20. 架子牛运输前的准备工作有哪些?

架子牛运输既关系到牛的安全性，又涉及养牛户的利益，因此在架子牛运输前必须做好准备工作。

1. 汽车运输前的准备工作 包括以下内容：

（1）运输车辆 ①检查车况，病车不能上路，带好备件、行车证件，车辆是否已经备足燃料，是否已经带好备用易损件。②检查车厢内有无异物、异味，不久以前运输农药、化肥的车辆未经清洗消毒的不能运输架子牛。③检查车厢架结实程度，隔离的材料（防后退栏杆）是否完好、结实、耐用。④检查车厢内有无尖锐异物（铁丝、铁钉）。⑤检查车厢外有无超宽、超长、超高异物。⑥检查车厢内有无防滑设施，车厢地板应该为木板，如车厢地板不是木板，车厢地板上必须铺垫碎草、秸秆或干土。⑦车厢顶部的横杆高度以牛能够站立为最低高度。

（2）驾车司机 ①检查司机精神状态是否良好，不能带病驾车，饮酒后不能开车。②经常违章驾车的司机最好不用。③雇用诚实可靠、技术精湛、驾车车龄较长、经验丰富的司机。

（3）架子牛 ①待装架子牛在装车前16小时应停止饲喂青贮饲料、青饲料或有轻泻性的饲料，饲料喂量不宜过大。②待装架子牛在装车前4小时应停止饮水。③办妥防疫证、非疫区证明、疫苗注射证、车辆消毒证、车用卫生合格证、税收证件等。④给牛耳戴上防疫标记。

2. 火车运输时的准备工作 包括以下内容：

（1）检查车厢内有无异物、异味，不久以前运输农药、化肥、有毒有害物质的车辆未经清洗消毒的不能运输架子牛。

（2）检查车厢架结实程度，隔离的材料是否完好、结实、耐用。

（3）检查车厢内有无尖锐异物（铁丝、铁钉），如有必须除去。

（4）检查车厢内有无防滑设施，车厢地板应该为木板，如车厢地

板不是木板，车厢地板上必须铺垫碎草、秸秆或干土。

（5）运输途中牛用草料、饮用水准备是否充足。

（6）开启所有车厢的小窗户。

（7）押运员干粮、饮用水准备是否充足。

（8）带好押运员随身带证件（押运证、有关票证）。

21. 每头架子牛应占有多少车厢面积？

每头架子牛应占一定的车厢面积。每一个车厢装运牛的数量多了或少了都不可行，装运牛数量多时，易造成伤残，甚至死亡；装运牛数量少时，增加运输成本。汽车运输时每头牛应有车厢的面积见表2-1。

表2-1　汽车车厢面积和装运牛数量参考表

牛体重（千克）	车厢面积（米^2）（车厢长9.8米）	装牛数（头）	车厢面积（米^2）（车厢长12米）	装牛数（头）
200	23.5	28	28.8	34
250	23.5	25	28.8	31
300	23.5	23	28.8	29
350	23.5	22	28.8	26
400	23.5	20	28.8	24
450	23.5	17	28.8	21
500	23.5	14	28.8	17

22. 架子牛怎样安全装车和运输

架子牛安全装车是架子牛安全运输的第1步。

1. 汽车运输时装车

（1）利用装运牛专用设备时，有配套的装运牛通道与车后踏板紧相连，使牛顺着踏板进入车厢，每一隔段装牛6～7头。

（2）利用国产汽车装运牛时，每头牛备绳子一根，一端拴系于牛角，另一端拴系于车厢栏杆。刚上车时牛头和栏杆的距离为10厘米左右（即绳长10厘米左右）。

（3）头尾相间拴系，一头牛向北（东），另一头牛向南（西）。

（4）利用国产车装运牛时，制备装运台，牛装运台宽2.4米、高1.5米，并和活动的装运牛通道相连，通道上宽（0.8～0.9米）下窄（0.5～0.6米），呈V字形。

（5）根据车厢长度，车厢内分几个隔段　根据车厢长短分段，每一隔段的挡板（或挡棍）要结实耐用，以圆形为好。

车厢长度（米）	分隔段数	总面积（米^2）	每隔段面积（米^2）
≤8	2	19.2	9.6
≤10	3	23.5	7.8
≤12	4	28.8	7.2

（6）装满一隔段后立即将隔离杆到位（后退栏杆）并紧固结实，再装第二隔段。

（7）装牛时切忌粗暴、鞭打。

（8）牛头绝对不能伸出车厢。

（9）装运牛完毕，关好车后门，紧锁。

2. 火车运输时装车

（1）利用装牛通道装车安全。

（2）在装牛通道上撒放干草，干草和车厢连接，引导牛到车厢；或牵引装车。

（3）装牛时切忌粗暴、鞭打。

（4）牛头绝对不能伸出车厢。

（5）装运牛完毕，关好车后门，紧锁。

（6）做隔段，留出押运员位置。

（7）做完隔段后把准备的草料、饮用水等装上车。

3. 运行安全　架子牛运输的安全性不仅和养牛户的经济效益相关，同时也关系到人畜的安全，因此要十分重视车辆运行的安全。以

汽车运输架子牛为例简述如下。

（1）车辆启动和停车　启动要慢，停车要稳。

（2）行车途中

①不紧急刹车，不开斗气车，不开英雄车。

②弯道减速行进。

③中速行驶。

④遇大雨、大雪天气，停运。

⑤夏季防暑，实行夜间作业；冬季防寒，实行白天作业。

⑥行驶30千米左右停车，检查牛只，同时将牛绳放长至20～25厘米。

⑦不疲劳驾车，夏季行驶200千米（或行车4～5小时）时应给牛饮水。

⑧遇有牛晕车倒下或其他原因倒下时，条件许可，可以把牛扶起；不能扶起时，此时司机驾车要特别细心，决不要急刹车，防止倒下的牛被其他牛踩伤、压伤。

⑨行车速度：行车速度受路面质量的影响，不同质量路面的行车速度建议如下：

路面质量	一级路面	二级路面	三级路面（砂石路）	土路
行进速度(千米/小时)	＜80	＜60	＜50	＜40

⑩行车时间：行车时间受季节的影响（气温、白天长短），不同季节的行车时间建议如下：

季节	1～2月	3～5月	6～8月	9～12月
行车时间	7：30～20：00	6：00～20：00	3：00～10：30 19：00～3：00	6：00～20：00

23. 运牛车辆的运输管理措施有哪些?

架子牛运输管理有序，既能降低运输成本、快捷运输，又能安全运输，减少事故。

（1）司机需有熟练的驾驶技术　①安全行驶、不开英雄车、不开斗气车；②慢启动、慢停车；③车辆运行中不踩急刹车，拐弯减速。

（2）不疲劳驾车，不酒后驾车，不驾驶有毛病的车，保持良好车况。

（3）承担架子牛上车后至目的地的安全责任　①运输途中牛被踩死，负担50%的损失费；②运输途中丢失牛，损失费全额承担；③发生意外、伤亡，视情况处理。

（4）行车距离定额　300～500千米，往返2天（24小时为1天）；500～800千米，往返3天（24小时为1天）。

（5）报酬计算　①基本工资：依据基本定额定级工资。②奖励制度：超额头数奖，超额1头，奖励50～100元；未完成任务1头，处罚10元。安全奖，全年度安全运输，全面完成运输任务年末奖励，奖励金额为5 000～10 000元。

（6）汽车耗油量　额定为25升/100千米；超额自负；节约奖励，奖励额度为节约部分的50%。

24. 夏天怎样安全运输架子牛？

炎夏季节运送架子牛的风险较大，闷热不通风或运输不当等极易造成架子牛的伤亡事故。如何做到夏季安全运输架子牛，作者的建议如下：①适当减少装载头数，在每车厢原有装牛定额基础上减少2～3头；②在晚间20点左右装车，夜间行车；③在10点至16点间停止行车，置牛车于荫凉处让牛饮水、休息；④架子牛装车前少喂或不喂数量多、体积大的青草、青贮饲料、麸皮，适量饮水，以免车厢内粪尿量大造成牛的不安；⑤在行车途中创造条件让牛多饮清凉水。

25. 冬季怎样安全运输架子牛？

架子牛冬季运输的风险在寒冷的北方主要来自道路路滑，翻车、碰撞极易造成架子牛的伤亡事故，防止措施如下：①车厢底铺垫草防止牛滑倒；②每头牛拴系结实，防止挤压在车厢一侧；③车轮上加防滑链条；④下大雪时停止行车；⑤晚间应停止行车。

26. 运输架子牛有哪些风险因素？

架子牛运输风险的源头有以下几种。

1. 车辆本身　①车况不好途中出故障；②车厢不结实途中丢失牛；③车辆行车证件不齐全等耽误行车。

2. 司机　①疲劳驾车；②酒后驾车；③违章驾车；④驾车技术差等造成行车事故。

3. 架子牛　①吃料、饮水太多；②架子牛突发疾病。

4. 装车管理　①装车头数太多；②大牛、小牛混装等造成牛只伤亡事故。

减少架子牛运输风险的技术措施是提高养牛户养牛经济效益的有效手段，针对运输风险的源头逐一处理，将运输风险的损失程度减少到最低点。

27. 架子牛的运输失重有多少？

架子牛运输体重的损失是指架子牛由甲地运输到乙地，运输前后体重的损失量。运输体重损失量受运输距离、运输车辆设备、道路质量、司机驾车技术、牛上车前吃草吃料及饮水程度、气候条件、装载量等因素影响。笔者从 1979—2005 年的 20 余年中对架子牛运输期间体重的变化进行了跟踪测定，现将记录整理于下，供参考。

表 2-2　架子牛运输失重统计表

运输距离（千米）	运输工具	运输前体重（千克）	运输终体重（千克）	损失体重		运行时间（小时）	头数
				（千克）	占%		
1 007	汽车	187.5±4－0.1	167.9±36.5	19.6±5.3	10.45	60	10
420	汽车	560.5±30.2	512.4±31.3	48.1±3.5	8.58	16	42
35	汽车	591.3	585.6	5.9	1.0	0.5	47
980	汽车	335.6	285.4	50.2	14.96	36	15
1 198	汽车	258.0	234.5	23.5	9.11	105	105

（续）

运输距离（千米）	运输工具	运输前体重（千克）	运输终体重（千克）	损失体重		运行时间（小时）	头数
				（千克）	占%		
860	汽车	504.6±64.2	455.7±60.6	48.9±12.4	9.69	12	15
860	汽车	410.2±68.2	379.2±58.5	31.0±12.5	7.56	12	17
860	汽车	400.1±72.2	376.0±70.4	24.1±8.3	6.01	12	17
860	汽车	418.3±47.3	385.2±46.9	33.1±8.1	7.91	12	18
400	汽车	384.1±45.7	362.6±41.8	21.7±8.4	5.65	8	17
400	汽车	418.3±33.6	394.8±29.5	23.5±5.8	5.62	8	17
400	汽车	437.8±56.0	415.8±54.0	22.0±5.3	5.03	8	18
400	汽车	404.7±32.3	386.1±29.0	18.6±8.4	4.60	8	19
800	汽车	385.7±43.5	358.1±38.4	27.7±9.3	7.18	12	18
800	汽车	417.4±41.7	372.2±35.2	45.2±12.2	10.83	12	9
1 000	汽车	498.5±47.6	457.1±41.0	47.3±21.8	8.31	18	17
1 000	汽车	468.2±48.8	430.0±50.3	38.2±40.9	8.17	18	17
400	汽车	429.7±26.6	390.6±29.9	39.1±8.3	9.10	9	10
400	汽车	372.5±67.1	346.5±59.9	26.0±11.6	6.98	9	11
400	汽车	346.0±24.0	329.0±22.4	17.1±6.8	4.94	9	12
400	汽车	406.0±19.9	385.0±17.2	21.4±5.6	5.27	9	10
400	汽车	380.0±33.9	355.0±28.7	23.5±12.5	6.18	9	10
400	汽车	379.0±30.9	358.0±29.3	21.2±3.3	5.59	9	10
400	汽车	411.0±18.5	381.0±14.0	29.9±7.5	7.27	9	10
300～400	汽车	496	463	33	7.18	7～8	37
300～400	汽车	468	434	34	7.78	7～8	85
300～400	汽车	398	377	21	5.64	7～8	64
300～400	汽车	423	389	34	8.84	7～8	33
300～400	汽车	351	325	26	7.96	7～8	1 141
300～400	汽车	424	399	25	6.19	7～8	702
300～400	汽车	434	416	18	4.22	7～8	1 405
300～400	汽车	392	377	15	3.85	7～8	789

（续）

运输距离（千米）	运输工具	运输前体重（千克）	运输终体重（千克）	损失体重		运行时间（小时）	头数
				（千克）	占%		
300～400	汽车	475	455	20	4.33	7～8	110
300～400	汽车	402	387	15	3.89	7～8	899
986	火车	298.3±57.2	245.2±48.3	53.1±14.2	17.8	115	27
986	火车	292.1±50.5	249.4±45.2	43.2±13.8	14.78	115	35
986	火车	331.5±60.2	287.3±55.8	44.2±19.8	13.34	116	41
986	火车	329.2±54.1	281.4±44.6	47.8±21.0	14.58	118	41
986	火车	320.3±40.5	276.9±42.9	43.4±18.2	13.54	120	43
986	火车	324.1±55.8	282.2±50.8	41.9±12.9	12.94	120	30
986	火车	349.8±48.1	301.3±42.4	48.6±11.9	13.88	116	40
986	火车	346.6±47.9	297.6±43.5	49.0±13.2	14.15	117	40
986	火车	325.6±45.8	279.4±44.1	46.2±11.2	14.19	116	39
979	火车	370.9±23.8	325.7±19.9	45.2±18.8	12.18	96	25
979	火车	379.9±22.8	340.1±20.0	39.8±19.9	10.48	97	25
979	火车	380.7±45.2	304.3±44.4	76.4±10.5	20.07	96	71

分析表 2-2 中汽车运输时架子牛在运输途中体重损失，绝对重 5.9～50.2 千克，相对重为 1.0%～14.96%（大多数在5%～9%），差异如此大，主要原因是架子牛装车前是否喂料、饮水，喂料、饮水量大的牛运输失重就多。

用火车运输架子牛体重损失量较大，达 40～50 千克，体重损失量最大达 76 千克。用火车运输时如能在运输途中给牛喂料、喂水，可以大大减少架子牛在运输途中体重的损失，表 2-2 中最后一栏，运输途中没有喂料、饮水条件时牛体重损失量达 76 千克，表 2-2 中倒数二三栏，运输途中又喂料、又饮水，体重的损失小一些

在计算架子牛的成本时要考虑运输失重的损失。

28. 如何计算架子牛的运输费用？

架子牛运输是肉牛易地育肥中不可缺少的环节，在这个环节有自

备车辆运输、租赁车辆运输和全程承包经营运输几种形式，不同运输形式的成本相差悬殊，现在把几种运输形式的成本核算比较如下。

1. 单程行驶里程 800 千米

（1）自备车辆运输

1）车辆费用　以车载重量 8 吨，车厢长 9.8 米、宽 2.4 米，车厢面积 23.52 米^2 计算。

2）燃油费　见表 2-3。

表 2-3　燃油费统计表

架子牛体重（千克）	载牛数（头）	燃油费（元）	每头牛负担（元）
220	29	200（升）×3.2（元/升）=640	22.07
270	23	200（升）×3.2（元/升）=640	27.83
320	22	200（升）×3.2（元/升）=640	29.09
370	20	200（升）×3.2（元/升）=640	32.00
420	17	200（升）×3.2（元/升）=640	37.65
450	15	200（升）×3.2（元/升）=640	42.67

3）折旧费　购车费 22 万元，折旧年限为 8 年，每年摊折旧费 2.75 万元，每年运输架子牛 160 次，平均每车装牛 20 头，合计运送架子牛 3 200 头，每头牛负担折旧费 8.59 元。

4）过桥过路费　过桥过路费每次 100 元计算，160 次×200 元=16 000 元，每头牛负担费用 5.0 元。

5）养路费（8 吨位）　220 元/月×8 吨=1 760 元/月，全年为 1 660元×12 月=19 920，每头牛负担费用 6.23 元（19 920/3 200）。

6）货物基金（8 吨位）　40 元/月，全年为 40×8 吨=320 元，320 元×12 月=3 840 元，每头牛负担费用 1.20 元（3 840/3 200）。

7）货运管理费（8 吨位）　6 元/月，全年为 6×8 吨=48 元，48 元×12 月=576 元，每头牛负担费用 0.18 元（576/3 200）。

8）车辆保险费（所有保险项目）　12 000 元/年，每头牛负担费用 3.75 元（12 000/3 200）。

（2）～（7）费用合计 24.95 元。

9）人员费用　①司机工资：司机月工资 1 500 元，年工资 18 000元，每头牛负担费用 5.63 元（18 000/3 200）。②司机食宿费：以每次运输牛住宿一天计算，住宿费、餐费标准共 130 元。160 次×130 元=20 800 元，每头牛负担费用 6.5 元(20 800/3 200)。③意外伤害保险费 500 元/年，每头牛负担费用 0.16 元（500/3 200）。

①～③费用合计 12.29 元。

自备车辆运输架子牛每头牛的运输费用见表 2-4。

（2）租用车辆运输　每吨千米计费 0.4 元，8 吨车辆行走 1 千米的费用为 0.4 元×8 吨=3.2 元，800 千米的费用为 2 560 元（表 2-5）。

表 2-4　自备车辆运输架子牛费用统计

架子牛体重（千克）	载牛数（头）	燃油费（元）	车辆人员费用（元）	每头牛负担（元）
220	29	22.07	33.33	55.40
270	23	27.83	33.33	61.16
320	22	29.09	33.33	62.42
370	20	32.00	33.33	65.33
420	17	37.65	33.33	70.98
450	15	42.67	33.33	76.00

表 2-5　租用车辆运输架子牛费用统计表

架子牛体重（千克）	载牛数（头）	每头（元）
220	29	2 560/29=88.28
270	23	2 560/23=111.30
320	22	2 560/22=116.36
370	20	2 560/20=128.00
420	17	2 560/17=150.59
450	15	2 560/15=170.67

自备车辆运输和租用车辆运输的运输费用比较：①从表 2-4 和表 2-5 的数据比较 在运输距离为 800 千米范围内以自备车辆运输成本

较低（76.00∶170.67），并且架子牛越大、差别也越大，应选择自备车辆。②从风险分析，比畜主租赁车辆运输的风险要小。③自备车辆运输较租赁车辆运输牛更安全，牛受伤残少。

2. 单程行驶里程400～500千米 每头牛负担40～50元，自备车辆运输不如租用车辆运输成本低。

3. 全程承包经营运输 全程承包经营运输费用的设定全由车主和畜主之间协商。

29. 架子牛到场后怎样安全卸车？

架子牛经过较长时间运输到达目的地，要及时把牛卸下。

1. 卸牛

（1）设卸牛台 卸牛台的宽度为2.4米、高1.5米（和运牛车车厢底的高度相同），和架子牛通道连接。

（2）设架子牛通道 管材制成，可以移动。通道长5～10米，通道上宽（0.8～0.9米）下窄（0.5～0.6米），呈V字形，便于驱赶架子牛。

（3）卸牛 将牛逐一牵至卸牛台，进入架子牛通道。

（4）架子牛称重 ①衡器规格1 000千克型，手记或电子记录；②每头牛单独称重；③记录牛耳号、体重、日期、品种、性别、毛色。

（5）疫苗接种。

（6）驱虫。

2. 编组（分栏） 在围栏饲养时，要把架子牛分组饲养。分组的依据如下：

（1）以体重为主 把体重相近的架子牛分在一个围栏饲养。

（2）以品种为主 把品种相同的架子牛分在一个围栏饲养。

（3）以性别为主 把性别相同的架子牛分在一个围栏饲养。

（4）以体质为主 把体质相近的架子牛分在一个围栏饲养。

（5）以毛色为主 把毛色相同的架子牛分在一个围栏饲养。

（6）以年龄为主 把年龄相近的架子牛分在一个围栏饲养。

3. 防止牛爬跨、格斗　在围栏育肥时，架子牛来自不同地区，互不相识的架子牛初次接触，会发生格斗、爬跨现象，造成架子牛伤残。采取下列措施可以杜绝或减少格斗。

（1）在围栏高1.3～1.4米处从上面用铁丝网封严，防止牛起跳爬跨。

（2）将牛的两前腿系部用绳子拴系，绳子长度35～45厘米，牛能走路、吃料、饮水，但不能起跳、爬跨。

（3）先在较大的运动场地中让架子牛互相熟悉一段时间，然后再合并。

（4）采用晚间合并。

（5）停水停食4～6个小时，合并时食槽内添料，饮水槽内加满水，牛因忙于采食、饮水而减缓格斗、爬跨。

30. 如何进行育肥牛的运输?

经过相当时间的育肥，已达出栏标准的牛要通过运输送到屠宰厂，目前运送肥育牛的工具主要是汽车或拖拉机。

1. 运牛车的准备　①装牛台设备完好；②装牛台铺草、防滑；③车厢内铺草、防滑；④车厢设备完好；⑤车厢隔段设备坚固结实；⑥固定用的铁丝头不能超出车厢外壁，铁丝头也不能露出车厢内壁，防止划伤牛和划伤车厢以外的人和物。

2. 育肥牛的装车

（1）利用装运育肥牛专用设备时，有配套的装运牛通道与车后踏板紧相连，通过牵引使牛顺着踏板进入车厢。

（2）每头牛备绳子一根，一端拴系于牛角，另一端拴系于车厢栏杆。刚上车时牛头和栏杆的距离为10厘米左右。

（3）牛头、牛尾相间拴系。

（4）利用国产车装运育肥牛时，制备装运台，牛装运台宽2.4米、高1.5米，并和活动的装运牛通道相连，通道宽0.8～0.9米，上宽下狭；通过牵引使牛进入车厢。

（5）装车前应有12～16小时的停料，4小时的停水。

（6）装满一隔段后立即将隔离杆（后退栏杆）到位并紧固结实，再装第二隔段。

（7）装牛时切忌粗暴、鞭打。

（8）牛头绝对不能伸出车厢。

（9）装运牛完毕，关好车后门，紧锁。

3. 育肥牛的运输

（1）徐徐启动，缓慢停车，防止牛互相碰撞致伤。

（2）中速行车，拐弯减速，不急刹车，减少牛的应激反应。

（3）到达终点要及时卸车。并进行：①个体称重；②编号；③拴系结实；④办理交接手续。

31. 育肥牛运输失重有多少？

育肥牛在运输中的失重是指育肥牛装车前称量的体重和育肥牛到达终点卸车时称量体重的差数，根据作者的统计，运输距离越远，运输中的失重越大（表2-6），50～70千米的运输路程育肥牛的体重损失为1%左右；400千米运输路程育肥牛的体重损失为4%左右。在计算育肥牛的饲养效益时应扣除运输失重。

影响运输失重的因素还有上车前牛吃料饮水程度、道路的好坏、司机驾车技术等。减少运输失重的措施有：①运输前停食24小时、停水6小时；②停食停水前少喂青绿多汁、易泻性（麦麸）饲料；③中速驾驶车辆，行进途中减少或不急刹车，减少牛之间的碰撞；④不在恶劣气候条件下运输；⑤装载牛数适量，拥挤易造成多失重。

表2-6 育肥牛运输失重量统计表

运输距离（千米）	头数	运输前体重（千克）	运输后体重（千克）	绝对失重（千克）	相对失重（%）
50	43	582.0±59.7	577.3±58.9	4.7	0.81
70	243	603.3±76.3	595.7±75.6	7.6	1.26
400	1789	589.7±66.4	563.7±67.5	26.2	4.44

第三部分　育肥牛的饲料

32. 什么叫育肥牛饲料?

在自然界存在的用于饲喂育肥牛并能使牛健康成长的各类物质称为育肥牛饲料，包括植物性饲料，如能量类饲料，玉米、大麦、米糠等；蛋白质类饲料，棉籽饼、葵花子饼、豆粕、豆饼类等；干粗料类饲料，干草、秸秆类、秕谷等；糠麸类饲料，麦麸、豆皮、玉米皮等；青贮类饲料；糟渣类饲料，白酒糟、啤酒糟、玉米渣、甘薯渣等。动物性饲料如鱼粉。添加剂类饲料，维生素、矿物质、诱食剂等。保健剂类饲料，等等。

各种饲料对育肥牛有不同的功能和作用，育肥牛不同生长发育阶段需要不同营养成分的饲料，认识和了解饲料是育肥牛饲养成功的重要环节之一。

33. 什么叫育肥牛的配合饲料?

育肥牛的配合饲料是指根据不同体重阶段肉牛生长发育需要的各种营养物质，用几种或多种饲料按比例配合的混合物，配合饲料所含成分接近肉牛生长发育需要的各种营养物质的数量、质量要求。在设计某一体重阶段育肥牛的饲料配方时要尽量做到饲料容易采购、饲料成本低、适口性好、易消化。无计划、无比例、有什么料就喂什么料、把几种饲料凑合在一起就喂牛是不能把牛喂好的。

附表 2-1 至 2-4 是作者使用并获得较好饲养效果的饲料配方，供参考。

34. 什么叫育肥牛的全价饲料？

育肥牛的全价饲料是指按育肥牛在某一体重阶段所需要的各种营养物质数量配制的饲料混合物。育肥牛的“某一体重阶段”是指育肥牛处在既生长又育肥或仅为育肥的特定环境条件。全价饲料能使育肥牛需要的营养物质得到完全满足，生长发育值达到最高点。我国在目前条件下很难配制全价饲料，原因是：①饲料质量因地而异，成分差异悬殊；②饲料的成分测定要耗费大量的时间和资金，增加了饲养成本；③饲料的成分测定需要精密度较高的仪器（如维生素、微量元素等的测定），小型育肥牛场不大可能购置价格昂贵的仪器；④养牛主人对全价饲料提高养牛效益、降低成本的作用的认识尚未到位。

35. 什么叫育肥牛日粮？

1头育肥牛24小时内采食的饲料总量，简称为日粮。在实际工作中单一一种饲料不能满足育肥牛的营养需要，也不是将几种饲料放在一起便可以称为育肥牛的日粮。育肥牛的日粮是将精饲料、粗饲料、青贮饲料、肉牛添加剂饲料、保健剂饲料等，按比例（比例的标准是根据肉牛体重和增重的营养需要、维持的营养需要、有无补偿生长等）混合在一起，然后充分搅拌均匀（手工操作时翻倒3次以上，机械搅拌的时间应多于3分钟）的饲料。

36. 什么叫育肥牛饲粮？

用来饲喂育肥牛饲料中的能量类、蛋白质类、糠麸类、青贮类、干粗料类、添加剂类饲料等，按日粮比例（能满足育肥牛生长发育需要）配制的大量混合饲料称为饲粮，饲粮可供多头牛多日的需要，在试验研究中用得较多，在含水量为风干程度时的精粗饲料作为日粮时常用（可提高劳动效率）。

在冬春季节可使用饲粮，炎热的夏季则不使用。

37. 什么叫饲料浓度?

饲料浓度是指配合饲料成分中碳水化合物饲料和其他饲料的比例关系。能量饲料在配合饲料中的比例达到75%～85%称为高能量（高浓度）配合饲料，简称高能日粮；能量饲料在配合饲料中的比例低于15%称为低能量（低浓度）配合饲料，简称低能日粮。在进行高档牛肉生产过程的后期育肥中常常使用高能日粮，在过渡饲养期或等待出售时获得较好的牛价格时常常使用低能日粮。

高能日粮和低能日粮使用时间的长短要根据育肥目标、活牛价格、饲料价格等现实情况灵活机动地掌握，才能得到较为满意的饲养结果。

38. 什么叫饲料的自然重?

饲料的自然重也称为鲜重，是指饲料未经任何处理时含水量状态下的重量，不同饲料的自然重差别极大，青饲料的含水量可高达80%～90%或以上；蛋白质饲料的含水量为10%～14%；能量饲料的含水量14%～16%。饲料的自然重在育肥牛的饲养实际中常常是饲料交易时的计价重量。

饲料的自然重在表达育肥牛饲料消耗量或饲料报酬成绩时有重要意义，用含水量不同的饲料喂育肥牛时，饲料消耗量或饲料报酬有较大的差异，因此在比较育肥牛的育肥成绩时必须指明饲料的含水量状态。

39. 什么叫饲料的风干重?

饲料的风干重是指能保存该饲料不腐败、霉烂变质时所含水分的重量。在粮食或饲料交易中常常用“安全水”一词来描述饲料的安全性，“安全水”即为风干重基础的含水量。能量类饲料“安全水”的上限为16%～16.5%。饲料的风干重在育肥牛的饲养中有重要的作用：在设计饲料配方时常常把各种饲料的含水量校正为统一标准，即风干重，再进行运算时较为准确；在饲料的交易、买卖价格不一时，常常把饲料价折合成风干重的价格，然后比较买哪种饲料更为合算。

40. 什么叫饲料的干物质重？

饲料的干物质是指饲料的含水量为零状态下的重量，也称绝干重。在设计饲料配方时常常把各种饲料的含水量校正为绝干重再进行运算，方便快速，不易出差错；在饲料的交易买卖价格不一时，也常常把各种饲料价折合成绝干重的价格，然后比较买哪种饲料更为合算。如黄玉米有 3 个标价（元/千克）1 号 1.05，2 号 1.10，3 号 1.15。含水量依次为 25%，20%，14%。买哪号玉米合算。计算如下：假定买 1 号黄玉米，花 105 元买 1 号黄玉米（干物质）75 千克，每千克干物质价格为 1.400 元；如果买 2 号黄玉米，花 110 元买 2 号黄玉米（干物质）80 千克，每千克干物质价格为 1.375 元；如果买 3 号黄玉米，花 115 元买 3 号黄玉米（干物质）86 千克，每千克干物质价格为 1.337 元。在未计算前似乎购买 1 号黄玉米价格较低，但经过计算，结果购买 3 号黄玉米较为合算。

41. 为什么要重视饲料的含水量？

关于饲料的含水量包含两层意思，其一，含水量高（大于 17%）的饲料发霉变质的几率大大上升，不易保管；其二由于同一种饲料含水量的不同，会给养牛者带来两种结果。

1. 营养物质量的差别 饲料含水量 18%的干物质比饲料含水量 12%的干物质量少 6 个百分点，100 千克饲料少干物质 6 千克，一个年育肥出栏肉牛 10 000 头的牛场，使用该饲料（每头按 750 千克计）7 500 000千克（7 500 吨），干物质量相差 450 000 千克（450 吨），相当于含水量 12%的饲料 549 吨，以每千克售价 1.2 元计，牛场将损失 658 800 元，每头牛的损失为 65 元。

2. 饲料成本的差别 现以笔者试验牛的资料介绍如下。试验牛

由体重221千克开始育肥，养到体重517千克时结束，每头牛消耗玉米734千克（含干物质88%），如果玉米的含水量增加，要达到相同的饲养效果，玉米的绝对重量将增加，见表3-1，饲料成本随之增加。

表3-1　不同含水量玉米使用量表

每千克含干物质88%的玉米成本（元）	含水量不同时所需玉米量					
	88%干物质时用玉米734千克	87%干物质时用玉米742.4千克	86%干物质时用玉米751.1千克	85%干物质时用玉米759.9千克	84%干物质时用玉米769.0千克	83%干物质时用玉米778.2千克
0.90	660.60	668.16	675.99	683.91	692.10	700.38
0.94	689.96	697.86	706.03	714.31	722.86	731.51
0.98	719.32	727.55	736.08	744.70	753.62	762.64
1.02	748.68	757.25	766.12	775.10	784.38	793.76
1.06	778.04	786.94	796.17	805.49	815.14	824.89
1.10	807.40	816.64	826.21	835.89	845.90	856.02
1.14	836.76	846.34	856.25	866.29	876.66	887.15
1.18	866.12	876.03	886.30	896.68	907.42	918.28
1.22	895.48	905.73	916.34	927.08	938.18	949.40
1.26	924.84	935.42	946.39	957.47	968.94	980.53
1.30	954.20	965.12	976.43	987.87	999.70	1 011.66
1.34	983.56	994.82	1 006.47	1 018.27	1 030.46	1 042.79
1.38	1 012.92	1 024.51	1 036.52	1 048.66	1 061.22	1 073.92

3. 玉米含水量的差别　玉米含水量由12%上升至17%时，育肥一头牛（实际净增加活重为517－221＝296千克），按2005年10月玉米价每千克1.2元计算，多增加饲料费53.92元，年育肥出栏肉牛10 000头，饲料费相差539 200元，占销售收入的1.25%。

综上所述，饲料含水量的差异会造成牛场的直接经济损失，每头牛达100元以上；饲料含水量不仅影响牛场的经济，还影响饲料的保管；更重要的是育肥牛食用霉烂变质饲料造成病亡或慢性疾病的损失无法估量。因此要十分重视饲料的含水量。

现场测定饲料含水量的工具有多种型号，育肥牛场配备快速水分测定仪器很有必要，每批采购进场能量、蛋白质饲料时进行水分测定，是提高饲料利用效率和降低饲养成本的有效手段之一。

42. 如何换算饲料的自然重和饲料的风干重？

在饲养场设计配合饲料配方和饲料的交易活动中，使用饲料的自然重很不方便，因此要将饲料的自然重换算为饲料的风干重，为方便读者使用，现将饲料自然重换算为饲料风干重的换算结果例于表3-2，供参考。

表3-2 饲料自然重换算为饲料风干重的换算表

自然状态饲料含水量%	折成含水量12%的倍数	折成含水量13%的倍数	折成含水量14%的倍数	折成含水量15%的倍数	折成含水量16%的倍数
90	8.800 0	8.700 0	8.600 0	8.500 0	8.400 0
89	8.000 0	7.909 1	7.818 2	7.727 3	7.636 4
88	7.333 3	7.250 0	7.166 7	7.083 3	7.000 0
87	6.769 2	6.692 3	6.615 4	6.538 5	6.461 5
86	6.285 7	6.214 3	6.142 9	6.071 4	6.000 0
85	5.866 7	5.800 0	5.733 3	5.666 7	5.600 0
84	5.500 0	5.437 5	5.375 0	5.312 5	5.250 0
83	5.176 5	5.117 6	5.058 8	5.000 0	4.941 2
82	4.888 9	4.833 3	4.777 8	4.722 2	4.666 7
81	4.631 6	4.578 9	4.526 3	4.473 7	4.421 1
80	4.400 0	4.350 0	4.300 0	4.250 0	4.200 0
79	4.190 5	4.142 9	4.095 2	4.047 6	4.000 0
78	4.000 0	3.954 5	3.909 1	3.863 6	3.818 2
77	3.826 1	3.782 6	3.739 1	3.695 7	3.652 2
76	3.666 7	3.625 0	3.583 3	3.541 7	3.500 0
75	3.520 0	3.480 0	3.440 0	3.400 0	3.360 0
74	3.384 6	3.346 2	3.307 7	3.269 3	3.230 7

（续）

自然状态饲料含水量%	折成含水量12%的倍数	折成含水量13%的倍数	折成含水量14%的倍数	折成含水量15%的倍数	折成含水量16%的倍数
73	3.259 3	3.222 2	3.185 2	3.148 1	3.111 1
72	3.142 9	3.107 1	3.071 4	3.035 7	3.000 0
71	3.034 5	3.000 0	2.965 5	2.931 0	2.896 6
70	2.933 3	2.900 0	2.866 7	2.833 3	2.800 0
69	2.838 7	2.806 5	2.774 2	2.741 9	2.709 7
68	2.750 0	2.718 8	2.687 5	2.656 3	2.625 0
67	2.666 7	2.636 4	2.606 1	2.575 8	2.545 5
66	2.588 2	2.558 8	2.529 4	2.500 0	2.470 6
65	2.514 3	2.485 7	2.457 1	2.428 6	2.400 0
64	2.444 4	2.416 7	2.388 9	2.361 1	2.333 3
63	2.378 4	2.351 4	2.324 3	2.297 3	2.270 2
62	2.315 8	2.289 5	2.263 2	2.236 8	2.210 5
61	2.256 4	2.230 8	2.205 1	2.179 5	2.153 8
60	2.200 0	2.175 0	2.150 0	2.125 0	2.100 0
59	2.146 3	2.122 0	2.097 6	2.073 2	2.048 8
58	2.095 2	2.071 4	2.047 6	2.023 8	2.000 0
57	2.046 5	2.023 3	2.000 0	1.976 7	1.953 5
56	2.000 0	1.977 3	1.954 5	1.931 8	1.909 1
55	1.955 6	1.933 3	1.911 1	1.888 9	1.866 7
54	1.913 0	1.891 3	1.869 6	1.847 8	1.826 1
53	1.872 3	1.851 1	1.829 8	1.808 5	1.787 2
52	1.833 3	1.812 5	1.791 7	1.770 8	1.750 0
51	1.795 9	1.775 5	1.755 1	1.734 7	1.714 3
50	1.760 0	1.740 0	1.720 0	1.700 0	1.680 0

43. 什么叫能量饲料?

能量是育肥牛营养的重要基础之一，是构成牛体组织、维持牛生理功能和形成脂肪的主要原料。育肥牛的能量来源于饲料中的碳水化合物、脂肪和蛋白质。饲料因营养物质含量的差别而分为能量饲料、蛋白质饲料、粗饲料、青贮饲料、糟渣类饲料、糠麸类饲料、矿物质饲料、维生素饲料、添加剂饲料等。

能量饲料是指饲料营养成分中的无氮浸出物含量高的饲料。碳水化合物约占饲料干物质量的70%～80%，粗纤维含量不超过18%，蛋白质含量低，消化率高。饲料的能量值是通过每千克绝干重（饲料含水量为零）饲料可利用的代谢能值（兆焦）来度量的。

用于育肥牛的能量饲料主要有玉米、大麦、高粱、小麦、大米、小米、燕麦等。常用能量饲料的营养成分见附表3，更详细的请参考《肉牛高效育肥饲养与管理技术》一书（中国农业出版社，2003年1月）。

44. 饲料能量在牛体内如何转化？

饲料成分中的能量在牛体内的转化过程可用下图表示。

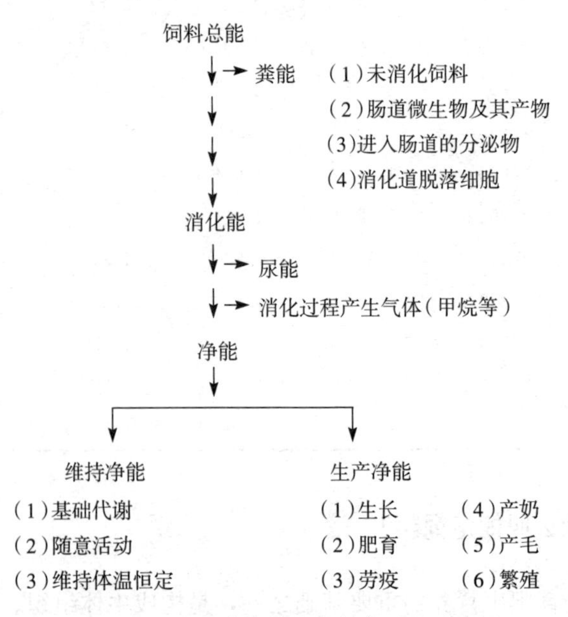

图3-1　能量在牛体内的转化过程示意图

从能量在牛体内的转化过程图中可以看到，应该尽量减少维持净能的消耗量，增加生产净能量，这是提高饲料利用效率、降低饲料成本的根据。

45. 能量饲料的加工方法有几种？

用于育肥牛的能量饲料在使用前一般都要进行加工，加工方法很多，如粉碎法、磨碎法、膨化法、微波化法、湿磨法、烘烤法、颗粒化法、蒸汽压扁法等，这些加工方法各有优缺点，但综合比较以蒸汽压扁法加工效果较好。

1. 粉碎法　使用锤片式机械将玉米、大麦、高粱等击碎成粉状，这是我国目前养牛场用得最多的方法。设备简单、易获得、加工成本低是其优点；颗粒太细、不利于牛的采食和在瘤胃降解多等是其缺点。

2. 磨碎法　使用辊磨式机械将玉米、大麦、高粱等磨、碾碎成粉状。加工成本低是其优点；颗粒粗细较难掌握是其缺点。

3. 膨化法　将玉米、大麦、高粱等能量饲料放在一容器内，加热加压，饲料在高温高压下软化膨胀，当其喷出来时饲料松软、芳香可口。这种加工方法的优点是饲料适口性好，提高了育肥牛的采食量；又因在加热加压过程中饲料中的淀粉被糊化，提高了育肥牛对饲料的消化率。加工成本较高是其缺点。

4. 微波化法　将玉米、大麦、高粱等能量饲料放在由红外线发生器产生的微波下，将能量饲料加温达140℃以上，再送入辊轴，压成片状。饲料在红外线微波作用下，内部结构发生变化，提高了育肥牛饲料的消化率是这种加工方法的优点；需要的生产设备条件较高、成本较高是其缺点。

5. 湿磨法　湿磨玉米是将玉米经过清理（除杂质）、浸水（水泥池或缸、浸泡液回收利用）、分离玉米胚芽（胚芽提取利用）、磨粉、离心分离出各种饲料（营养性甜味剂、面筋粉、面筋饲料、玉米胚芽粉、浓缩发酵提取物）。这种加工方法需要的生产设备资金大、成本较高是其缺点；但饲养效果好是其优点。

6. 烘烤法 将玉米、大麦、高粱等能量饲料放在专用的烘烤机器内加温，烘烤温度为135～145℃。经过烘烤的玉米、大麦等具有芳香味，育肥牛的采食量有显著的增加是其优点；这种加工方法需要能源多、生产成本较高是其缺点。

7. 颗粒化法 颗粒化法是将玉米、大麦、高粱等能量饲料先粉碎，而后通过特制制粒机制成一定直径的颗粒。此法可依据育肥牛的体重大小压制成直径大小不等的颗粒饲料，还可以在压制颗粒过程中添加其他饲料，提高颗粒料的营养价值。育肥牛采食颗粒料的量要大于其他饲料量，喂颗粒饲料能提高育肥期的增重速度是此法的优点；但需要的生产设备资金大、加工成本较高是此法的缺点。

8. 压扁法 将能量饲料（玉米、大麦、高粱等）压成薄片，分为干压扁和蒸汽压片。

（1）干压扁　干压扁是将玉米、大麦、高粱等能量饲料装入锥状转子的压扁机，被转子强压碾成碎片，压扁机后续工程又将大片状饲料打成小片状饲料。前人用玉米做消化试验，获得的消化率结果如下：整粒玉米65%，粉碎玉米71%，碾压片玉米74%。明显地，碾压片玉米的消化率高于整粒玉米和粉碎玉米。

（2）蒸汽压扁法　采用蒸汽压片玉米喂牛已在国外广泛利用近30年，近年来有更多的肉牛饲养场采用蒸汽压片玉米喂牛。蒸汽（温度100～105℃、含水量20%～22%）压片玉米。需要一次性投入的生产设备资金较大，但饲养效果好（见第55问）、饲养成本低。

46. 能量饲料粉碎颗粒越细越好吗？

目前我国肉牛利用的能量饲料如玉米、大麦的加工以粉碎为主，但是对能量饲料粉碎细度没有标准，普遍认为能量饲料粉碎越细，牛的消化率越高，但这是一种误解。能量饲料磨碎的粗细度不仅影响育肥牛的采食量、日增重，也影响能量饲料本身的利用效率及肉牛饲养总成本。据布瑞瑟氏介绍用辊磨机粉碎（细度为2.00毫米、0.30～1.00毫米两种）和锤片机粉碎（细度为0.50毫米、2.00毫米两种）同品种玉米饲料喂牛，由于饲料粗细不同，饲喂育肥牛以后得到的效

果有较大的差异（表 3-3）。

表 3-3 不同粉碎细度精饲料喂牛效果

机器类别	辊磨机		锤片机	
粗细度	粗粉碎	细粉碎	粗粉碎	细粉碎
采食量（%）	100	90	100	85
增重（%）	100	100	100	90
饲料转化效率	100	90	100	100

从表 3-3 不难看出，玉米粒用辊磨机粉碎，粗粉碎时牛的采食量和饲料转化效率要比细粉碎时提高 10 个百分点；玉米粒用锤片机粉碎，粗粉碎时牛的采食量和饲料转化效率要比细粉碎时提高 10～15 个百分点。细粉碎后饲料转化效率低的原因是由于精饲料粉碎过细，在瘤胃内被降解的比例提高了，被牛真正利用的比例就低，因而饲料的经济性和牛的增重量都受到了不利的影响。

饲料粉碎过细会造成育肥牛采食饲料量的下降，原因是由于饲料的适口性下降。育肥牛采食较粗精饲料量比采食较细粉末饲料量要高一些。因此，在目前条件下我国肉牛饲养场，喂牛的玉米粉碎的细度（粉状料的直径）以 2.00 毫米较好。

47. 什么叫蒸汽压片饲料？

蒸汽压片饲料是指能量饲料在高温蒸汽中处理后压成的薄片，是新近发展起来的用于肉牛的优质饲料。

蒸汽压片饲料的制作过程：玉米粒、大麦粒等原料在特制的处理设备中加湿（含水量为 20%～22%）、加高温蒸汽（105～110℃，40 分钟）、加压，压制成薄片（厚度为 0.7～1.2 毫米），烘干（薄片含水量 12%～14%）即为蒸汽压片饲料。

育肥牛饲喂蒸汽压片饲料时的好处是：

（1）蒸汽压片饲料结构中所含有的淀粉受高温高压作用而发生糊化作用，致使糊精和糖形成，使蒸汽压片饲料变得芳香有味，因而提高了饲料适口性。

（2）淀粉糊化作用，使淀粉颗粒物质结构发生了变化，消化过程中酶反应更容易，从而提高蒸汽压片饲料的转化率7%～10%。

2002年12月我们测定了玉米蒸汽处理后淀粉糊化度的变化（表3-4），玉米蒸汽处理后的淀粉糊化度提高了7～8倍。

表3-4 玉米蒸汽压片后淀粉糊化度变化

玉米处理方法		糊化度（%）	备 注
喷水软化	热蒸汽直接接触（整粒）	50.0	处理时间45分钟
喷水软化	热蒸汽直接接触（破碎）	55.1	处理时间45分钟
喷水软化	热蒸汽直接接触（破碎）	58.5	处理时间45分钟
喷水软化	热蒸汽直接接触（破碎）	60.7	烘干
喷水软化	热蒸汽隔离接触（整粒）	26.7	处理时间25分钟
喷水软化	热蒸汽隔离接触（整粒）	27.6	处理时间35分钟
喷水软化	热蒸汽隔离接触（整粒）	27.3	处理时间45分钟
未处理	整粒	7.04	
未处理	破碎	7.50	

（3）据文献资料记载，淀粉糊化作用减少了甲烷的损失，而增加6%～10%的能量滞留，从而提高育肥牛的增重5%～10%；同样年龄的牛犊，达到体重300千克，采用磨碎玉米时需要240天，而采用蒸汽压片玉米时可减少30天。

（4）淀粉糊化作用减少了瘤胃酸中毒的几率。

（5）蒸汽压片饲料的吸水率提高5%～8%。

（6）用蒸汽压片饲料以后改变了饲料的形状，与牛消化液接触面积增加了，从而提高饲料消化率6%。

（7）新生牛犊饲喂蒸汽压片饲料后，死亡率减少4～5个百分点。

（8）在肉牛配合饲料中采用蒸汽压片饲料后，兽药费用下降了60%。

（9）蒸汽压片饲料加工成本低　据作者测定每千克玉米的加工成本费（含土建设备折旧、工资、电费、水费、利息等）为0.034 1元。

48. 什么叫湿磨玉米饲料？

湿磨玉米饲料是指干玉米粒用水浸泡后磨碎加工制成的多种饲料

湿磨玉米饲料的制作过程：

玉米粒清理（除杂质、水浸泡）→胚芽分离→胚芽提取→胚芽粉

┌→ 水浸泡液→蒸发器→浓缩物提取

└→ 玉米粒磨粉→过筛→离心→淀粉

湿磨玉米的饲料产品：玉米经过湿磨工艺生产的玉米饲料有玉米面筋粉、玉米面筋饲料、玉米胚芽饲料、玉米浸泡溶液几种，各种饲料的特点如下。

1. 玉米面筋粉　玉米在湿磨加工过程中被分离的谷蛋白和在分离过程中没有被完全回收的少量淀粉、粗纤维。粗蛋白质含量高达60%，蛋氨酸、叶黄素的含量都较高。在使用玉米面筋粉饲料饲喂育肥牛时，应适量添加，尤其是在育肥结束前100天左右应停止饲喂玉米面筋粉或限量饲喂，因为该饲料含叶黄素量高，会影响牛肉脂肪的颜色。

2. 玉米面筋饲料　玉米粒经过湿磨加工工艺生产玉米淀粉、玉米淀粉衍生物以后的剩余产物。粗蛋白质含量达20%左右。

3. 玉米胚芽饲料　玉米粒经过湿磨加工工艺提取的玉米胚芽，再榨取油后的剩余物，粗蛋白质含量达20%左右。

4. 玉米浸泡液　玉米浸泡液是浸泡玉米粒的溶液。溶液中含有较多的可溶性物质，如维生素B族、矿物质、一些未确定的促生长物质。溶液浓缩后可形成固形物。玉米浸泡液的干物质含量4%左右。

5. 湿磨玉米的成分　湿磨玉米的成分如表3-5。

表3-5　湿磨玉米的成分

成　分	玉米面筋粉	玉米面筋饲料	玉米胚芽饲料	玉米浸泡液
蛋白质（%）	60.0	21.00	22.00	25.00
脂肪（%）	3.0	3.60	1.00	—

（续）

成　分	玉米面筋粉	玉米面筋饲料	玉米胚芽饲料	玉米浸泡液
粗纤维（%）	3.0	8.40	12.00	0.00
叶黄素（毫克/千克）	496.0	—	—	—
钙（%）	0.07	1.00	0.04	0.14
磷（%）	0.48	1.00	0.30	1.80
总消化养分	80.00	89.00	67.00	4.00
净能值(干物质基础)				
生长（兆焦/千克）	5.530 4	5.446 7	4.148 0	—
维持（兆焦/千克）	8.203 6	8.203 6	6.452 1	—

49. 什么叫高水分玉米，如何利用？

高水分玉米是指含水量较高的玉米，正常玉米的含水量为14%～16%，高水分玉米含水量可达30%以上。

1. 高水分玉米饲料的制作　将新收获含水量较高（30%以上）的玉米用封闭的方法贮存，这种含水量达30%以上的玉米称为高水分玉米，用作肉牛饲料时高水分玉米的优点是：①贮藏快捷方便，防止玉米因含水量高发生霉烂变质；②能避免因玉米含水量高引发的黄曲霉菌对肉牛的危害；③贮存成本低；④避免虫害、鼠害。

2. 高水分玉米的使用　①现使用现粉碎，用多少粉碎多少；②整粒喂牛，主要是育肥牛的后期，精饲料比例达到70%以上时可用整粒玉米喂牛；③用作湿磨玉米的原料。

50. 玉米用作育肥牛饲料时有什么特点？

玉米用作育肥牛饲料时的特点有：

1. 玉米含能量高　从提供能量的角度比较各种饲料，玉米是育肥牛最好的能量饲料，它富含淀粉、糖类，是一种高能量、低蛋白饲料。常用于育肥牛的几种能量饲料的能量比较如下：

饲料名称	代谢能（兆焦/千克）	维持净能（兆焦/千克）	增重净能（兆焦/千克）
玉米	13.90	9.67	6.23
大麦	12.35	7.99	5.31
高粱	12.27	7.91	5.27
燕麦	12.10	7.78	5.19
稻谷	11.81	7.49	4.98
小麦	13.27	8.95	5.90

2. 玉米营养成分差别大　据报道，我国年产玉米 8 000 多万吨，60％以上用于畜禽饲料。玉米有很多品种，并且种植地区广阔，气候、土壤环境条件、肥料种类等的差异导致玉米的营养成分亦有较大的差别，据中国农业大学宋同明报道，农大高油玉米品种和其他普通玉米品种的成分含量如表 3-6。使用 1 千克高油 4 号玉米比使用 1 千克普通玉米多提供粗能 2.8 兆焦（相当于 0.17 千克普通玉米），差异非常大。

表 3-6　普通玉米和高油玉米成分的比较

玉米品种	含油量（％）	蛋白质（％）	赖氨酸（％）	粗能（兆焦/千克）	胡萝卜素（毫克/千克）
普通玉米	4.3	8.6	0.24	16.723 4	26.3
高油 1 号	6.0	9.6	0.26	17.664 8	26.7
高油 2 号	8.5	8.9	0.25	18.091 6	28.5
高油 3 号	11.3	10.3	0.28	18.752 7	34.0
高油 4 号	13.0	11.4	0.30	19.535 1	31.5
高油 7 号	7.95	9.54	0.31		
高油 8 号	9.50	9.64	0.32		

3. 黄玉米含叶黄素多　饲料玉米依其颜色可分为黄色和白色两种，黄玉米、白玉米的营养成分含量略有差别。黄色玉米含有较多的叶黄素，此叶黄素和牛体内脂肪有极强的亲和力，两者一旦结合，就很难分开，将白色脂肪染成黄色，降低了牛肉品质，因此不能长期、大量饲喂黄玉米，尤其是在育肥后期应控制用量。

4. 玉米喂牛形状多样化 在育肥牛饲养中如何更好、更有效地利用玉米，过去、当前及今后都是肉牛工作者研究的重点。我国到目前为止，对玉米的利用几乎以粉碎细末状喂牛为唯一。在国外却有很多成功的经验可供我们借鉴，他们试验研究了很多种利用玉米粒喂牛的形式：玉米粒粉碎、玉米粒压碎、玉米粒磨碎、玉米粒压成片、玉米粒湿磨、带轴玉米粉碎、带轴玉米切碎、全株玉米青贮、整粒玉米、高水分（含水量26％～30％）玉米粒贮存等。

5. 部分产区玉米缺硒 东北某些地区因土壤缺硒，导致玉米缺硒。因此在使用东北地区生产的玉米时，要注意补硒（补给量为0.10毫克/千克干物质饲料）。

6. 玉米饱和脂肪酸含量低 玉米饱和脂肪酸含量低，大量长期使用时会影响脂肪的坚挺程度。在饲养高档肉牛时应谨慎使用。

51. 蒸汽压片玉米喂牛的优势是什么?

蒸汽压片玉米喂牛的效果较好，比未处理玉米粒喂牛增重提高6.43％，干物质采食量下降4.28％，饲料报酬提高11.07％；也比蒸熟玉米粒喂牛增重提高1.17％，干物采食质量下降11.59％，饲料报酬提高14.42％。

在试验研究玉米蒸汽压片的厚薄，对喂牛效果影响时，玉米蒸汽压片的厚薄不仅影响育肥牛的增重也影响饲料报酬（表3-7)。用厚度小于1毫米的蒸汽压片玉米喂牛时，育肥牛平均日增重1 280克，比厚度2毫米蒸汽压片玉米、6毫米蒸汽压片玉米提高日增重，前者为4.07％，后者为6.67％；用厚度小于1毫米的蒸汽压片玉米喂牛时，每增重1千克体重的饲料（干物质）需要量为5.60千克，比厚度2毫米蒸汽压片玉米、6毫米蒸汽压片玉米提高利用效率，前者为2.78％，后者为3.62％，因此在实际工作时，蒸汽压片玉米的厚度应选择小于1毫米，厚度越小，和消化液的接触面越大，从而提高了玉米的消化率；厚度越小，玉米的过瘤胃率高，增加了玉米的利用率。

1个年育肥出栏量为3 000头的育肥场（育肥净增体重200千克计），如用蒸汽压片玉米喂牛增加的经济效益达80余万元（国产玉米

蒸汽压片设备在江苏省无锡市华圻粮油机械厂已有生产，全套设备约50万元），因此有条件的牛场可应用国产玉米蒸汽压片设备。

表 3-7　玉米蒸汽压片饲料的厚度与喂牛效果

项　目	小于1毫米	2毫米	6毫米
试验牛数	14	14	14
开始体重（千克）	220	219	222
结束体重（千克）	428.6	419.5	417.6
平均日增重（克）	1 280	1 230	1 200
平均头日采食干物质（千克）	5.60	5.76	5.81
饲料报酬（干物质，千克）	6.10	6.70	6.90

52. 湿磨玉米饲料喂牛的优势是什么？

湿磨玉米饲料是玉米在饲料应用中的新成果，湿磨玉米的喂牛效果已经获得了肯定，举例说明如下。

（1）玉米面筋饲料蛋白质的过瘤胃率可达60%，一次用育肥牛34头饲喂150天的试验结果如表3-8。

表 3-8　不同比例湿磨玉米饲料喂牛效果比较

项　目	湿磨玉米面筋饲料（%）					
	90 10%青贮玉米浓缩液	50 10%青贮玉米、其他40%	50 无玉米青贮其他50%	70 10%青贮玉米、其他30%	70 无玉米青贮、其他30%	90 无玉米青贮其他10%
日增重（克）	1 239	1 339	1 317	1 259	1 326	1 217
干物质采食量（千克）	7.90	8.81	8.54	8.85	8.58	8.08
饲料/增重	6.40	6.57	6.48	7.04	6.47	6.64
屠宰率（%）	63.50	63.60	64.50	63.80	64.10	63.40
胴体质量等级*	9.77	9.52	9.77	9.58	10.31	8.80
胴体产量等级	2.79	1.76	2.77	2.70	3.13	2.49
内脏不适率						

* 9上好，10较好，11好。

表 3-9 显示，用 50%的湿磨玉米面筋饲料加 10%的青贮饲料饲喂效果较其他湿磨玉米面筋饲料和青贮玉米比例要好。

（2）玉米面筋饲料喂牛的效果在另一个饲养试验中的结果见表 3-9。

表 3-9　湿磨玉米饲料和其他饲料喂牛效果比较

项　目	玉米一豆饼	玉米一尿素	湿玉米一湿磨玉米	干玉米一湿磨玉米
开始体重（千克）	327.8	328.7	326.9	327.3
结束体重（千克）	479.0	468.5	484.4	479.9
日增重（克）	1 330	1 267	1 380	1 348
头日采食量（千克）	8.14	7.77	8.80	9.47
饲料/增重	6.13	6.37	6.37	7.01
胴体重（千克）	298.7	287.8	304.6	302.8
屠宰率（%）	62.40	62.49	63.05	63.47
胴体产量等级	3.71	3.63	3.50	3.80
胴体质量等级	10.52	10.03	10.36	10.39

由表 3-9 看出，湿玉米一湿磨玉米、干玉米一湿磨玉米配合饲料喂牛的效果比玉米一豆饼、玉米一尿素配合饲料好，表现在日增重提高 3.75%～8.92%，头日采食量提高 8.14%～13.26%，屠宰率提高 1.04%～0.90%。

53. 玉米喂牛时的最好形状（状态）是什么？

玉米是肉牛的优质能量饲料，在我国虽然产量大，但由于使用量也大，也是较短缺的饲料，通过加工技术可使它发挥最大的功能。据当前试验研究得到提高玉米喂牛利用效率的玉米状态是：①玉米以粉状形式喂牛时，粉粒的直径以 2 毫米为最好。②玉米以蒸汽压片形式喂牛时，压片的厚度以 0.7～1.2 毫米为最好。③整粒玉米喂牛，在育肥后期，精饲料量的比例达 70%以上时用整粒玉米喂牛效果最好；并且以煮熟整粒玉米喂牛效果较好。④湿磨玉米喂牛，用湿磨玉米喂牛时和湿玉米配合饲喂的效果最好。

54. 大麦的特点是什么？饲喂育肥牛的饲养效果好吗？

1. 大麦的特点 大麦是育肥牛的优质能量饲料之一，它具有以下特点：①据分析测定，大麦成分中脂肪的含量较低，仅为2%左右；淀粉的比例较高，并且其淀粉可以直接变成饱和脂肪酸。②据分析测定，大麦成分中饱和脂肪酸含量高；牛瘤胃在代谢大麦过程中能把不饱和脂肪酸加氢变成饱和脂肪酸，饱和脂肪酸颜色洁白且硬度好，因此牛屠宰后胴体脂肪颜色白、坚挺。③据分析测定，大麦成分中叶黄素、胡萝卜素的含量都较低；牛屠宰后胴体脂肪颜色白、坚挺。④籽实坚硬，较难破碎。⑤在育肥牛的后期，饲喂大麦，可以获得洁白而坚挺的牛胴体脂肪；在育肥牛屠宰前120～150天每头每天饲喂0.5～1.0千克大麦能达到提高胴体和牛肉品质的目的，为其他饲料所不能取代。

2. 大麦育肥效果 玉米、大麦、燕麦、小麦等都可以用作育肥牛的精饲料，大麦饲喂肉牛前应该加工，加工的方法有蒸汽压片法、切割法、粉碎法和蒸煮法等，由于加工方法的差异和不同搭配，饲养效果也不同。引用他人的试验资料说明如下（表3-10）。

表3-10 大麦和其他饲料喂牛效果比较

饲料种类	加工方法	始重（千克）	日增重（克）	日采食谷物量（千克）	饲料报酬
1/3燕麦	整粒燕麦	452.6	876	6.58	7.56
	粗磨碎燕麦	452.6	935	6.63	7.10
2/3整玉米	中磨碎燕麦	450.8	958	6.63	6.95
	细磨燕麦	451.7	885	6.63	7.49
大麦	整粒大麦	314.6	962	6.72	7.00
	细磨大麦	311.9	1 022	5.68	5.54
小麦与玉米混合	整粒小麦	255.1	981	6.54	6.68
	磨碎小麦	251.5	835	4.36	5.23
	磨碎小麦50%，整粒玉米50%	252.9	1 167	5.99	5.13

表 3-10 的试验数据表明：①整粒饲料喂牛的效果不如磨碎后喂牛好；②大麦细磨碎后喂牛的效果好于整粒大麦喂牛；③磨碎小麦与整粒玉米混合后喂牛要比饲喂整粒小麦、磨碎小麦的增重效果好。

由于给育肥牛饲喂大麦可以获得洁白而坚挺的牛胴体脂肪，因此在高档（高价）牛肉生产中应充分使用大麦喂牛。目前在我国育肥牛利用大麦效率较高和较方便的方式是煮熟或蒸熟。

55. 什么叫颗粒饲料?

颗粒饲料是指饲料经过粉碎，通过特制的压模压制成直径大小不等的粒状饲料。以颗粒饲料的原料组成可分为精饲料颗粒料、混合料颗粒料、粗料颗粒料等。使用较多的是混合料颗粒料和粗料颗粒料。

混合料颗粒料　将能量饲料、糠麸类饲料、蛋白质饲料、添加剂等按比例称量并充分搅拌混合均匀后再压制成颗粒。

粗料颗粒料　将粗饲料（如玉米秸）揉搓粉碎压制成颗粒，以不加黏合剂压制的颗粒料较好。吉林省长春市华光生态工程技术研究所生产的揉搓粉碎机压制的小颗粒粗料性能较好。大颗粒（块状）粗料（以干草粉为原料）在牧区使用有独特的优点，俗称牛的饼干饲料。

56. 用颗粒状精饲料喂牛有什么优缺点?

利用颗粒状精饲料喂牛对饲料加工厂、育肥牛场和育肥牛都有好处。

1. 颗粒状精饲料的优点：

（1）对饲料加工厂　便于变更饲料配方。①颗粒状精饲料体积小，有利于运输并能降低运输成本；②在压制过程中饲料中的一些物质的结构发生了变化，改善了饲料中一些营养物质的利用率；③颗粒状精饲料便于包装和贮存；④颗粒状精饲料减少了有毒有害细菌的侵

染；⑤颗粒状精饲料更大程度上保证了饲料产品的优质；⑥便于在饲料内添加微量元素、维生素、保健剂、抗氧化剂；⑦减少尘埃对环境的污染。

（2）对肉牛饲养场　①颗粒状精饲料便于运送、贮存、保存；②颗粒状精饲料减少了饲料的损耗量；③颗粒状精饲料有利于饲料的分配；④改善了牛场的卫生条件。

（3）对育肥牛　①育肥牛喜食，提高了采食量；②杜绝了牛挑剔饲料的毛病；③提高了饲料的消化率、转化率；④提高了增重速度。

2. 颗粒饲料的缺点　主要表现在：①制作颗粒饲料的设备成本要比制作粉状饲料高18%～20%；②制作颗粒饲料的成本要比制作粉状饲料高8%～9%；③育肥牛饲喂颗粒饲料后，提高增重不多，仅为0.5%～1.7%；④制造颗粒饲料能源（电）消耗量较大；⑤造粒压模易损坏，一个压模使用寿命为2 000吨左右。

57. 饲料能量单位的含义和表示方法有几种？

在日常查阅资料中往往会遇到有多种方式表示饲料的能量单位，简单介绍它们意义。

1. 总能（GE）　有机物完全氧化为二氧化碳和水所释放的热量称为总能。

2. 消化能（DE）　牛采食饲料的总能值（GE）扣除粪中的能值（FE）。

3. 代谢能（ME）　饲料的消化能中除去尿能（UE）、代谢产生的废气如甲烷（GAE）气等的能。

4. 净能（NE）　饲料的代谢能量中除去热增耗（HI）。

5. 总可消化养分（TDN）　表示饲料能量的价值为总可消化养分，是扣除粪中能量损失以后的可消化养分作基础。

TDN%＝可消化蛋白质%＋可消化粗纤维%
＋可消化无氮浸出物%＋可消化粗脂肪%×2.25

6. 燕麦饲料单位　1千克中等质量的燕麦在阉公牛体内沉积148克脂肪（相当于14 140千卡净能）为标准，其他饲料与此标准数的比值，便是该饲料的燕麦饲料单位。

7. 淀粉价 1千克淀粉在阉公牛体内沉积245克脂肪（相当于23 600千卡净能）为标准，用其他饲料饲喂阉公牛体内沉积脂肪量和标准之比，得到的数值即是该饲料的淀粉价。

8. 肉牛能量单位（RND） 1千克标准玉米的综合净能8.08兆焦为标准与其他饲料综合净能值的比。

RND＝综合净能（兆焦/千克）/8.08

58. 怎样换算饲料的能量单位？

表达饲料的能量单位较多，各国使用不完全统一，但他们之间有关联，相互之间可以换算。

1. 代谢能换算为消化能

代谢能（兆焦/千克）＝消化能×0.82

ME＝DE×0.82

消化能换算为代谢能：消化能（兆焦/千克）＝代谢能÷0.82

DE＝ME÷0.82

2. 净能换算为总消化养分

净能（兆焦/千克）＝（总消化养分×0.307）－0.764

NE＝（总消化养分×0.307）－0.764

总消化养分换算为净能：

总消化养分＝〔净能（兆焦/千克）÷0.307〕＋0.764

总消化养分＝〔NE（兆焦/千克）÷0.307）＋0.764

3. 维持净能换算为总消化养分

维持净能（兆焦/千克）＝〔总消化养分×0.029）－0.29

NE_m（兆焦/千克）＝〔总消化养分×0.029）－0.29

总消化养分换算为维持净能：

总消化养分＝〔维持净能（兆焦/千克）÷0.029）＋0.29

总消化养分＝〔NE_m（兆焦/千克）÷0.029）＋0.29

4. 增重净能换算为总消化养分

增重净能（兆焦/千克）＝〔总消化养分×0.029）－1.01

NE_n（兆焦/千克）=〔总消化养分×0.029）−1.01

总消化养分换算为增重净能：

总消化养分=〔增重净能（兆焦/千克）÷0.029）+1.01

总消化养分=〔NE_n（兆焦/千克）÷0.029）+1.01

5. 可消化总养分换算为代谢能

1千克可消化总养分=3.563兆焦代谢能

代谢能换算为可消化总养分：

1兆焦代谢能=0.280 7千克可消化总养分

6. TDN换算为消化能 1千克TDN=18.45兆焦消化能

1兆焦消化能=0.054千克TDN

7. TDN换算为代谢能 1千克TDN=15.13兆焦代谢能

1兆焦代谢能=0.066千克TDN

8. 淀粉价换算为燕麦饲料单位

1千克淀粉价=1.66个燕麦饲料单位

燕麦饲料单位换算为淀粉价：1个燕麦饲料单位=0.6024淀粉价

9. 卡和焦耳的换算

1卡（千卡、兆卡）=4.184焦耳（千焦耳、兆焦耳）

1焦耳（千焦耳、兆焦耳）=0.239卡（千卡、兆卡）

59. 如何提高代谢能用于维持和增重的效率？

据文献记载，代谢能用于维持和增重的效率和日粮的代谢能浓度、粗饲料在日粮中的比例有关，日粮的代谢能浓度增加，代谢能用于维持和增重的效率随之提高；粗饲料在日粮中的比例提高，代谢能用于维持和增重的效率就下降。日粮的代谢能浓度（兆焦/千克）由8.368（粗饲料比例为100%）提高到13.389（粗饲料比例为0）时，维持净能的利用效率从57.6%提高到68.8%，提高了11.1个百分点，增重净能的利用效率从29.6%提高到47.3%，提高了17.7个百分点，维持净能和增重净能的利用效率提高就是饲料利用效率的提高，因此在设计饲料配方时要注意日粮的代谢能浓度、粗饲料在日粮中的比例。

代谢能用于维持和增重的效率

日粮的代谢能浓度（兆焦/千克）	粗饲料在日粮中的比例*	代谢能的利用效率（%）	
		维持	增重
8.368	100∶0	57.6	29.6
9.205	83∶17	60.8	34.6
10.042	67∶33	63.3	38.5
10.878	50∶50	65.1	41.5
11.715	33∶67	66.6	43.9
12.552	17∶83	67.7	45.8
13.389	0∶100	68.8	47.3

* 假定一般粗饲料含8.37兆焦/千克，精饲料含13.39兆焦/千克。

60. 什么叫蛋白质饲料?

蛋白质饲料是指其成分中粗蛋白质含量在16%以上的饲料，很多种蛋白质饲料可以满足育肥牛的需要，在育肥牛的配合饲料中常选用的蛋白质饲料有饼类，棉籽饼、棉籽、棉仁饼、菜籽饼、葵花子饼、花生饼、亚麻仁饼、大豆饼；豆科籽实类，蚕豆、豌豆、大豆；牧草中的苜蓿草等。

蛋白质是生命的物质基础，是构成体细胞、体组织的主要材料，是构成牛肉的基本材料之一，在育肥牛的日粮中蛋白质饲料缺乏（或不足）会降低牛的增重和饲料利用效率，日粮中蛋白质饲料比例过高会增加饲料成本，因此必须按育肥牛对蛋白质的需要量配制日粮。常用蛋白质饲料的营养成分见附表3。更详细的资料请参考《肉牛高效育肥饲养与管理技术》（中国农业出版社，2003年1月）。

61. 为什么可选择棉籽饼作育肥牛的蛋白质饲料?

由于提取棉油方法的不同，提取棉油后的副产品可分为棉粕、棉仁饼、棉籽饼等数种。

棉籽饼是指带壳棉籽经过压榨出油后的剩余产品，棉籽饼成分中

既有少量棉花纤维、棉籽油，又有棉籽壳和棉仁。因此，笔者在以往的饲养实践中体会到，棉籽饼既具有蛋白质饲料的特性（含粗蛋白质24.5%），又具有能量饲料的特性（每千克含代谢能 8.45 兆焦、维持净能 4.98 兆焦、增重净能 2.09 兆焦），它还具有粗饲料的特性（含粗纤维 23.6%）。由于棉籽饼含有较高的粗纤维，在养猪、养鸡生产中用量较少，但是棉籽饼却是育肥牛的优质蛋白质饲料，而且在育肥牛的日粮中可以较多地搭配，因此对养牛业来说棉籽饼是一种非竞争性蛋白质饲料，数量大、易取得、价格便宜，使用方便、安全。

作者推荐育肥牛饲养户使用棉籽饼喂牛除以上原因外，更重要的是棉籽饼不易掺假。

62. 如何使用棉籽饼、棉粕、棉仁饼喂牛？棉籽饼喂牛安全吗？

1. 棉籽饼粕喂牛的方法　棉籽饼、棉粕、棉仁饼都是育肥牛既廉价优质，又属于非竞争性蛋白质饲料，饲养效果显著。

棉籽饼喂牛的使用方法，有直接饲喂法、浸泡后饲喂法、粉碎后饲喂法、埋藏后饲喂法，各地方法不一。

（1）浸泡后饲喂法　用棉籽饼、棉粕、棉仁饼喂牛，先将棉籽饼、棉粕、棉仁饼用水淹没浸泡 4 小时以上，喂牛时把水溶液倒掉，持此法者认为通过浸泡可以去掉棉籽饼、棉粕、棉仁饼中的毒素棉酚，其实此法并不可取：其一，棉籽饼、棉粕、棉仁饼用水淹没浸泡时会有一部分水溶性营养物质溶解到水中，废弃水溶液，等于废弃这部分营养物质，使棉籽饼、棉粕、棉仁饼的使用价值降低了，致使育肥牛的饲料成本增加；其二，浸泡后的棉籽饼、棉粕、棉仁饼再与其他饲料搅拌混匀难度很大；其三，在温度较高时浸泡棉籽饼、棉粕、棉仁饼易发酵变酸，降低牛的采食量，延长了牛的育肥期。

（2）粉碎后饲喂法　将棉籽饼用粉碎机械粉碎后喂牛。此法也有不可取之处：其一，因棉籽饼带有部分棉絮（棉籽上带的），经粉碎后，棉籽饼变得体积松散、松软成团，很难与其他饲料搅拌均匀，往往浮在配合饲料的表面；其二，部分棉絮会侵害牛的鼻孔，诱发牛的呼吸系统疾病。

（3）直接饲喂法　笔者使用棉籽饼时既不浸泡，也不粉碎，而是直接将棉籽饼与其他饲料混合制成配合饲料喂牛，曾在北京、山东、吉林、新疆、河北、安徽、山西等地广泛使用，取得很好的效果。

（4）埋藏后饲喂法　采用青贮饲料的方法将棉籽饼、棉粕、棉仁饼和青饲料混合贮藏后使用，此法不可取之处在于使用时对棉籽饼、棉粕、棉仁饼的数量不易计算。

作者认为棉籽饼、棉粕、棉仁饼采用直接饲喂法最好。

2. 棉籽饼粕喂牛的安全性　育肥牛使用棉籽饼的安全性，以前曾有两点主要的担心：一是棉籽饼中的棉酚对育肥牛有无毒害作用；二是育肥牛饲喂棉籽饼后牛肉中会不会累积棉酚而影响人的健康。在实际工作中不敢把棉籽饼当作育肥牛的主要蛋白质饲料。为了研究能否充分利用棉籽饼喂牛，笔者做了一系列的试验研究工作，证明育肥牛使用棉籽饼非常安全。

（1）棉籽饼喂牛试验

①第1次1984年7～8月间，在北京市窦店村第一农场养牛场，养牛35头，当时的棉籽饼价格只有玉米价格的1/5，为了养牛赢利，少用或不用玉米饲料，仅用棉籽饼及小麦秸，每日每头饲喂棉籽饼7～8千克，饲养期接近2个月，在饲养期内不仅没有发现病牛，牛出栏时膘肥体壮，毛色光顺发亮。

1983—1990年窦店村用棉籽饼为蛋白质饲料，育肥架子牛15 000余头，没有发现1头因喂棉籽饼中毒的病牛。

②第2次1990—1991年，在北京市望楚村农场肉牛育肥场，养牛121头，由体重180千克开始育肥，育肥期长达16个月，当育肥牛体重达580千克时结束，育肥期内肉牛的饲料配合比例中棉籽饼的比例为25%～35%（棉籽饼价格低于玉米），在长达16个月中没有发现中毒病牛，121头牛都屠宰后逐头检查心、肝、肺、脾、胃、肠、肾、膀胱，都为正常，没有发现异常。

③第3次1995年9～10月间，在北京通州一个育肥牛场，该育肥牛场养牛200余头，体重280千克左右，育肥期没有玉米饲料，笔者以棉籽饼为主，配制配合饲料，配方如下（干物质为基础）：棉籽

饼 58.0%，青贮玉米 22.3%，醋糟 19.7%，外加石粉 0.1%，食盐 0.2%。

经过 40 天的饲养，无 1 头牛发生棉酚中毒，并获得较好的饲养效果。

a. 增重情况：饲养初体重为 281.28±34.47 千克，40 天后体重为 307.88 千克，净增重 26.6 千克，平均日增重为 715 克。

b. 饲料消耗：在 40 天饲养期内，共消耗棉籽饼（自然重，下同）31 780 千克、青贮玉米料 41 120 千克、醋糟 36 400 千克、食盐 266 千克、石粉 120 千克。平均每头牛每天采食棉籽饼 3.98 千克、青贮玉米料 5.14 千克、醋糟 4.55 千克。

c. 饲料采食量：以饲料干物质为基础：育肥牛每日的饲料采食量为 7.05 千克，占育肥牛活重的 2.51%；以饲料自然重为基础：育肥牛每日的饲料采食量为 13.71 千克，占育肥牛活重的 4.88%。

d. 饲料报酬：200 余头牛在 40 天饲养期里，每增重 1 千克活重，饲料消耗量（自然重，下同）棉籽饼 5.56 千克、青贮玉米料 7.19 千克、醋糟 6.36 千克。

e. 育肥牛增重的饲料成本：育肥牛增重 1 千克体重的饲料费用为 10.84 元，其中棉籽饼 1.30 元/千克，青贮玉米料 0.43 元/千克，醋糟 0.08 元/千克，食盐 0.16 元/千克，石粉 0.20 元/千克。

④第 4 次 1997 年 10 月至 1998 年 8 月在山东泗水县，用棉籽饼为蛋白质饲料（20%）饲喂育肥牛 122 头，全部屠宰未发现一例病牛。

⑤第 5 次 2000 年 7 月至 2001 年 8 月北京市郊区一牛场，用 15%～20%比例的棉籽饼喂养育肥牛 821 头，饲养期没有发现棉籽饼中毒现象，屠宰后内脏也无病变。

从以上作者的大量资料可以证明，棉籽饼无需浸泡处理即可饲喂育肥牛，安全可靠，对牛也不会产生毒害。

（2）牛肉中的棉酚含量　棉酚危及人的健康，人人害怕，虽然从以上养牛的实践资料已证明活牛或屠宰后脏器视觉检查未发现有棉酚中毒病变，但牛肉和脏器是否累积棉酚，棉酚量有多少，为使人们食用放心牛肉，进一步测定牛肉和脏器中的棉酚含量很有必要，为此我们采用任意法采取牛肉和脏器样品（1991 年），送到有关单位进行检测。检测到的棉酚含量为0.003 5%～0.005 1%。此含量远远低于我国 1985 年卫生部规定的棉籽油中棉酚的允许含量（≤0.02%）。从上述测定结果，大家无需担心食用用棉籽饼喂养的牛肉会发生棉酚中毒。

63. 为什么可选择棉籽作育肥牛的蛋白质饲料?

棉籽是棉花的果实，由棉籽壳和棉仁组成，为育肥牛的优质蛋白质饲料之一。选择棉籽作为育肥牛的蛋白质饲料是由于其本身的特性、特点等决定的。

1. 棉籽作为育肥牛蛋白质饲料的特性 ①棉籽中蛋白质含量高，粗蛋白质含量为 23.9%。②棉籽中脂肪含量高，棉籽的能量较高和脂肪含量高有密切关系，维持净能为 10.08 兆焦/千克，增重净能 7.08 兆焦/千克。③棉籽中磷含量高，磷的含量为 0.75%。

2. 棉籽作为育肥牛蛋白质饲料的特点 育肥牛使用棉籽后的表现：①增加采食量；②育肥牛体表毛色光滑透亮；③屠宰后胴体脂肪颜色洁白、质地坚挺。

3. 棉籽作为育肥牛蛋白质饲料的使用方法 ①无需任何加工，整粒饲喂；②每日饲喂 1 次；③每头每日饲喂量为 0.3～0.5 千克。

64. 怎样提高蛋白质饲料的利用率?

育肥牛使用的蛋白质饲料虽然大多数不是竞争性很强的饲料原料，但是在我国蛋白质饲料短缺的情况下，育肥牛采用的蛋白质饲料价格仍然较高，因此减少蛋白质饲料使用量或提高蛋白质饲料使用效果，都会降低养牛成本，增加养牛利润。提高蛋白质饲料使用效率的技术措施有：①减少蛋白质在瘤胃内的降解，使尽量多的蛋白质到达被消化吸收部位，提高消化吸收率。采用包埋技术，即在蛋白质饲料外层进行处理，如利用甲醛处理蛋白质饲料可降低蛋白质饲料在瘤胃内的降解率。②饲料配方设计时尽可能计算正确，育肥牛不同体重阶

段蛋白质需要量见附表1。③按育肥牛的增重和体重情况经常调整饲料配方中蛋白质饲料的比例，减少蛋白质饲料的多余支出。④多用能替代的、价格低、来源广的饲料，如棉籽皮、棉籽壳等。⑤调制方法合理。有的生蛋白质饲料含有抗胰蛋白酶，影响蛋白质饲料的利用，而蛋白质饲料的熟化过程能破坏胰蛋白酶的活性（如大豆），提高利用率，减少损失。⑥改进贮存技术，减少霉败变质。

65. 如何利用非蛋白氮饲料？

1. 什么是非蛋白氮饲料 凡含氮的非蛋白可用作饲料的物质均可称为非蛋白氮饲料。非蛋白氮指非蛋白质的含氮物质，目前人们已进行了20多种非蛋白氮应用于反刍动物的饲用试验，效果比较好的是尿素和双缩脲。

2. 非蛋白氮饲料的利用 非蛋白氮饲料中尿素的含氮量为46%，由于其来源广、容易运输、保存，因而是一种常用的反刍动物蛋白质饲料代用品。但必须注意，应用尿素饲喂肉牛的目的是节约蛋白质饲料。如果蛋白质饲料来源广、价格低，则完全没有必要饲喂尿素，而应该饲喂蛋白质饲料。因为尿素除了可以提供氮源以外，并不能提供其他任何营养成分。在利用尿素喂牛时应注意（或在技术人员指导下使用）：①每头育肥牛每天使用尿素量为50～100克；②与精饲料混合后牛容易采食；③喂尿素后2小时内不能给牛饮水，2小时后方可饮水；④使用尿素喂牛前应该准备好一旦发生中毒时的解毒药品，或及时灌服1.5～2.5升醋，或用2%的醋酸溶液1.5～2.0升灌服。⑤购买时谨防假冒伪劣产品。⑥不能用尿素喂犊牛。

66. 什么叫颗粒粕饲料？

鲜甜菜渣是制糖工业的副产品，多汁柔软，适口性好，含营养物质丰富，消化率高，价格低廉等是其优点；含水量高、不易贮存等是其缺点。鲜甜菜渣在育肥牛饲养中有较好的饲养效果，它的利用方法有：①直接喂饲法：直接用于饲喂猪、牛、羊（在加工厂附近地区）。

②青贮法：青贮制作方法和制作青贮饲料一样，须用干饲料如玉米秸粉等调节水分至75%左右。③制作成颗粒粕饲料。

颗粒粕饲料是甜菜榨糖后的渣滓通过烘干和特制压模压成的颗粒产品。利用甜菜制糖工业生产过程中的甜菜渣，通过烘干并压榨成含水量12%～14%的颗粒，这种颗粒称为颗粒粕。我国东北、西北、华北等种植甜菜较多的地区生产颗粒粕饲料。颗粒粕饲料是育肥牛的一种优质饲料，其特点是：①颗粒粕饲料既具备能量饲料的特性（代谢能为10.63兆焦/千克），又具备粗饲料的特点（体积大，粗纤维含量为31.1%）。②颗粒粕饲料含蛋白质量不高（11.1%）。③颗粒粕饲料的增重净能含量稍低，为3.47兆焦/千克。④含水量低、体积小，便于运输和贮存。⑤牛喜欢采食，因此喂颗粒粕饲料能够提高牛的采食量。

饲喂颗粒粕饲料时育肥牛采食量有明显的提高。在日粮中替代15%～25%玉米饲料时育肥牛的日增重不变，因此饲喂颗粒粕饲料能够节省能量饲料，如玉米的用量。

67. 糠麸饲料有几种？

用于育肥牛的糠麸饲料有小麦麸、玉米皮、粗米糠、细米糠、谷糠、高粱糠、大豆皮、花生糠、土面粉、黑麦麸等。它们的营养成分如表3-11。这些糠麸饲料的营养成分都适合育肥牛的需要，成本低是其优势；分散、不易集中、不易形成商品流，可为个体养牛户提供饲料资源；糠麸饲料含磷量较高，粗蛋白质含量较能量饲料高，在我国能量饲料紧缺的情况下多使用糠麸饲料不仅能降低饲料成本、提高饲养效益，而且节省能量饲料。更详细的资料请参考《肉牛高效育肥饲养与管理技术》（中国农业出版社，2003年1月）。

表3-11　部分糠麸饲料成分表

饲料名称	代谢能（兆焦/千克）	维持净能（兆焦/千克）	增重净能（兆焦/千克）	粗蛋白质（%）	粗纤维（%）	钙（%）	磷（%）
小麦麸	10.89	6.69	4.31	16.3	10.4	0.20	0.88
玉米皮	10.89	6.69	4.31	11.0	10.3	0.32	0.40

（续）

饲料名称	代谢能（兆焦/千克）	维持净能（兆焦/千克）	增重净能（兆焦/千克）	粗蛋白质（%）	粗纤维（%）	钙（%）	磷（%）
米糠（粗）	12.35	7.99	5.36	11.9	7.3	0.11	1.69
米糠（细）	13.57	9.29	6.07	16.1	7.1	0.25	—
大豆皮	12.02	7.70	5.10	17.7	6.6	0.38	0.55
土面粉	13.44	9.12	5.98	10.9	1.5	0.09	0.50
高粱糠	12.64	8.28	5.52	10.5	4.4	0.08	0.89
黑麦麸（细）	10.89	6.69	4.31	14.9	8.7	0.04	0.52
黑麦麸（粗）	8.25	4.85	1.92	8.7	20.8	0.05	0.14

68. 怎样利用米糠饲喂育肥牛?

米糠是稻谷（稻子）加工成大米的副产品，米糠因加工工艺的差异而有粗细之分，米糠的营养价值较高（表3-11），我国产稻区是米糠的主产区，米糠是育肥牛较好的能量饲料和蛋白质饲料之一。

米糠中脂肪含量较高，脂肪中不饱和脂肪酸含量高，因此在设计育肥牛的饲料配方时作者建议：在育肥前期，米糠占日粮的比例为40%～45%；在育肥中期，米糠占日粮的比例为25%～35%；在育肥后期，米糠占日粮的比例为10%～15%，以防止脂肪色黄和坚挺度差。作者在某育肥牛场看到，育肥后期大量使用细米糠的结果，屠宰时牛胴体表面及肉间脂肪非常松懈，严重影响了牛肉的品质。

米糠中含磷量高，维生素 B_1 和 B_6 含量较高。

米糠因脂肪含量较高，在贮存期内易产生哈喇味，不仅影响米糠质量，也影响牛的食欲。因此在贮存时要通风好、薄层堆放、经常翻动，以减少发酵变质。

69. 什么叫粗饲料?

粗饲料是指在肉牛的饲料中，松散、体积大、重量轻、质地硬、营养价值低、消化率低（表 3-12）的饲料，种类较多。粗饲料不仅仅是育肥牛重要营养物质的来源，它能够改变瘤胃发酵类型。粗饲料在牛的消化道中有填充容积的作用，可减少牛的饥饿感，并能刺激胃肠蠕动，调节排泄。粗饲料可分为豆科秸秆类、禾本科秸秆类、秕壳类、牧草类、野草类等。

表 3-12　部分粗饲料的营养成分

粗饲料	干物质（%）	灰分（%）	粗纤维（%）	粗蛋白质（%）	粗脂肪（%）	无氮浸出物（%）	代谢能（兆焦/千克）	钙（%）	磷（%）
玉米秸	90.0		27.7	6.6			7.57	0.60	0.09
小麦秸	87.8	6.3	38.3	3.2	1.4	38.6	6.49	0.14	0.07
大豆秸	87.5	5.0	38.3	4.5	1.3	37.3	5.59	1.39	0.05
谷草	89.5	5.5	37.3	3.8	1.6	3.8	6.11	0.08	—
谷壳	88.4	9.5	45.8	3.9	1.2	3.9	1.82	—	—

1. 豆科秸秆类　豆科秸秆中以花生秸秆的饲用价值最好，其次为豌豆秸秆、大豆秸秆。

2. 禾本科秸秆类　禾本科秸秆中以玉米秸秆的饲用价值最好，其次顺序为大麦秸秆、高粱秸秆、荞麦秸秆、谷草、稻草、小麦秸秆。

3. 秕壳类　秕壳类粗饲料是农作物籽实脱壳后的副产品，如豆荚、棉籽壳、花生壳、谷壳、高粱壳、玉米芯（轴）、砻糠（稻壳），秕壳类粗饲料中以豆荚的饲用价值最好，其次顺序为花生壳、谷壳、高粱壳、棉籽壳、玉米芯（轴）、砻糠（稻壳）。

4. 牧草类　人工栽培和野生牧草，如苜蓿草、狼尾草、三叶草、象草等。

5. 野草类　草、野青草等。

粗饲料虽然营养价值低、不易消化，但是它是肉牛不可缺少的饲料，没有精饲料可以养牛，但是没有粗饲料就养不活牛，因此养牛者要高度重视粗饲料的收集、贮存和加工。常用粗饲料的营养成分见附表 3，更详细的内容请参考《肉牛高效育肥饲养与管理技术》（中国农业出版社，2003 年 1 月）。

70. 怎样制作优质秸秆饲料?

1. 优质秸秆饲料的标准　制作优质秸秆饲料不仅能够达到节省精饲料、提高育肥牛的增重，还能降低饲料成本，增加饲养效果。优质秸秆饲料的标准如下：

(1) 色泽　玉米秸秆绿黄色，大豆秸秆黄色，小麦秸秆淡黄色，大麦秸秆淡黄色。

(2) 气味　各种秸秆特有的香味，无异味。

(3) 含水量　秸秆含水量14%～16%。

(4) 营养价值　符合各秸秆营养物质测定值，见附表3饲料营养成分表。

(5) 卫生　无农药残留物，无霉烂变质痕迹。

2. 优质秸秆饲料的制作技术

(1) 收集运输　适时收集，玉米秸秆的收集在掰玉米穗后收割，运输到牛场；小麦、大麦秸秆在脱粒后用打捆机打捆运输到牛场或散装到牛场；大豆秸秆随大豆运输到脱粒场，脱粒后运输到牛场；稻草脱粒后运输到牛场；有条件的应尽量打捆收集和运输。

(2) 脱水晾干　运输到牛场的秸秆码堆（留通风道）晾干（麦秸），绑成小捆晾干（玉米秸、大豆秸、稻草等）。

(3) 堆放　待秸秆的含水量降低到16%以下时即把秸秆码堆，底部垫石头或木材，留有通风道，顶上部用塑料薄膜盖严。

(4) 加工　牛用粗饲料的加工不是越细越好，太细会影响牛的采食量，太粗会造成浪费。秸秆加工的粗细长短由肉牛的状态决定，12月龄前的小牛，粗饲料（玉米秸、麦秸）的长度以0.5～0.6厘米较好；育肥牛前期粗饲料（玉米秸、麦秸）的长度以0.8～1.0厘米较好；育肥牛后期粗饲料（玉米秸、麦秸）的长度以1.5～2.0厘米较好；稻草的加工方法是影响稻草利用的主要因素，粉碎后喂牛的效果差，以切短或铡短后再揉搓的效果较好。

玉米秸、麦秸、稻草采用先揉搓、后粉碎效果很好。

(5) 贮存　指已经加工粗饲料的保管贮存，应贮存在底部防潮的饲料棚内，防止风吹雨打、太阳暴晒。

粗饲料利用得好与差往往是一个育肥牛场（或养牛场）饲养水平高低的表现，也是一个育肥牛场（或养牛场）赢利多少的关键环节。

71. 什么叫黄贮饲料？

玉米黄贮饲料是指掰去玉米穗后的玉米秸秆利用青贮原理贮存的饲料，是减少玉米秸秆贮存期损失的有效措施之一。制作玉米秸秆黄贮饲料和青贮饲料的作业过程基本相同，有差别的是制作黄贮饲料时要给原料加水（调整原料含水量为65%以上）；黄贮饲料制作后的管理方法和青贮饲料类同；黄贮饲料的品质鉴定：上等为颜色淡黄色；无臭味，有芳香味、酒香味；质地柔软稍湿润。

黄贮饲料使用时和其他饲料混合后喂牛。

玉米黄贮饲料的最大优点是数量大，价格低，制作简单、方便、易操作。

玉米黄贮饲料的最大缺陷是营养中增重净能为零，因此在饲喂肉牛时不能提供增重净能，降低了玉米黄贮饲料的使用价值。在实际使用时在育肥早期、越冬饲养、繁殖母牛可多用，育肥后期适量使用。

72. 什么叫秸秆微贮饲料？

秸秆微贮饲料是指秸秆加入微生物高效活性菌种——秸秆发酵活干菌后在密封的池（窖），经过一定的发酵过程使秸秆变成具有酸香味的饲料，是提高粗饲料利用效率的方法之一。

1. 秸秆微贮饲料的特点 ①制作成本低，使用效果好。每吨秸秆制成微贮饲料需要秸秆发酵活干菌 3 克，价值约 8 元，比其他粗饲料处理费用低。②秸秆微贮饲料的消化率较高，据测定秸秆微贮后干物质的消化率提高 20%左右，有机物消化率提高近 30%。③秸秆微贮饲料的适口性好、采食量高。秸秆微贮饲料具有酸香味，吸引牛采食，采食量提高 20%左右。④秸秆微贮饲料制作简单，易推广应用。⑤秸秆微贮饲料无毒，不含有害物质，喂牛后牛体内不残留有毒有害

物质。⑥秸秆微贮饲料的原料广泛，制作时的环境温度为10～40℃，适宜制作秸秆微贮饲料的时效长。

2. 秸秆微贮饲料的制作

（1）准备工作　①准备贮存池或窖，池或窖的大小，宽2～2.5米、深1.5～2.0米，长度视需求量定；②将秸秆打捆备用，每捆秸秆的尺寸基本相同；③准备菌种：第一步复活菌种，将成品菌剂1袋（3克）加白糖20克倒入2 000克水中，白糖先倒入水中溶解后再倒进菌剂；第二步配制菌液：将已经复活的菌剂倒入浓度为0.8%～1.0%的食盐水中搅匀，菌种、食盐、水的使用量计算如表3-13。

为提高发酵质量，可在配制菌液中加些能量饲料，如麸皮、玉米粉、米糠等，每吨秸秆加1～3千克。

表3-13　菌种、食盐、水的使用量计算

秸秆种类	秸秆重量（千克）	发酵活干菌量（克）	食盐用量（千克）	水用量（升）	贮料含水量（%）
稻麦秸秆	1 000	3	9～12	1 200～1 400	60～70
干玉米秸	1 000	3	6～8	800～1 000	60～70
青玉米秸	1 000	1.5			60～70

（2）操作　在池或窖的底层铺散秸秆，厚度30～40厘米，将已经按比例喷洒菌液的打捆秸秆整齐码放在池或窖中，捆与捆之间用散秸秆塞紧；铺一层秸秆喷洒一次菌液，直到秸秆高出池或窖30～40厘米时，喷洒最后一次菌液；并撒食盐粉每平方米250克；用塑料薄膜封闭池或窖顶部，并压实压严不漏气，在塑料薄膜上覆盖秸秆、碎草。

3. 秸秆微贮饲料的使用　秸秆微贮后3～4周即可完成发酵，启封、粉碎使用。

73. 什么叫氨化饲料?

氨化饲料是指利用氨源（液氨、尿素、碳酸氢铵等）化学处理的粗饲料，是提高粗饲料利用效率的方法之一。

1. 使用氨化粗饲料喂牛的好处 ①氨化处理后的粗饲料柔软，适口性好，因此提高了牛的采食量；②氨化处理后的粗饲料消化率提高了，由氨源的氮转变为粗饲料的氮，因此氨化处理后粗饲料的粗蛋白质含量提高了；③牛采食氨化处理后的粗饲料，牛尿液中氮量稍有增加，提高了牛粪尿中的含氮量；④氨化处理粗饲料方法简便，易推广应用，成本低，效益较好；⑤氨化处理能够防止粗饲料的霉坏。

2. 氨化处理粗饲料的制作方法

（1）氨源准备　氨化处理粗饲料的氨源有液氨、尿素、碳酸氢铵、人畜尿液等。

（2）粗饲料准备　①地上整垛氨化：根据塑料膜罩的大小将整株秸秆打捆堆积成垛或整株秸秆散堆成垛，垛堆底层垫砖、石块或木棍，以利通风；用塑料膜罩或塑料薄膜将秸秆垛封闭严实不透气；②地下池窖粉碎氨化：将秸秆粉碎成长度为0.5～2.0厘米。

（3）操作方法

1）整株秸秆　氨源之一：液氨处理法。

将无水液氨钢瓶置于磅秤上称重记录其重量，估算秸秆重量，按秸秆重量的3%计算液氨用量，把秤砣固定在所需位置。把导管插入秸秆垛，启动阀门液氨流出，液氨重量到达秤砣固定位置时关闭阀门，拔出导管，封死导管口。检查有无漏氨点。

2）粉碎粗饲料　氨源之二：尿素、碳铵处理法。

准备溶液：环境温度较低（5～10℃），尿素为5%（水100千克加尿素5千克），碳铵为10%（水100千克加碳铵10千克）。

环境温度较高（20～27℃），溶液浓度为尿素9%（水100千克加尿素9千克），碳铵20%（水100千克加碳铵20千克）。

溶液用量：100千克秸秆（绝干重）加溶液60千克。

操作方法：将溶液喷洒在已经粉碎的秸秆上，一面喷洒溶液，一面翻动秸秆，喷洒完毕，立即封闭，使其不透气、不漏气。

3. 氨化粗饲料的喂牛方法

（1）氨化时间：秸秆氨化时间受环境温度的影响。

环境温度	0～5℃	5～15℃	15～20℃	20～30℃
	30～85℃	高于 85℃		
氨化时间	60 天以上	30～40 天	14～28 天	7～21 天
	4～5 天	24 小时		

（2）液氨处理秸秆启封后隔 2～3 天再粉碎喂牛；尿素、碳铵处理秸秆启封后隔 1～2 天再喂牛。

4. 氨化秸秆喂牛效果　低营养日粮条件下，氨化秸秆喂育肥牛的效果较为明显；架子牛过渡期、越冬期饲养效果较好；在日粮中高营养水平时氨化秸秆喂牛效果不显著。

74. 什么叫碱化粗饲料？

碱化粗饲料是指采用苛性钠（氢氧化钠）溶液处理的粗饲料，如麦秸、玉米秸、稻草等，是提高粗饲料利用率的方法之一。

1. 碱化粗饲料的制作方法

（1）碱化粗饲料的准备工作　首先准备氢氧化钠溶液、粗饲料原料和喷洒设备；准备氢氧化钠溶液：配制氢氧化钠溶液浓度为 1%～2%；准备粗饲料原料：将粗饲料原料铡短或粉碎，长度为 1.5～2.0 厘米。

（2）碱化粗饲料的制作　置氢氧化钠溶液于喷洒设备，将氢氧化钠溶液均匀地喷洒在粗饲料上，不断地翻动粗饲料，以便使氢氧化钠溶液和粗饲料的接触面尽量扩大，提高碱化作用；100 千克粗饲料用浓度为 1%～2%的氢氧化钠溶液 6～7 千克；喷洒溶液结束后，将粗饲料堆起来，放在阴凉处 6～8 小时即可喂牛。

（3）碱化粗饲料的使用方法　按饲料配方比例和其他饲料搅拌均匀后喂牛。

2. 碱化粗饲料的优缺点

（1）优点　碱化粗饲料柔软，牛喜欢采食；制作简单、易操作；成本低；消化率较高。

（2）缺点　牛的排泄物中钠元素量增多，牛粪尿当作肥料会使土壤碱化，有污染环境的可能性。

75. 怎样用石灰水处理粗饲料？

石灰水处理粗饲料是指利用生石灰的水溶液处理的粗饲料，较多用在麦秸、麦糠的处理，是提高粗饲料利用率的方法之一。

1. 石灰水处理粗饲料的方法 取生石灰1.5～2.0千克溶解在100千克清水中，加食盐0.15～0.2千克，充分搅拌溶解；将铡短或粉碎的粗饲料50千克倒入溶液中，上下翻动粗饲料，浸泡24小时。

2. 石灰水处理粗饲料的使用 从溶液中取出粗饲料，即可按饲料配方比例和其他饲料混合均匀后喂牛。

3. 石灰水处理粗饲料的优点 制作方法简单，操作方便，设备投资少，易推广应用。

76. 怎样制作EM发酵粗饲料？

EM发酵饲料是指利用EM发酵菌制成的粗饲料。EM发酵菌是一种复合微生物制剂，由光合菌、乳酸菌、放线菌、发酵型丝状真菌等5科10属80种微生物组成。它是提高粗饲料利用率的方法之一。

1. EM发酵饲料的制作 EM发酵饲料的制作方法和微贮、青贮、氨化类同。①准备粗饲料：粉碎、加水（含水量为30%～35%）。②购买EM原液并稀释，取EM原液和原液等量的糖蜜或红糖配制成EM糖蜜混合稀释液。③喷洒，1 000千克秸秆粉碎料加原液、糖蜜、红糖或白糖各2千克。④将混合好EM的粗饲料装入发酵池、窖、罐、塑料袋内，压实、封严，形成厌氧环境。⑤制作的环境温度和发酵时间：5～10℃发酵7天，10～20℃发酵5天，20～40℃发酵3天。

2. EM发酵饲料的使用 使用方法和用量同微贮、青贮饲料。

3. EM发酵饲料的特点 ①具有刺激肉牛生长，改善牛肉品质的特性；②具有防病抗病，去臭驱蝇、净化环境的作用；③氨基酸含量显著提高；④EM发酵液使用广泛，精粗饲料、饮水中等均能使用。

综上所述，粗饲料经过各种处理（黄贮、氨化、微贮、碱化、石

灰水、EM发酵）后都能够部分改善品质、提高适口性、增加采食量等，但是到目前为止，这些处理方法达到的效果尚难满足饲养户的要求，主要表现在投入与产出的比例较低、叶黄素对牛脂肪的侵害等，因此粗饲料的利用尚有很多工作要做。

77. 什么叫青贮饲料？什么叫全株玉米青贮饲料？

1. 青贮饲料及其优点　青绿饲料营养丰富、适口性好、消化率高，是育肥肉牛的优质饲料。但是在我国大部分地区不能常年为肉牛生产和提供新鲜青绿饲料，因此需要采用多种办法保存青绿饲料。青贮饲料就是将作为育肥牛饲料来源的含水量高（65%以上）的、青绿的植物茎叶、块根块茎、藤蔓、青草、菜蔬等通过切碎、压实、密封等工艺技术，贮藏保存的饲料。

青贮饲料的优点是：①制作简便、易保存，保存期营养损失少；②具有酸香味，适口性好，牛喜欢采食；③喂牛饲养效果显著，能够节约精饲料；④喂牛饲养成本低，是提高经济效益的有效方法；⑤杜绝虫害、鼠害、火灾造成的损失；⑥育肥牛饲喂青贮饲料后，增强了体质，得病几率下降，减少了兽药费用；⑦育肥牛长期饲喂青贮饲料后，能够改进（提高）胴体和牛肉品质。

2. 全株玉米青贮饲料及饲喂注意事项　全株玉米青贮饲料是指玉米生长进入乳熟中、后期时，将整株玉米（植株、玉米穗、玉米叶）青割加工切碎，长度为1.0～2.0厘米，入窖压实，在密封无氧条件下经过乳酸菌发酵的青贮饲料，为肉牛育肥中最常使用的优质青贮饲料。

为什么要实行全株玉米青贮，一是因为全株玉米青贮是保存玉米营养最好的方法；二是全株玉米青贮喂牛的效果较好（增重快、增重成本低），乳熟期收获的全株玉米青贮饲料和蜡熟后收获晒干粉碎玉米饲喂育肥牛的效果见表3-14，全株玉米青贮饲料组饲喂育肥牛的饲养效果明显好于干玉米粉组。因此，作者认为饲喂全株玉米青贮饲料是提高育肥牛增重、降低育肥牛饲养成本有效措施之一。

表 3-14　全株玉米青贮料饲喂育肥牛的效果

饲料名称	平均日增重（千克）	每增重1千克活重消耗饲料量（千克）		增重1千克活重成本（元）
		精饲料	粗饲料	
全株玉米青贮料	0.76	2.93	3.11	4.08
干玉米粉	0.69	3.65	4.40	4.82
比较(干玉米粉料为100)	110.15	80.27	70.68	84.65

利用全株玉米青贮饲料饲养育肥牛时应注意的问题是（也是提高全株玉米青贮饲料利用效率的措施）：①在鲜重（自然重）状态下全株玉米青贮饲料，在肉牛育肥的各体重阶段用量可达40%～60%；②随时取料随时用，防止堆放时间过长而引起二次发酵变质，夏季不超过4小时，其他季节6～8小时；③取料断面（青贮窖）要及时封盖，减少二次发酵；④和其他饲料调配充分、均匀后喂牛；⑤已经调配合适的日粮不能堆积太厚，夏季5～10厘米，其他季节10～15厘米；⑥青贮料酸度太高时应用适量碱类中和，降低酸度。

78. 全株玉米青贮饲料制作的要点有哪些?

1. 全株玉米青贮饲料制作的准备工作　①青贮窖（壕）的准备：养牛规模较大时用青贮壕，养牛规模较小时用青贮窖。②准备塑料薄膜：塑料薄膜用于封盖青贮窖（壕）。③准备添加剂：助发酵剂、尿素、水（调节水分）、干草（调节水分）。④压实设备：链轨拖拉机、石夯、木墩。⑤劳动人员：按机械设备量配备人员。⑥资金准备：按计划收贮量准备青贮原料资金。

2. 青贮饲料的收获

（1）原料条件　在玉米生长的乳熟后期、蜡熟前期，中原地区、华北地区春播玉米每年的8月初即可收割，制作青贮饲料；麦茬玉米则在9月初至9月末。此时青贮原料的含水量70%～80%，正是制作青贮饲料最好的含水量标准。如果含水量高于80%，制作青贮饲料时要在青贮原料中添加含水量低的干粗饲料，添加干粗饲料的多少由青贮原料实际含水量而定；如果含水量低于55%时，则应该在青

贮原料中加水，加水量的多少由青贮原料实际含水量而定。

（2）用作育肥牛与用作奶牛青贮玉米收获期有些差别，前者要求能量多一些，因此收获期要晚 5～7 天。

（3）收获方式　①采用牵引式或自走式青贮玉米专用收割机械收获，青贮原料切短长度为 1～2 厘米；②在个体或规模较小的育肥牛场，购买牵引式或自走式青贮玉米饲料专用收割机械有一定的困难，可以购置小型青贮饲料切碎机，将整株玉米收割、运输到青贮窖边，切碎后制作青贮饲料。

3. 青贮原料的运输　①青贮玉米收割机收获的青贮原料由辅助车辆（自卸式拖拉机）运输到青贮窖（壕），卸入青贮窖（壕）。②个体或规模较小的育肥牛场青贮原料的运输用马车、拖拉机等。

4. 青贮原料称重　为了计算青贮饲料成本和支付青贮原料费，在青贮原料入窖前应该进行计量称重。

5. 青贮原料贮藏

（1）压实　用履带拖拉机充分压实，尽量减少青贮原料间的空气；小型窖采用人工充分夯实。

（2）添加添加剂　添加剂使用量见第 94 问，添加剂有帮助乳酸菌发酵、改善饲料品质等作用。

（3）密封　当青贮窖（壕、沟）装满、压实、铺平后，立即用塑料薄膜将青贮窖（壕、沟）密封，塑料薄膜上可再压些碎土、废轮胎或秸秆。

6. 适时封盖　无论青贮窖（壕）大小，都应在 3 天内制作完成并封窖（壕）。

79. 如何计算青贮饲料贮存量？

1. 从青贮饲料的原料量计算　青贮饲料量的估算方法之一是由青贮饲料的原料产量（每亩产量）估算，原料产量乘 92%～94%（原料量×92%～94%）。

2. 从青贮窖、壕、塔、袋的容积计算　①人工压实时，每立方米容积贮存青贮饲料 500～550 千克；②机械压实时，每立方米容积贮存青贮饲料650～700千克；③原料含水量75%～80%时，每立方米容积贮存青贮饲料700～750千克；④原料含水量60%～65%时，每立方米容积贮存青贮饲料600～650千克。

80. 怎样鉴别全株玉米青贮饲料的质量？

在开启青贮窖（壕）喂牛前，应对青贮饲料进行检测（验），明确质量无问题时再喂牛。检测（验）的方法和内容如下。

1. 现场青贮饲料品质检验内容

（1）颜色　上等黄绿色、绿色，中等黄褐色、黑绿色，下等黑色、褐色。

（2）气味　上等酸味较浓，中等酸味少或中等，下等酸味极少。

（3）嗅味　上等浓芳香味，中等稍有酒精味、丁酸味、有芳香味，下等臭味（令人难闻）。

（4）质地　上等柔软稍湿润，中等柔软稍干或水分稍多，下等干燥松散或黏结成块。

2. 青贮饲料品质检验方法　①青贮饲料的水分、粗蛋白质、总能、钙、磷、pH（3.5～4.0较好）等由实验室测定。②青贮饲料的色、香、味一般由人们凭感官评定。

81. 青贮窖（壕）如何管理？

青贮饲料成败不仅在制作的前期，封窖后的管理也十分重要，因此每个环节都要有序、规范化管理。

1. 装窖　每一个青贮窖装料制作的时间以24小时内完成为最好，最长不超过3天。

2. 压实　尽最大限度压实，排挤窖内空气，造成乳酸菌生长繁殖的有利环境条件。

3. 添加剂　在青贮原料中添加添加剂或调节物（添加剂种类见表3-17），提高青贮饲料的品质。

4. 封窖　装料、压实后应立即密封窖（壕）。

5. 封闭严实　封闭窖要做到不漏气。

6. 检查　窖封闭后 3～5 天内常检查有无漏气，一旦发现，及时封闭严实。

7. 防雨淋　多雨季节防止雨水冲淋，以免青贮饲料营养的损失。

8. 防晒　青贮窖（壕）启用后夏季防止太阳暴晒，以免二次发酵造成饲料营养的损失，或青贮饲料变味影响牛的采食量。

82. 如何估算青贮玉米饲料的需要量？

青贮玉米饲料的需要量　青贮玉米饲料的需要量由育肥牛饲养头数和饲养天数决定：先计算出 1 头育肥牛的需要量，再计算全年育肥牛饲养量需要的青贮玉米饲料净需要量，计算如下：

每头每天需要量（千克）	饲养天数（天）	1 头需要量（千克）	全年饲养量（头）	全年需青贮饲料量（吨）
8	180	1 440	5 000	7 200
7	240	1 680	3 500	5 880
6	300	1 800	2 000	3 600
5	360	1 800	1 000	1 800

现将玉米青贮原料以亩产 2.0 吨、2.5 吨、3.0 吨和 3.5 吨时需要的玉米种植面积列于表 3-15，供参考。

表 3-15　玉米青贮饲料需要量、原料产量、需玉米亩数

需要量（吨）	亩产（吨）	玉米面积（亩）	需要量（吨）	亩产（吨）	玉米面积（亩）
7 200	2.0	3 600	5 880	2.0	2 940
7 200	2.5	2 880	5 880	2.5	2 352
7 200	3.0	2 400	5 880	3.0	1 960
7 200	3.5	2 060	5 880	3.5	1 680

83. 青贮饲料添加剂有哪些？

为提高青贮饲料品质或帮助青贮原料发酵，在制作青贮饲料时常常采用有利于青贮原料发酵和能够提高青贮饲料品质的添加剂。可用作青贮饲料添加剂的种类较多，各种添加剂的名称、作用特点、添加量如表 3-16 所示。

表 3-16　青贮饲料添加剂种类及添加量

类别	名称	特　点	添加量（为青贮料量%）
有机酸	甲酸	具有挥发性，酸化，抑制梭状芽孢杆菌生长	0.5
	丙酸	较甲酸酸化力弱，抑制霉菌	0.5
	丙烯酸	较甲酸酸化力弱，抑制梭状杆菌和霉菌	0.5～1.0
	甲丙酸混合液	30%∶70%	0.5
无机酸	硫酸	非挥发性，酸化	按说明书添加
	磷酸	酸化	
防腐剂	甲醛	挥发性，抑制细菌生长，减少蛋白质的分解	按说明书添加
	甲酸钠		
	硝酸钠		
盐类	甲酸盐	比甲酸酸化力弱	按说明书添加
	丙酸盐	比丙酸酸化力弱	
糖类	糖蜜	刺激发酵	3～10
微生物	乳酸杆菌	刺激乳酸菌生长	按接种物说明添加
接种物	具他乳酸菌		
酶类	纤维分解酶	分解纤维，细胞壁发酵，释放糖分	按酶类说明添加
	半纤维分解酶		
非蛋白氮	尿素缩二脲	补充蛋白质，提高青贮饲料粗蛋白质含量	0.5
	胺盐		
水分调节物	干甜菜渣	调节青贮原料含水量（65%～75%）	视原料含水量而定
	粉碎谷物类	防止青贮汁液流失	
	粉碎秸秆	促进发酵	

84. 什么叫维生素饲料？什么叫矿物质饲料？

1. 维生素饲料及饲喂注意事项　有人称维生素为维持生命之素，需要量虽少，但不能缺少，因此在育肥牛的营养中有十分重要的作用。维生素可以分为脂溶性维生素（A、D、E、K 等）和水溶性维生素（C 和 B 族等）两大类。也有把 A、D、E 维生素称为必需维生素，必须由饲料中补充，维生素 K、C 和 B 族在牛的瘤胃中能够合成。

育肥牛很少发生维生素缺乏症，因为育肥牛从采食的粗饲料、青饲料、青贮饲料中很容易获得必需维生素 A、D、E。表 3-17 是部分饲料的维生素含量。

表 3-17　部分饲料的维生素含量

单位：毫克/千克

饲料名称	胡萝卜素	维生素 E	维生素 B	维生素 B	胆碱
小麦	—	15.8	5.0	—	859
大麦	0.4	6.2	5.2	—	1 050
燕麦	—	6.0	6.4	—	1 100
玉米	4.0	0.4	4.2	—	570
大豆饼	0.2	3.0	6.6	—	2 743
棉籽饼	—	1～6	0.7	—	920
乳清	—	—	3.7	0.015	900
干酵母	—	—	6.2	—	1 310

但是必须记住以下几点：①当育肥牛长期采食大量白酒糟时必须补充维生素 A。②在组织生产高档牛肉、优质牛肉或要求牛肉的颜色更鲜红时，补充维生素 E 会使养牛户和屠宰户都获得满意的结果。补充量：每头每日 300 万～500 万国际单位。③在高精饲料育肥牛时，饲料中胡萝卜素含量很少，要注意补充维生素 A，但是不能补充胡萝卜，尤其是色泽极深的胡萝卜。④黄玉米贮存时间过长，胡萝卜素几乎全部损失，要注意补充维生素 A。⑤强度育肥时，育肥牛增长迅速，极易发生维生素 A 的缺乏，要注意补充。⑥当前农作物使用

氮肥较多，使植物中硝酸盐（亚硝酸盐）含量增多，影响维生素 A 的利用。补充方法：口服，每头每日 5 万～10 万国际单位；注射液，每月每头 150 万～200 万国际单位。

2. 矿物质饲料及其在牛饲料中的应用 矿物质饲料是指含有牛生长发育所需要矿物质元素的饲料。

肉牛体内的矿物质是组成牛体内组织器官不可缺少的成分，参与肉牛的新陈代谢活动，是保证肉牛生长发育、牛体健康的重要物质。肉牛体内所有的体细胞、体组织、体液都含有不同数量的矿物质，可见它的重要性。矿物质缺少或严重不足会导致育肥牛生产水平的下降，甚至引起死亡。

（1）矿物质饲料成分中重要的矿物质元素 对牛的生长、发育和生产具有重要作用的元素至少有 20 种。科学家把这 20 种元素分成四组：主要元素组，主要的矿物质元素组，矿物质微量元素组，非矿物质微量元素组。各元素组包含的元素如表 3-18。

（2）矿物质在育肥牛饲料中的供应量 育肥牛日粮中矿物质元素供应量如表 3-19。一般地区的粗饲料中含有各种矿物质元素，采食足够的粗饲料时不会发生矿物质元素的缺乏，但是在较高生产水平或高档次牛肉生产过程中，必须重视矿物质元素的补充，这里特别强调两点：一是用缺硒地区生产的饲料饲喂育肥牛时，必须补充硒元素；二是保证钙磷平衡，按比例补充（表 3-19）。

表 3-18 反刍家畜体内重要元素

主要元素	主要的矿物质元素		矿物质微量元素		非矿物质微量元素	
	元素	（%）	元素	（毫克/千克）*	元素	（毫克/千克）*
氧	钙	1.50	铁	20～80	氯	1 500
碳	磷	1.00	锌	10～50	碘	0.3～0.6
氢	钾	0.20	硒	1.7	氟	0.01 以下
氮	钠	0.16	铜	1～5		
	硫	0.15	钼	1～4		
	镁	0.04	锰	0.2～0.5		
			钴	0.02～0.1		

* 元素在饲料中的水平。

表 3-19　矿物质元素供应量表

矿物质元素名称	每千克日粮（干物质为基础）中的含量
锌	30～40 毫克
铁	80～100 毫克
锰	1～10 毫克
铜	4 毫克
钼	0.01 毫克
碘	0.08 毫克
钴	0.30～0.10 毫克
硒	0.1 毫克
钾	0.6%～0.8%
食盐	0.2%～0.3%
钙	0.36%～0.44%
磷	0.18%～0.22%
镁	0.18%
硫	0.10%

85. 什么是浓缩饲料？

浓缩饲料又称为蛋白质补充饲料，是由蛋白质饲料（鱼粉、豆饼等）、矿物质饲料（骨粉、石粉等）及添加剂预混料配制而成的配合饲料半成品。具有蛋白质含量高（一般在 30%～50%之间）、营养成分全面、使用方便等优点。一般在全价配合饲料中所占的比例为 20%～40%。

浓缩饲料在饲喂时掺入一定比例的能量饲料（玉米、高粱、大麦、青贮料、粗料等）就成为能满足肉牛营养需要的全价饲料（理论上），具有蛋白质含量高、营养成分均衡的特点。在购买浓缩饲料时谨防假冒伪劣产品（直接到诚信度高的浓缩饲料生产企业购买或销售信誉好的销售店购买）。使用时严格遵守用量标准。

86. 什么是预混饲料?

预混料是添加剂预混合饲料的简称，它是将一种或多种微量组分（包括各种微量矿物元素、各种维生素、合成氨基酸、某些药物等添加剂）与稀释剂或载体按要求配比，均匀混合后制成的中间型配合饲料产品。预混料是全价配合饲料的一种重要组成部分，但是它不能单独喂牛。

选购预混料时要注意：

1. 不应以气味判断好坏 预混料中决定气味的主要是胆碱、B族维生素和药物，有一些厂家添加香味剂覆盖了这些气味，选择时应注意。

2. 不应以外观判断其好坏 这是因为预混料中主要是维生素、微量元素、胆碱、氨基酸、药物、生长促进剂及载体，其中决定预混料外观的是载体，载体不同预混料的外观也不同。如果只注意外观不注意成分会造成错误的判断。使用时在技术人员指导下严格遵守用量标准。

生产中不主张自己配制预混料，主要原因是预混料的生产技术要求很高：①某些微量元素不能使用常规秤来称取；②某些原料用常规方法达不到粉碎粒度的要求；③混合均匀度要求很高；④抗氧化性能和防霉要求高。若自己配制，达不到这些技术要求，不仅不能发挥添加剂预混料补充营养的目的，还可能引起牛中毒或其他损伤，造成不必要的损失。

87. 什么叫诱食剂饲料?

诱食剂是引诱牛采食或增加牛采食量的物质。育肥牛在单位时间里采食的饲料量越多，该时间段牛的增重量也越高，因此增加育肥牛的采食量是缩短育肥期、减少饲料用于维持需要量、降低饲料成本的关键。

牛对饲料味道的判断不是用舌头舔尝，而是用鼻闻，牛对饲料气

味刺激的反应很敏感，对陈旧、变质、腐败饲料只闻味而拒绝采食。

常用的诱食剂有炒熟的黄豆面，将黄豆炒熟粉碎，撒在牛采食饲料的最后阶段，每日1次，每次每头50克，连续4～5天，停1天再用。

白酒糟也能提高牛的采食量，每头每天用量7～10千克，效果较好。

88. 什么叫缓冲剂?

缓冲剂是指在饲料中添加一些能保持瘤胃环境pH稳定的添加物。目前用于育肥牛的缓冲添加剂有碳酸氢钠、天然碱、氧化镁、碳酸氢钠-氧化镁复合物、丙酸钠、碳酸氢钠-磷酸二氢钾、石灰石等。

各种缓冲剂的使用量如下：

缓冲剂	占混合精饲料（%）	每头每日用量（5千克精饲料/头·日）
碳酸氢钠	0.7～1.0	35～50克
碳酸氢钠-氧化镁（1∶0.3）	0.5～1.0	25～50克
氧化镁	0.2～0.35	50～90克
碳酸氢钠-磷酸二氢钾（2∶1）	0.5～1.36	25～70克
碳酸钠与碳酸氢钠混合物	0.6～1.0	140～230克
丙酸钠	0.5	25克

缓冲剂大多在日粮中精饲料含量较高（60%以上，以干物质为基础）的情况下使用，精饲料比例较低时无需使用，以降低饲料费用。

最常用的缓冲剂为碳酸氢钠，来源广、价格便宜、使用方便，对育肥牛无副作用，屠宰前无需停用。

89. 什么叫促生长添加剂?

能够促进肉牛在育肥阶段多长快长的一类添加剂称为促生长添加

剂。这类添加剂多为抗生素类，其作用机理是能够抑制肉牛消化道内病原微生物的滋生，避免或减少有害微生物产生的毒素阻碍肉牛的生长、甚至引起临床或亚临床症状；同时抑制有害微生物对营养物质的争夺和破坏，达到提高饲料利用率、促进肉牛生长的目的。因促生长添加剂有类似药物的功能，长期在饲料中低剂量添加可能会在牛肉产品中残留，或导致病原微生物对药物的耐受性，给人、畜健康带来潜在的严重危害。因此，使用这类添加剂要严格遵守国家饲料管理部门制定的有关条例与法规，同时在技术人员指导下严格遵守用量标准。在养牛业中，这类添加剂主要用于犊牛、青年牛和肉牛，目的是提高牛的增长速度。在购买促生长添加剂时谨防假冒伪劣产品（直接到诚信度高的促生长添加剂生产企业购买或销售信誉好的销售店购买）。

90. 什么叫防霉剂？

能够防止饲料发霉而加入饲料的一类物质称为防霉剂。在高温高湿环境条件下存放的饲料尤其是散装堆积的饲料，容易吸潮引起微生物繁殖而长霉。饲料的营养成分被微生物破坏，降低营养价值，发生蛋白质腐败、脂肪变性等降低饲料的适口性；霉变严重时，微生物分泌的代谢产物有可能引起肉牛中毒。限制霉菌生长的条件是：①控制温度。霉菌孢子在7℃就可发芽生长，24～32℃生长繁殖迅速，高于49℃霉菌死亡或形成孢子。②控制水分。在相对湿度75%的条件下，霉菌孢子发芽，随着湿度与温度的升高，迅速繁殖。③控制空气。霉菌、酵母都是空气中大量存在的好氧微生物，因此密封、隔潮和低温是保存谷物饲料的重要条件。④控制能量，饲料中可溶性碳水化合物的存在为微生物的繁殖提供了能量条件，破碎的谷物很容易长霉，因此粉碎后的饲料不宜久存。使用防霉剂的目的是防止饲料发霉。在购买防霉剂时谨防假冒伪劣产品（直接到诚信度高的防霉剂生产企业购买或销售信誉好的销售店购买）。使用时严格遵守用量标准。

91. 什么叫防腐剂?

防腐剂是抑制已经配制的肉牛饲料（日粮或饲粮）发霉变质，延长饲料保质期，保存维生素，减少饲料干物质损失的物质。添加防腐剂是减少饲料损失、降低饲料费用的有效措施。我国南方潮湿地区、梅雨季节使用防腐、防霉剂较多。在肉牛饲料中常用的防腐剂、防霉剂种类、名称和剂量见表3-20。

表3-20　常用的防腐剂、防霉剂种类、名称和剂量

类　别	名称	特　　性	剂　　量
防腐剂	丙酸	抑制霉菌、酵母菌、细菌	青贮料1%以下，配合料0.3%
防腐剂	二氢吡啶	抑制霉菌、酵母菌、细菌	0.5克/100千克体重
防霉剂	丙酸钠	抑制霉菌、酵母菌、细菌	青贮料1%以下，配合料0.3%
防霉剂	丙酸钙	抑制霉菌、酵母菌、细菌	青贮料1%以下，配合料0.3%
防霉剂	二氧化碳	保存维生素、减少干物质损失	青贮料0.5%～0.25%
防霉剂	焦亚硫酸钠	保存维生素、抑制细菌	青贮料0.4%
防霉剂	亚硝酸钠＋甲酸钙（3∶20）	抑制细菌	青贮料、配合料0.28%～0.3%
防霉剂	甲酸＋甲醛（0.14%＋0.12%）	保存剂	青贮料、配合料0.12%～0.14%
防霉剂	甲醛	抑制细菌	青贮料、配合料0.3%～0.7%
防霉剂	二丙酸铵	抑制细菌	青贮料、配合料0.1%～0.2%
防霉剂	蚁酸钠	抑制细菌	日粮干物质0.4%～0.6%
防霉剂	烟酸	抑制细菌	100毫克/千克饲料

92. 什么叫抗氧化添加剂?

能够防止或延缓饲料中有效成分被氧化变质而加入饲料中的物质称为抗氧化剂。在温度、光照、潮湿或金属离子作用下，饲料中的有效成分易遭受氧化，降低营养价值，尤其是维生素成分与脂肪。常用的抗氧化添加剂，如二丁基羟基甲苯、丁基羟基茴香醚、没食子酸丙酯、乙氧基喹啉等都是带有苯环的有机化学合成产品。这类物质都具有脂溶性，难溶于水，用量很小，在实际工作中应该在技术人员指导下使用或严格按照产品说明书使用。

93. 什么叫防结块剂或助流剂？

有些饲料特别是加工后的粉状饲料容易板结成块，引起流动性变差，影响饲料配制的均匀性。用来改善或防止粉状饲料结块、增加饲料流动性、促进饲料混合均匀的添加剂称为防结块剂或助流剂，在预混料的加工中常用的如硅藻土、高岭土、二氧化硅、沸石、蛭石等。这类物质在使用时要检查杂质和有毒有害成分的含量，如含氟量不得超过0.3%。在预混料中添加量占10%。

94. 什么叫黏结用饲料添加剂？

将饲料原料加工为颗粒饲料、干草饼和尿素舔砖中，能够增加饲料的固结性、使其形成块状的物质称为粘结用饲料添加剂。如膨润土（皂土）、磺酸木质素（饲料中用量应控制在4%以内）、羧甲基纤维素钠等。在购买粘结用饲料添加剂时谨防假冒伪劣产品（直接到诚信度高的粘结用饲料添加剂生产企业购买或销售信誉好的销售店购买）。使用时严格遵守用量标准。

95. 什么叫抗应激饲料添加剂？

应激指肉牛机体对外界异常刺激所产生的非特异性反应。引起肉牛产生应激反应的各种刺激，称为应激源，如高温、寒冷、牛的合并或转群、运输、防疫注射、去势等，使肉牛受到惊吓，感到不适，出现生产性能下降。生产实践中很难做到不发生或根除应急源的产生，于是就有了抗应激的产品，能够减少或降低应激源作用的饲料添加剂称为抗应激饲料添加剂。如维生素C、维生素E可作为抗热应激的饲

料添加剂，添加铬对机体胰岛素的活性和免疫反应有一定的调节作用等。使用抗应激饲料添加剂是为了减少肉牛应激时造成的损失。

96. 如何利用白酒糟饲喂育肥牛？

白酒糟是白酒酿造工业生产的副产品，它的营养价值随主原料和辅料的变化而变动，常用的主原料有玉米、高粱、小米、大米、甘薯等，辅料有稻壳、稻草粉、玉米秸粉、高粱壳等。

1. 白酒糟的特点　①白酒糟因含有残存的乙醇乙酸，故酒香味浓厚，能刺激牛的食欲和引诱牛采食，因此能提高牛的采食量。②白酒糟含水量大，极易发霉，随时间延长，霉菌由白变黑、由黑变绿，较难保管。③白酒糟维生素A严重缺乏，长时间饲喂育肥牛时应补充维生素A，否则会引发牛的眼疾（流眼泪、失明）。④白酒糟能量、蛋白质含量较高。

2. 白酒糟的保管　白酒糟的保管方法较多，同青贮饲料，要压实、密闭、不透气、不通风。

（1）缸、池、窖贮存法　一次装满、压实，用塑料薄膜封严顶部。

（2）堆积贮存法　在凉爽处把白酒糟堆成馒头状，压实，用塑料薄膜封严。

（3）水面封存法　在封严贮存容器的顶部（顶部低于容器5～10厘米）后，加水2～3厘米，隔绝空气。

（4）混合贮存法　和其他饲料混合贮存，白酒糟占70%左右，压实，用塑料薄膜封严顶部。

3. 白酒糟的使用　①在育肥肉牛日粮中白酒糟使用比例按鲜重可达40%～60%。②注意补充维生素A，育肥期180天，一次注射150万国际单位；育肥期180天以上，第2次注射150万国际单位。③喂用白酒糟的育肥牛粪便较稀、较黑，应增加清扫次数。④使用贮存白酒糟时用多少取多少，不要剩余，以免浪费。⑤白酒糟喂牛成本低，因此可创造条件多饲喂新鲜白酒糟。吉林省某民营育肥牛场饲养场土法上马办白酒酿造厂，主要目的是获得白酒糟，年生产的白酒糟量可供3 000余头育肥牛的需要，生产成本低、效益高。

97. 如何利用甘薯渣饲喂育肥牛？

甘薯渣是甘薯制作淀粉后的副产品，每年秋冬季节是加工甘薯的旺季。有条件的育肥牛场应充分利用甘薯渣喂牛。

1. 甘薯渣的特点

（1）含水量大　甘薯渣的含水量达85%以上，较难保存。

（2）蛋白质含量低　甘薯渣蛋白质的含量仅为2%，可消化粗蛋白质为0。

（3）能量较高　代谢能12.69兆焦/千克，维持净能8.33兆焦/千克。

（4）价格便宜　生产季节性强，因此价格较便宜。

2. 甘薯渣的使用　①贮存鲜甘薯渣可采用青贮方法贮存，不宜晒干，晒干不仅会导致水溶性养分的损失，而且晒干后体积大、重量轻，喂牛时十分不方便。②使用甘薯渣时日粮中应提高蛋白质饲料的比例。③和精饲料、粗饲料混合均匀后喂牛，避免甘薯渣成圆球形喂牛。④日粮中甘薯渣的比例（鲜重）为25%～40%较好。

98. 如何利用玉米酒糟饲喂育肥牛？

玉米酒精蛋白（DDGS）饲料是玉米制造酒精的副产品，在我国的东北地区、中原几省有规模较大的玉米制造酒精企业，年生产玉米酒精蛋白（DDGS）饲料几万至几十万吨，是近几年来新发展起来的一种含蛋白质较高的饲料，也是育肥牛蛋白质饲料的来源之一。

玉米酒精蛋白（DDGS）饲料可分为干玉米酒精蛋白饲料和湿玉米酒精蛋白饲料两种，前者的含水量小于12%，后者的含水量70%～80%。

玉米酒精蛋白（DDGS）饲料的营养成分测定资料较少，已知的养分含量为（以干物质为基础）：粗蛋白质28.00%，代谢能7.90兆焦/千克，钙0.34%，磷0.60%。

使用玉米酒精蛋白饲料时应注意：①使用时必须充分捣碎，以防止结成块、球状，影响牛的采食。②使用时必须防止发霉变质，最好随用随取；数量较大时采用青贮方法贮存。③最好使用含水量12%左右的玉米酒精蛋白饲料。④在肉牛育肥后期适当控制玉米酒精蛋白饲料的使用量，尤其是高档肉牛育肥时更应谨慎，防止形成黄色脂肪，降低胴体品质。

99. 设计饲料配方应掌握哪些技术参数？设计中应注意哪些问题？

1. 饲料配方设计所需基本技术参数　为使饲料配方更实用、更经济、更有效，在进行饲料配方设计前应该掌握以下一些基本的技术参数。

（1）对育肥肉牛的育肥目标要有非常明确的了解，高档（价）型肉牛、优质型肉牛、普通型肉牛，不同类型肉牛需要有不同的饲料配方。

（2）育肥牛育肥结束期达到的体重指标：育肥结束期达到的体重大小和编制的日粮配方有密切关系，也和育肥时间有密切关系，因此在编制饲料配方时必须十分清楚育肥结束期牛达到的体重指标。

（3）育肥牛的性别：目前我国肉牛育肥的性别结构，主要是去势公牛（阉公牛）和公牛。去势公牛（阉公牛）和公牛在育肥期的增重有差别，因此饲料的配方及饲喂量也有不同。

（4）严格掌握育肥肉牛的即时体重，随时调整饲料配方和饲喂量。

不同生产目的、不同生产水平育肥肉牛都要有相应的营养需要量，只有满足了育肥牛的要求，才能获取最大的采食量，获得最大限度的饲养效果。我国目前还没有较完整的、可执行的肉牛饲养标准，我们常常借用美国的肉牛饲养标准［附表1-1生长育肥肉牛营养需要（每天每头的养分）、附表1-2生长育肥肉牛营养需要（日粮干物质中的养分含量）、附表1-3生长育肥肉牛的净能需要量（每头日兆焦）］。正因为这一点，在肉牛的育肥实践中，按美国肉牛饲养标准编制的配合饲料营养水平往往会出现高于或低于我国肉牛育肥时的实际需要量，因此要求饲养技术人员经常深入牛栏，了解肉牛采食量和育肥牛的增重量，及时调整配合饲料的营养水平和饲料喂量。

（5）要掌握配合饲料原料的消化率，育肥牛对各种饲料的消化吸收率有很大的差别，因此要选择牛容易消化吸收的饲料。

（6）要掌握育肥牛的体质、体膘，随时更换饲料配方和饲料喂量。

（7）要熟练使用饲料成分表，饲料成分表（见附表3）是编制肉牛饲料配方的必备工具。

2. 设计饲料配方应注意的问题 在进行饲料配方设计前应该注意的问题有：

（1）高度重视配合饲料的适口性，育肥肉牛对饲料的色香味反应很敏捷，对色香味好的饲料，牛的采食量大，可以达到多吃多长的目的。

（2）经常注意配合原料价格的变动，在育肥牛的实践中，饲料成本占饲养成本的40%以上，因此要降低饲养总成本，饲料费用占有重要地位，随时注意饲料的价格变化，及时调整饲料配方。

（3）要注意配合饲料原料的品质，配合饲料原料的品质包括外表和内部，外表指颜色、籽粒饱满度、杂质含量；内部指营养物含量、含水量、有无有毒有害物质。

青贮饲料、青饲料、酒糟类、粉渣类饲料的含水量人，并且变化也大，在配制配合饲料时应特别小心，含水量不同的青贮饲料换算成为绝干饲料（含水量为0）、风干饲料（含水量10%、12%、13%、14%、15%、16%）时的简便对照表参考第50问。

（4）注意配合饲料营养的全价性，配合饲料有了较好的适口性、有了较低的成本、适宜的含水量，还应注意配合饲料营养的全价性，营养是否平衡，有无拮抗作用。就目前我国饲料测试手段和普遍性，做不到对使用的饲料先测定、后使用，只能尽量注意饲料的全价性。

（5）注意当地组成配合饲料原料的拥有量，配合饲料原料的运输费是增加饲料成本的主要因素，因此要最大限度地利用当地饲料资源，尤其是粗饲料，体积大、重量轻，给运输带来诸多不便，会增加

饲养成本。

(6) 注意配合饲料的含水量，以50%较好，配合饲料含水量与饲料含水量的含义不同，前者指经过计算能满足育肥牛生长需要、按比例配合的各种饲料混合物，这种混合物的含水量50%较好，水分含量高会影响牛的采食量，水分少也会影响牛的采食量。

(7) 配合饲料要做到现场配制，当日使用，由于配合饲料含水量较高，易发酵发热，产生异味，造成肉牛采食量的下降，尤其在夏天，应现配现用。

(8) 在配制饲喂高档（价）、优质肉牛的配合饲料时，必须注意饲料原料中叶黄素的含量，当叶黄素量积聚到一定量时，会使肉牛脂肪颜色变黄，降低牛肉的销售价格，造成育肥户的直接经济损失。因此在高档、优质肉牛的配合饲料配方中，尤其在最后100天左右时间要减少叶黄素含量高的饲料，如干草、青贮饲料、黄玉米等。

(9) 对饲料原料产地土壤中各种微量元素的含量进行考察，如有些地区土壤中不含硒元素或者含量极少，这些地区生产的玉米（或大麦、小麦）籽粒及其秸秆中也缺少、甚至不含硒元素。肉牛在育肥期内对硒元素在饲料中含量的多少，反应非常敏感，饲料中硒元素缺少时，育肥牛的生长下降;饲料中硒元素超量时,育肥牛会发生中毒死亡。

(10) 有条件的牛场要建立饲料成分分析室，经常测定饲料的成分。

100. 为什么在编制饲料配方时要避免精饲料、粗饲料各占50%?

肉牛配合饲料中精饲料与粗饲料的比例是否合适，既影响育肥牛的采食量，又影响育肥牛的增重，以及育肥牛的饲养成本。因此，在设计育肥牛的饲料配方时要十分注意精饲料与粗饲料的比例。据美国肉牛科学家的研究结果认为，育肥牛饲料配方中精饲料与粗饲料比例的禁忌点是精饲料和粗饲料各占50%（干物质为基础），在各占50%时，饲料的转化效率下降，因此在设计育肥牛饲料配方时要尽量避开这个禁忌点。

101. 如何根据营养需要编制饲料配方？

根据下面提供的基础数据，设计育肥牛配合饲料配方。一群体重390～410千克的育肥牛，育肥牛处在育肥中期（无补偿生长），要求日增重1 000～1 100克，育肥目标为普通型育肥，配合饲料的粗蛋白质水平为11.1%，饲料以风干重（含水量15%）为基础，配合饲料的代谢能量水平为9.9兆焦/千克重。计算步骤如下：

第一步，列出拟选择饲料的名称及其营养成分（查附表3），如表3-21。

表3-21 第1步运算表

饲料名称	饲料含水量（%）	粗蛋白质（%）	代谢能（兆焦/千克）	钙（%）	磷（%）
黄玉米粉	0	9.7	13.43	0.09	0.24
棉籽饼	0	24.5	8.45	0.92	0.75
胡麻饼	0	36.0	12.30	0.63	0.84
玉米秸	0	9.3	9.50	0.43	0.25
全株玉米青贮	0	7.1	8.37	0.44	0.26
黄贮玉米秸	0	5.6	5.61	0.40	0.08
食盐	0.0	0	0	0	0
石粉	0.0	0	0	36.00	0

第二步，表3-22中的粗蛋白质、代谢能、钙、磷指标是饲料含水量为0时的指标，而设计饲料配方时的饲料含水量为15%，因此在设计配方前要把饲料的水分含量都校正到15%。校正计算如表3-22。

表3-22 第2步运算

饲料名称	饲料含水量（%）	粗蛋白质（%）	代谢能（兆焦/千克）	钙（%）	磷（%）
黄玉米粉	15	8.25	11.416 0	0.08	0.20
棉籽饼	15	20.83	7.183 9	0.78	0.64

（续）

饲料名称	饲料含水量（%）	粗蛋白质（%）	代谢能（兆焦/千克）	钙（%）	磷（%）
胡麻饼	15	30.60	10.450 0	0.54	0.71
玉米秸	15	7.91	8.08	0.37	0.21
全株玉米青贮	15	6.04	7.112 8	0.37	0.22
黄贮玉米秸	15	4.76	4.77	0.34	0.07
食盐	0	0	0	0	0
石粉	0	0	0	36.00	0

第三步，根据经验列出饲料配方的草案，并列成试计算表格逐项计算，如表3-23。

表3-23　第3步运算

饲料名称	占日粮（%）	粗蛋白质（%）	代谢能（兆焦/千克）	钙（%）	磷（%）
黄玉米粉	55.0	4.537 5*	6.278 8	0.044	0.110
棉籽饼	10.0	2.083 0	0.718 4	0.078	0.064
玉米秸	10.0	0.79	0.808	0.037	0.021
胡麻饼	9.0	2.754 0	0.940 5	0.049	0.064
全株玉米青贮	5.0	0.302 0	0.355 6	0.019	0.011
黄贮玉米秸	10	0.476	0.477	0.034	0.007
食盐	0.5	0	0	0	0
石粉	0.5	0	0	0.18	0
合计	100.00	10.942 5	9.578 3	0.441	0.277

*　4.535 7的由来：4.535 7由黄玉米粉每千克含有蛋白质8.25和配合饲料配方中黄玉米的百分数相乘而得，即8.25×55.0%＝4.535 7；6.278 6是由黄玉米代谢能含量和配合饲料配方中黄玉米的百分数相乘而得，11.416 0×55.0%而得，其余类推。

经过第一次试算，粗蛋白质水平比原设计要求低0.157 5个百分点，而代谢能比设计要求低0.321 7，钙、磷的比例尚可，因此要进行适当的调整，降低蛋白质水平，提高代谢能水平，再进行第二次演算，如表3-24。

表 3-24　第 4 步运算

饲料名称	占日粮（%）	粗蛋白质（%）	代谢能（兆焦/千克）	钙（%）	磷（%）
黄玉米粉	60.0	4.950 0	6.849 6	0.048 0	0.120 0
棉籽饼	10.0	2.083 0	0.718 4	0.078 0	0.064 0
玉米秸	10.2	0.806 8	0.824 2	0.030 1	0.017 5
胡麻饼	9.0	2.754 0	0.940 5	0.049 0	0.064 0
全株玉米青贮	4.0	0.241 6	0.284 5	0.015 0	0.009 0
黄贮玉米秸	6.0	0.285 6	0.286 2	0.020 4	0.004 2
食盐	0.5	0	0	0	0
石粉	0.3	0	0	0.108	0
合计	100.00	11.121 0	9.903 4	0.348 5	0.276 9

经过第二次试算，每千克配合饲料中含有代谢能为 9.903 4 兆焦，粗蛋白质水平 11.12%，钙、磷比例为 1.26：1，基本符合设计要求，如果还未达到设计要求，则要进行第三次、第四次计算，直到达到设计指标的要求。

第四步，上述计算时饲料的水分含量都校正为 15%，但是实际喂牛时饲料的水分不会都是 15%，因此要把“在日粮中的%”（份额）换算成饲料自然状态时的百分数，计算如表3-25。

表 3-25　第 5 步运算

饲料名称	饲料干物含量（%）	占日粮（%）	份额	实际饲喂的（%）
黄玉米粉	88.4	60.0	67.83	47.36
棉籽饼	84.4	10.0	11.85	8.27
胡麻饼	90.0	10.2	11.33	7.91
玉米秸	92.0	9.0	9.78	6.83
全株玉米青贮	22.7	4.0	17.62	12.30
黄贮玉米秸	25.0	6.0	24.00	16.76
食盐	100.0	0.5	0.50	0.35
石粉	100.0	0.3	0.39	0.22
合计		100.0	143.21	100.00

第五步，列出饲料配方（%）：

黄玉米粉	47.36	棉籽饼	8.27
胡麻饼	7.91	玉米秸	6.83
全株玉米青贮	12.30	黄贮玉米秸	16.76
食盐	0.35	石粉	0.22

102. 饲料含水量不同时如何编制饲料配方?

在设计肉牛育肥期配合饲料配方时，肯定会遇到各种饲料的含水量不一致的问题，如青饲料含水量80%以上、青贮饲料含水量70%以上、白酒糟含水量80%以上、啤酒糟的含水量85%以上、精饲料的含水量14%左右，含水量如此悬殊的饲料在设计饲料配方时的运算非常繁琐复杂。为了简化运算，可以先将各种饲料的含水量校正到同一水平条件下再进行运算，当运算结束后再还原到自然含水量时的饲料比例。现举例说明如下：

某肉牛育肥牛场有一群体重300千克的去势公牛即将开始育肥，需要设计饲料配方，能提供的饲料品种有玉米全株青贮饲料、黄玉米粉、棉籽饼、白酒糟、小麦秸、食盐、石粉。要求设计的配合饲料配方的标准是：每千克配合饲料中含有维持净能7.238兆焦，增重净能4.184兆焦，钙0.23%，磷0.17%，配合饲料的蛋白质水平为13.3%（当时棉籽饼价格低廉，可用它替代部分黄玉米，故蛋白质水平较高），育肥肉牛每日增重1 000克。

现将运算步骤介绍如下：

第一步　查附表1-1，300千克体重育肥牛日增重1 000克的营养需要量；再在附表3中查出玉米全株青贮饲料、黄玉米粉、棉籽饼、白酒糟、小麦秸、食盐、石粉的营养成分，并列出运算表，如表3-26。

第二步　依据自己的实践经验，提出上述饲料在配合饲料中的比例（草案方案），并列出运算表，如表3-27。

第三步　经过第一次计算后可以看到，依据经验列出的配合饲料配方比例没有达到设计的要求，因此要调整各种饲料的比例，同时也看到维持净能量和增重净能量离设计要求的数量有较大距离，因此要设法提高维持净能和增重净能，较简单的办法可在黄玉米粉、小麦秸、棉籽饼三种饲料中进行增减，再列出运算表，如表3-28。

表3-26　第1步运算

饲料名称	饲料中干物质（%）	饲料中营养物质含量（干物质中）					
		粗蛋白质（%）	代谢能（兆焦/千克）	维持净能（兆焦/千克）	增重净能（兆焦/千克）	钙（%）	磷（%）
玉米全株青贮	25.0	6.0	8.493 5	5.020 8	2.175 7	—	—
黄玉米	88.0	9.7	13.890 9	9.665 0	6.234 2	0.02	0.24
棉籽饼	84.4	24.5	8.451 7	4.979 0	2.092 0	0.92	0.75
白酒糟	20.7	24.7	12.719 4	8.368 0	5.564 7	—	—
小麦秸	89.6	6.3	6.903 6	4.142 2	0.376 6	0.06	0.07
石粉	100.0	—	—	—	—	36.00	—
食盐	100.0	—	—	—	—	—	—

表3-27　第2步运算

饲料名称	饲料中的干物质（%）	配合饲料配比量（干物质为基础）			实际饲喂时	
		比例（%）	维持净能（兆焦）	增重净能（兆焦）	份额	%
玉米青贮	25.0	30	1.506 2*	0.652 7		
黄玉米粉	88.0	27	2.609 6	1.683 2		
棉籽饼	84.4	15	0.746 8	0.313 8		
白酒糟	20.7	23	1.924 6	1.279 9		
小麦秸	89.6	5	0.207 1	0.018 8		
石粉	100.0		—	—		
食盐	100.0		—	—		
合计		100	6.994 4	3.948 4		

* 1.506 2由拟定的全株青贮玉米料比例（30%）乘该饲料绝干重时的维持净能的含量，即30%×5.020 8=1.506 2；同理0.652 7由30%×2.175 7而得，其余类推。

表 3-28　第 3 步运算

饲料名称	饲料中的干物质（%）	配合饲料配比量（干物质为基础）			实际饲喂时	
		比例（%）	维持净能（兆焦）	增重净能（兆焦）	份额	%
青贮玉米	25.0	30.0	1.506 2	0.652 7	120.00*	42.3
黄玉米粉	88.0	32.0	3.092 8	1.994 9	36.36	12.8
棉籽饼	84.4	12.0	0.597 5	0.251 0	14.22	5.0
白酒糟	20.7	22.7	1.899 5	1.263 1	109.66	38.7
小麦秸	89.6	3.0	0.124 3	0.0113 0	3.35	1.2
石粉	100.0		—	—	—	—
食盐	100.0		—	—	—	—
合计		100	7.220 3	4.173 1	283.59	100.00

*　120.00 的由来是日粮中全株玉米青贮饲料的比例和该饲料干物质%相除而得，即 30%/25%=120.00，其余类推。

经过第二次演算，维持净能和增重净能在饲料配方中的比例已接近设计要求。如果要进一步精细，可以再调整各种饲料的比例，直到满意为止。

第四步　在原运算表中增加粗蛋白质、钙、磷的比例，增加这些比例后，看看是否符合设计要求，如高于或低于设计要求，再进行调整，直到符合设计要求为止，列运算如表 3-29。

表 3-29　第 4 步运算

饲料名称	饲料中干物质（%）	配合饲料中的量（以干物质为基础）						实际饲喂时	
		比例（%）	维持净能（兆焦）	增重净能（兆焦）	粗蛋白质（%）	钙（%）	磷（%）	份额*	%
玉米青贮	25.0	30.0	1.506 2	0.652 7	1.800			120.00	42.3
干玉米粉	88.0	32.0	3.092 8	1.994 9	3.104	0.006 4	0.076 8	36.36	12.8
棉籽饼	84.4	12.0	0.597 5	0.251 0	2.940	0.144 0	0.090 0	14.22	5.0
白酒糟	20.7	22.6	1.891 2	1.257 7	5.582			109.10	38.3
小麦秸	89.6	3.0	0.124 3	0.011 3	0.001	0.001 8	0.002 1	3.35	1.2
石粉	100.0	0.3				0.108 0		0.10	0.3
食盐	100.0	0.1							0.1
合计		100.0	7.227 0	4.167 7	13.43	0.226 6	0.168 9	283.51	100

*　份额计算；玉米青贮饲料的份额计算为 30/25×100=120，其余类推。

经过第四步的演算，基本达到设计要求。

第五步　列出饲料配方：

全株玉米青贮饲料 42.3%、干玉米秸粉 12.8%、棉籽饼 5.0%、白酒糟 38.3%、小麦秸 1.2%、石粉 0.3%、食盐 0.1%。

103. 如何检验饲料配方的准确性？

上述第 110 问的运算结果，配合饲料配方比例已经确定，但是能否达到设计要求（主要指育肥牛的增重），可以用以下方法来检验。

体重 300 千克的去势公牛要达到日增重 1 000 克时，每天采食的饲料干物质量为 7.8 千克（饲料自然重为 22 千克），此时育肥牛每日用于维持需要的维持净能为 23.221 2 兆焦，需要上述配比好的配合饲料的量为：23.221 3/7.227 0=3.22 千克

剩余的饲料用于增重：7.8−3.22=4.58 千克

上述配比的配合饲料，每千克含有增重净能为 4.167 7 兆焦，则育肥牛每天能获得的增重净能量为：4.167 7×4.58=19.088 1兆焦。

19.088 1 兆焦能不能满足体重 300 千克阉（去势）公牛每日增重 1 000克时的营养需要量？查附表 1-3，表中表明，体重 300 千克阉（去势）公牛日增重 1 000 克时的营养需要量为 17.949 4 兆焦，19.088 1 兆焦大于 17.949 4 兆焦，因此，育肥牛在上述配合饲料的配比条件下，日增重达到 1 000 克是有保证的。当体重 300 千克阉（去势）公牛日增重达到 1 100 克时的营养需要量为 19.999 5 兆焦，19.999 5 兆焦为 19.088 1 兆焦的 104.77%，因而可以估测，育肥牛群每天干物质采食量达到 7.8 千克时，该育肥牛群的平均日增重可望达到1 000～1 050克。

104. 如何利用电脑编制饲料配方？

用电脑设计育肥牛的饲料配方，快捷方便、精确可靠，但是它离不开人们的脑力劳动。现介绍较简单的一种用电脑设计育肥牛饲料配方的方法。

某肉牛育肥牛场有一群体重300千克的阉公牛即将开始育肥，需要设计饲料配方，能提供的饲料品种有：玉米全株青贮饲料、黄玉米粉、小麦麸、米糠、高粱糠、棉籽饼、菜籽饼、玉米秸、苜蓿草、秋白草、稻草、小麦秸、食盐、石粉。要求设计的配合饲料配方的标准是：每千克配合饲料（干物质为基础）中含有维持净能7.00兆焦、增重净能4.21兆焦、钙0.44%、磷0.42%，配合饲料的蛋白质水平为12.0%（干物质为基础），育肥肉牛每日增重900克。

由于饲料的含水量差别很大，不同含水量的饲料设计饲料配方时的计算非常复杂，为了计算方便，先把饲料的含水量都校正到同一个水平，即饲料的含水量为0。因此表3-32至表3-40中的维持净能、增重净能、钙、磷指标均为水分含量为0时的成分含量。

电脑操作步骤：

第一步 打开电脑。

第二步 点击“开始”。

第三步 点击“所有程序”。

第四步 点击“microsoft Excel”，出现下表3-30。

第五步 填写表格：A项为饲料名称，B项为干物质，C项为经验配方，D项为维持净能，E项为计算值，F项为增重净能，G项为计算值，H项为蛋白质，I项为计算值，J项为钙，WK项为计算值，L项为磷，M项为计算值，N项为份额，O项为实际喂料时自然状态下的饲料比例，P项为实际喂料时自然状态下的饲料干物质含量，还可以增加项目，如饲料价格等。如表3-30。

表3-30 第1步运算

	A	B	C	D	E	F	G	H	I
1									
2									
3									
4									
5									
6									

（续）

	A	B	C	D	E	F	G	H	I
7									
8									
9									
10									
11									
12									
13									
14									
15									
16									
17									
18									

第六步　填写饲料、干物质、经验配方（%）、维持净能（兆焦/千克）、增重净能（兆焦/千克）、蛋白质（%）、钙（%）、磷（%）数值，如表3-31。

第七步　列出经验配方、饲料配方标准（每千克饲料中维持净能、增重净能、蛋白质、钙、磷含量），如表3-32。

第八步　计算方法

（1）玉米维持净能计算；把鼠标点入E列2行，此时表的左上方出现“▼　f_x”，点击键盘上“=”键，左上方出现“▼×√. f_x”=，在E列2行输入C2＊D2/100，点击“√”，E列2行出现计算值，把鼠标点入E列3行，点击键盘上“=”键，输入C3＊D3/100，点击“√”，E列3行出现计算值。有的电脑把鼠标点入E列2行左上方出现“E2　▼　=”，在E列2行输入C2＊D2/100时，左上方出现“E2 ▼X√=”C2＊D2/100，点击√，右下方出现“输入”“▼　=”C2＊D2/100，点击“=”键，下方出现“编辑程序”，左上方出现“▼　X　√=”C2＊D2/100，计算结果，确定或取消，点击确定，E列2行出现计算结果。计算值如表3-33。

表 3-31　第 2 步运算

	A	B	C	D	E	F	G	H	I	J	K	L	M	N	O	P
1	饲料名称	干物质（%）	经验配方（%）	维持净能（兆焦/千克）	计算值	增重净能（兆焦/千克）	计算值	蛋白质（%）	计算值	钙（%）	计算值	磷（%）	计算值	份额（%）	饲喂比例（%）	饲喂时饲料中干物质
2																
3																
4																
5																
6																
7																
8																
9																
10																
11																
12																
13																
14																
15																
16																
17																
18																
19																

表 3-32　第 3 步运算

	A	B	C	D	E	F	G	H	I	J	K	L	M	N	O	P
1	饲料名称	干物质（%）	经验配方（%）	维持净能（兆焦/千克）	计算值	增重净能（兆焦/千克）	计算值	蛋白质（%）	计算值	钙（%）	计算值	磷（%）	计算值	份额（%）	饲喂比例（%）	饲喂时饲料中干物质
2	黄玉米	88. 4		9. 12		5. 98		9. 7		0. 09		0. 24				
3	小麦麸	89. 9		9. 29		6. 07		9. 8		0. 06		0. 21				
4	米糠	90. 2		8. 33		5. 56		13. 4		0. 16		1. 15				
5	高粱糠	91. 1		8. 28		5. 52		10. 5		0. 05		0. 89				
6	棉籽饼	84. 4		4. 98		2. 09		24. 5		0. 92		0. 75				
7	菜籽饼	92. 2		7. 74		5. 15		39. 5		0. 79		1. 03				
8	带穗玉米青贮	22. 7		4. 94		2. 01		7. 1		0. 44		0. 26				
9	苜蓿草	87. 7		5. 31		2. 68		20. 9		1. 68		0. 22				
10	秋干草	85. 2		4. 31		0. 84		8. 0		0. 48		0. 36				
11	玉米秸	90. 0		5. 69		3. 18		6. 6		—		—				
12	稻草	85. 0		4. 18		0. 50		3. 4		0. 11		0. 05				
13	小麦秸	89. 6		4. 14		0. 38		6. 3		0. 06		0. 07				
14	食盐															
15	石粉															
16	计算值															
17	标准															

表 3-33 第 4 步运算

	A	B	C	D	E	F	G	H	I	J	K	L	M	N	O	P
1	饲料名称	干物质（%）	经验配方（%）	维持净能(兆焦/千克)	计算值	增重净能(兆焦/千克)	计算值	蛋白质（%）	计算值	钙（%）	计算值	磷（%）	计算值	份额（%）	饲喂比例（%）	饲喂时饲料中干物质
2	黄玉米	88.4	15	9.12		5.98		9.7		0.09		0.24				
3	小麦麸	89.9	5	6.69		4.31		16.3		0.06		0.21				
4	米糠	90.2	10	8.33		5.56		13.4		0.16		1.15				
5	高粱糠	91.1	10	8.28		5.52		10.5		0.05		0.89				
6	棉籽饼	84.4	5	4.98		2.09		24.5		0.92		0.75				
7	菜籽饼	92.2	6.4	7.74		5.15		39.5		0.79		1.03				
8	带穗玉米青贮	22.7	15	4.94		2.01		7.1		0.44		0.26				
9	苜蓿草	87.7	5	5.31		2.68		20.9		1.68		0.22				
10	秋干草	85.2	5	4.31		0.84		8.0		0.48		0.36				
11	玉米秸	90.0	18	5.69		3.18		6.6		—		—				
12	稻草	85.0		4.18		0.50		3.4		0.11		0.05				
13	小麦秸	89.6	5	4.14		0.38		6.3		0.06		0.07				
14	食盐		0.3													
15	石粉		0.3													
16	计算值															
17	标准			7.00		4.21		12.0								

表 3-34 第 5 步运算

	A	B	C	D	E	F	G	H	I	J	K	L	M	N	O	P
1	饲料名称	干物质（%）	经验配方（%）	维持净能(兆焦/千克)	计算值	增重净能(兆焦/千克)	计算值	蛋白质（%）	计算值	钙（%）	计算值	磷（%）	计算值	份额（%）	饲喂比例（%）	饲喂时饲料中干物质
2	黄玉米	88.4	15	9.12	1.37	5.98	0.90	9.7	1.46	0.09		0.24				
3	小麦麸	89.9	5	6.69	0.33	4.31	0.22	16.3	0.82	0.06		0.21				
4	米糠	90.2	10	8.33	0.83	5.56	0.56	13.4	1.34	0.16		1.15				
5	高粱糠	91.1	10	8.28	0.83	5.52	0.55	10.5	10.5	0.05		0.89				
6	棉籽饼	84.4	5	4.98	0.25	2.09	0.11	24.5	1.23	0.92		0.75				
7	菜籽饼	92.2	6.4	7.74	0.50	5.15	0.33	39.5	2.53	0.79		1.03				
8	带穗玉米青贮	22.7	15	4.94	0.74	2.01	0.30	7.1	1.07	0.44		0.26				
9	苜蓿草	87.7	5	5.31	0.27	2.68	0.13	20.9	1.05	1.68		0.22				
10	秋干草	85.2	5	4.31	0.22	0.84	0.04	8.0	0.40	0.48		0.36				
11	玉米秸	90.0	18	5.69	1.02	3.18	0.57	6.6	1.19	—		—				
12	稻草	85.0		4.18		0.50		3.4		0.11		0.05				
13	小麦秸	89.6	5	4.14	0.21	0.38	0.02	6.3	0.32	0.06		0.07				
14	食盐		0.3													
15	石粉		0.3													
16	计算值				6.57		3.73		12.13							
17	标准			7.00		4.21		12.0								

表 3-35　第 6 步运算

	A	B	C	D	E	F	G	H	I	J	K	L	M	N	O	P
1	饲料名称	干物质（%）	经验配方（%）	维持净能(兆焦/千克)	计算值	增重净能(兆焦/千克)	计算值	蛋白质（%）	计算值	钙（%）	计算值	磷（%）	计算值	份额（%）	饲喂比例（%）	饲喂时饲料中干物质
2	黄玉米	88.4	19	9.12	1.73	5.98	1.14	9.7	1.84	0.09		0.24				
3	小麦麸	89.9	5	6.69	0.33	4.31	0.22	16.3	0.82	0.06		0.21				
4	米糠	90.2	10	8.33	0.83	5.56	0.56	13.4	1.34	0.16		1.15				
5	高粱糠	91.1	10	8.28	0.83	5.52	0.55	10.5	1.05	0.05		0.89				
6	棉籽饼	84.4	5	4.98	0.25	2.09	0.10	24.5	1.23	0.92		0.75				
7	菜籽饼	92.2	6.4	7.74	0.50	5.15	0.33	39.5	2.53	0.79		1.03				
8	带穗玉米青贮	22.7	14	4.94	0.69	2.01	0.28	7.1	0.99	0.44		0.26				
9	苜蓿草	87.7	5	5.31	0.27	2.68	0.13	20.9	1.05	1.68		0.22				
10	秋干草	85.2	5	4.31	0.22	0.84	0.04	8.0	0.40	0.48		0.36				
11	玉米秸	90.0	15	5.69	0.85	3.18	0.48	6.6	0.99	—		—				
12	稻草	85.0		4.18		0.50		3.4		0.11		0.05				
13	小麦秸	89.6	5	4.14	0.21	0.38	0.02	6.3	0.32	0.06		0.07				
14	食盐		0.3													
15	石粉		0.3													
16	计算值				6.77		3.85		12.85							
17	标准			7.00		4.21		12.0								

表 3-36　第 7 步运算

	A	B	C	D	E	F	G	H	I	J	K	L	M	N	O	P
1	饲料名称	干物质（%）	经验配方（%）	维持净能(兆焦/千克)	计算值	增重净能(兆焦/千克)	计算值	蛋白质（%）	计算值	钙（%）	计算值	磷（%）	计算值	份额（%）	饲喂比例（%）	饲喂时饲料中干物质
2	黄玉米	88.4	21	9.12	1.92	5.98	1.26	9.7	2.04	0.09		0.24				
3	小麦麸	89.9	5	6.69	0.33	4.31	0.22	16.3	0.82	0.06		0.21				
4	米糠	90.2	12	8.33	1.00	5.56	0.67	13.4	1.61	0.16		1.15				
5	高粱糠	91.1	11.5	8.28	0.95	5.52	0.63	10.5	1.21	0.05		0.89				
6	棉籽饼	84.4	3	4.98	0.15	2.09	0.06	24.5	0.74	0.92		0.75				
7	菜籽饼	92.2	6.4	7.74	0.50	5.15	0.33	39.5	2.53	0.79		1.03				
8	带穗玉米青贮	22.7	12	4.94	0.59	2.01	0.24	7.1	0.85	0.44		0.26				
9	苜蓿草	87.7	2	5.31	0.11	2.68	0.05	20.9	0.42	1.68		0.22				
10	秋白草	85.2	2	4.31	0.09	0.84	0.02	8.0	0.16	0.48		0.36				
11	玉米秸	90.0	22.5	5.69	1.28	3.18	0.76	6.6	1.49	—		—				
12	稻草	85.0		4.18		0.50		3.4		0.11		0.05				
13	小麦秸	89.6	2	4.14	0.08	0.38	0.01	6.3	0.13	0.06		0.07				
14	食盐		0.3													
15	石粉		0.3													
16	计算值				7.00		4.21		12.0							
17	标准			7.00		4.21		12.0								

表 3-37　第 8 步运算

	A	B	C	D	E	F	G	H	I	J	K	L	M	N	O	P
1	饲料名称	干物质（%）	经验配方（%）	维持净能(兆焦/千克)	计算值	增重净能(兆焦/千克)	计算值	蛋白质（%）	计算值	钙（%）	计算值	磷（%）	计算值	份额（%）	饲喂比例（%）	
2	黄玉米	88.4	21	9.12	1.92	5.98	1.26	9.7	2.04	0.09	0.019	0.24	0.050			
3	小麦麸	89.9	5	9.29	0.33	6.07	0.22	9.8	0.82	0.06	0.003	0.21	0.011			
4	米糠	90.2	12	8.33	1.00	5.56	0.67	13.4	1.61	0.16	0.019	1.15	0.138			
5	高粱糠	91.1	11.5	8.28	0.95	5.52	0.63	10.5	1.21	0.05	0.060	0.89	0.102			
6	棉籽饼	84.4	3	4.98	0.15	2.09	0.06	24.5	0.74	0.92	0.028	0.75	0.015			
7	菜籽饼	92.2	6.4	7.74	0.50	5.15	0.33	39.5	2.53	0.79	0.051	1.03	0.066			
8	带穗玉米青贮	22.7	12	4.94	0.59	2.01	0.24	7.1	0.85	0.44	0.053	0.26	0.031			
9	苜蓿草	87.7	2	5.31	0.11	2.68	0.05	20.9	0.42	1.68	0.034	0.22	0.004			
10	秋干草	85.2	2	4.31	0.09	0.84	0.02	8.0	0.16	0.48	0.010	0.36	0.007			
11	玉米秸	90.0	22.45	5.69	1.28	3.18	0.76	6.6	1.49	—		—				
12	稻草	85.0		4.18		0.50		3.4		0.11		0.05				
13	小麦秸	89.6	2	4.14	0.08	0.38	0.01	6.3	0.13	0.06		0.07				
14	食盐		0.2													
15	石粉		0.45							36.0	0.162					
16	计算值				7.00		4.21		12.0		0.439		0.424			
17	标准															

钙、磷含量符合设计要求（钙：磷=1～2：1）。

表 3-38　第 9 步运算

	A	B	C	D	E	F	G	H	I	J	K	L	M	N	O	P
1	饲料名称	干物质（%）	经验配方（%）	维持净能（兆焦/千克）	计算值	增重净能（兆焦/千克）	计算值	蛋白质（%）	计算值	钙（%）	计算值	磷（%）	计算值	份额（%）	饲喂比例（%）	
2	黄玉米	88.4	21	9.12	1.92	5.98	1.26	9.7	2.04	0.09	0.019	0.24	0.050	23.75	15.7	
3	小麦麸	89.9	5	9.29	0.33	6.07	0.22	9.8	0.82	0.06	0.003	0.21	0.011	5.56	3.67	
4	米糠	90.2	12	8.33	1.00	5.56	0.67	13.4	1.61	0.16	0.019	1.15	0.138	13.35	8.84	
5	高粱糠	91.1	11.5	8.28	0.95	5.52	0.63	10.5	1.21	0.05	0.060	0.89	0.102	12.62	8.35	
6	棉籽饼	84.4	3	4.98	0.15	2.09	0.06	24.5	0.74	0.92	0.028	0.75	0.015	3.55	2.35	
7	菜籽饼	92.2	6.4	7.74	0.50	5.15	0.33	39.5	2.53	0.79	0.051	1.03	0.066	6.94	4.58	
8	带穗玉米青贮	22.7	12	4.94	0.59	2.01	0.24	7.1	0.85	0.44	0.053	0.26	0.031	52.86	34.97	
9	苜蓿草	87.7	2	5.31	0.11	2.68	0.05	20.9	0.42	1.68	0.034	0.22	0.004	2.28	1.51	
10	秋干草	85.2	2	4.31	0.09	0.84	0.02	8.0	0.16	0.48	0.010	0.36	0.007	2.35	1.55	
11	玉米秸	90.0	22.45	5.69	1.28	3.18	0.76	6.6	1.49	—		—		24.94	16.51	
12	稻草	85.0		4.18		0.50		3.4		0.11		0.05				
13	小麦秸	89.6	2	4.14	0.08	0.38	0.01	6.3	0.13	0.06		0.07		2.23	1.47	
14	食盐		0.2											0.2	0.20	
15	石粉		0.45							36.0	0.162			0.45	0.30	
16	计算值				7.00		4.21		12.0		0.439		0.424	151.08		
17	标准			7.00		4.21		12.0								

（2）玉米增重净能的计算同玉米维持净能的计算。

余以此类推。

第九步　经过维持净能、增重净能、粗蛋白质的计算，三项指标中维持净能、增重净能没有达到设计要求，粗蛋白质高于设计要求，因此其他项就不必计算，调整配方比例后再计算，如表3-35。调整配方比例时要提高维持净能、增重净能水平，降低粗蛋白质水平。

第十步　经过第二次计算，维持净能、增重净能指标仍未达到设计要求，粗蛋白质指标超出设计要求，因此要再次调整配方比例后再计算（提高增重净能、降低粗蛋白质水平）。在调整饲料比例时，从饲料成分中可以看到，小麦秸和玉米秸、玉米青贮饲料粗蛋白质含量相差小，增重净能相差较大，减少小麦秸和玉米青贮饲料，增加玉米秸，减少棉籽饼、增加玉米再计算，如表3-36。

第十一步　经过几次调整比例后计算，维持净能、增重净能、粗蛋白质指标都达到设计要求，此时要进行钙、磷的计算，如表3-37。

第十二步　计算实际饲喂时的比例。先计算份额（方法同表3-27，但是必须运用电脑程序，和维持净能计算方法一样），还可以计算配合饲料的价格、配合饲料的干物质含量等。

在表3-38中，改动任何一个数据，整个表的数据会发生变化，因此可以设计你所需要的饲料配方。

第十三步　列出饲料配方％：

饲料配方％：

黄玉米粉	15.7	米糠	8.84	小麦麸	3.7
高粱糠	8.35	棉籽饼	8.27	菜籽饼	4.58
苜蓿干草	1.51	秋干草	1.55	玉米秸	16.51
小麦秸	1.47	全株玉米青贮	34.97	石粉	0.22
食盐	0.35				

配方能否满足设计要求，可用第111问的方法进行检验。

105. 育肥牛常用的饲料有哪些？

育肥牛常用饲料见附表3，更详细的资料请参考《肉牛高效育肥饲养与管理技术》（中国农业出版社，2003年1月）。

106. 怎样稀释微量饲料？

在肉牛日粮中，有些饲料用量极小（少），有的添加剂每头牛每天需用量以毫克计算，怎样才能把如此微量的元素，让每一头牛都能采食到它的需求量，采用直接投料很难达到目的，因此，要采用逐级扩散技术，利用载体将微量元素分布于载体上；进一步将载体再扩散，如此多次扩散，可以使微小剂量的添加剂比较均匀地分布于日粮中。

1. 认定该物的包装量（重量）。

2. 认定该包装物内微量元素的正确含有量。

3. 准备载体：

（1）载体可用麸皮、干酒精蛋白饲料（DDGS）等，含水量12%～13%。

（2）载体细粉碎，过30～60目*筛。

4. 操作：

（1）检查载体是否符合要求。

（2）精确计算，称重载体。

（3）精确称重被扩散物。

（4）将经过称量的扩散物和载体混合。

1）人工混合时　①第一步扩散，比例为9∶1。②第二步在第一步基础上再扩散，比例为90∶10。③第三步在第二步基础上再扩散，比例为900∶100。④经过三步扩散，被扩散物在载体中的含量为1/1 000。⑤扩散时载体和扩散物料的混合次数：每次扩散时混合至少10次。

2）机械混合　①将被扩散物和载体装入机械内。②开动机器，转动5分钟。③机器转速50转/分。

有条件时应该使用机械混合，精确度高、混合均匀。

---

* 注：目为非法定计量单位，生产中常用，在此仍保留。

第四部分　育肥牛的饲养与管理

107. 架子牛为什么要过渡饲养？过渡饲养的方法有几种？

架子牛过渡饲养是指架子牛由甲地到达乙地适应乙地环境条件的短暂饲养。过渡饲养的好坏不仅影响架子牛的健康，也影响养牛户的饲养效益。

1. 架子牛需要过渡饲养的原因　①架子牛由甲地环境到乙地环境，生活环境发生了较大的变化，适应新的环境需要时间过渡；②架子牛由旧主人的饲料条件适应新主人的饲料条件，需要时间过渡；③架子牛由甲地到乙地，经过运输后比较疲乏，恢复需要时间；④实践经验证明架子牛十分需要过渡饲养。

（1）作者对采用肉牛易地育肥、饲养量 1 000 头以上的三处育肥牛场的架子牛 12 批 285 头，运输到达育肥场以后的第 3 天、第 7 天、第 15 天、第 30 天检测和调查了架子牛体重的变化，结果如表 4-1 所示。

从表 4-1 的资料可以看到，有的批次的牛运到育肥场后很快恢复到运输前体重，有的批次恢复较慢，各批次间架子牛体重的恢复差异很大，分析其原因有：①大部分架子牛从牛贩子手中购买，牛贩子在架子牛出售前几小时会大量饲喂精饲料（饱肚牛外表好看），造成了架子牛过度采食而引发瘤胃积食或胃肠病，到达育肥牛场要有较长时间才能恢复正常采食和饮水。②牛贩子在牛出售前几小时大量灌水，伤及牛的胃肠。③运输时应激反应大。④架子牛进育肥场以后管理工作不到位。

（2）2002 年 5 月至 2003 年 4 月作者对不同品种牛进行了测定，

结果如表 4-2。

表 4-1　架子牛体重变化

单位：千克

批次	头数	进栏体重	3 天体重	7 天体重	15 天体重	30 天体重
1	84	305.9			313.0	328.6
2	94	378.0		369.7	370.6	
3	12	427.8	408.9	415.5	407.3	
4	11	366.9	354.6	362.5	361.3	
5	12	303.3	292.7	286.7	295.5	
6	11	387.3	368.7	377.6	378.0	
7	10	321.2	326.7	324.6	323.9	343.3
8	11	248.8	242.9	237.4	238.3	255.8
9	11	244.6	253.6	254.1	253.2	276.1
10	10	416.9	416.5		434.0	448.6
11	10	257.0	254.0		264.0	270.0
12	9	310.1			322.7	333.7

表 4-2　不同品种牛的体重变化

单位：千克

项　目	利鲁牛(179 头)	西鲁牛(89 头)	夏鲁牛(37 头)	鲁西牛(118 头)
收购体重	386.0±41.2			
入场体重	342.0±53.7	396.0±34.9	411.0±45.9	347.9±46.7
入场 30 天体重	367.1±60.4	432.5±39.6	434.0±48.6	352.3±51.1
入场 60 天体重	395.9±64.2	465.5±46.5	455.0±56.0	395.6±57.8
入场 90 天体重	421.4±80.0	507.6±49.1	484.0±59.6	420.8±57.0
入场 120 天体重	449.6±84.5	537.4±43.8	543.9±70.3	455.4±44.7
入场 150 天体重	499.3±52.2			
入场 180 天体重	516.2±49.5			

从牛品种分析，架子牛入场后 30 天内各品种间增重的差异不大。

2. 缩短架子牛过渡期的方法　对上述情况，笔者采取以下措施，收到了较好的效果。

（1）洗胃　用洗胃液洗胃，将胃内食物尽早排出。

（2）健胃　洗胃后立即用健胃液健胃。

（3）护理　经过洗胃、健胃后要精心护理：①充足饮水，饮水中加小麦麸300～400克、人工盐100～150克。②饲喂优质干草或青贮饲料。③保持牛床干燥，有条件时可以铺垫草。④保持环境安静。

（4）1～3天内饲喂优质青干草或青贮饲料，不宜饲喂精饲料。

3. 架子牛过渡饲养的方法　架子牛过渡期的饲养方法有多种多样，以缩短过渡期、尽快恢复架子牛正常生长为目的。

方法一：以恢复运输疲乏为主时，用全株玉米青贮饲料、优质干草为过渡期日粮饲养。

方法二：以适应新环境为主时，用黄贮玉米饲料、秸秆、麦麸为过渡期日粮饲养。

方法三：既恢复疲乏又逐渐增加体重时，用以下过渡期日粮饲养。

（1）第一天日粮以优质粗饲料、青贮饲料、麸皮为主，第一天饲料饲喂量（自然重）为牛体重的3%～3.2%。

（2）第二天日粮饲料量同第一天。

（3）第三天起，日粮中增加配合精饲料，每头每日1.5～2.0千克，饲料总喂量（自然重）为牛体重的3.5%～3.8%。

（4）第四天，日粮中精料比例占15%～20%，日饲喂量（自然重）达牛体重的3%左右。

（5）第五天，日粮中精料比例占25%～30%，日饲喂量（自然重）达牛体重的4%左右。

（6）精饲料、粗饲料、青贮饲料、糟渣饲料、添加剂饲料等配制的日粮，充分搅拌均匀后喂牛。①个体养牛户仅养一头牛时，可将各种饲料（按饲料配方）放到饲料槽内搅拌后喂牛。②规模养殖户可将各种饲料（按饲料配方）放在水泥池或水缸内充分搅拌均匀后喂牛。③规模养殖场也可将各种饲料（按饲料配方）放在水泥地上充分搅拌均匀后喂牛。

（7）每次配制混合饲料，现配现喂最好，夏季配制的混合饲料应在1～2小时内喂完；其他季节可稍长一些（以4小时为最长）。

配合精饲料：粉碎玉米（或蒸汽压片玉米）、玉米酒精渣（DDGS料）、棉籽饼、添加剂、食盐、矿物质等组成。

108. 架子牛过渡饲养时用什么样的日粮配方好？

架子牛过渡饲养的日粮配方，以架子牛的体膘体况、可能达到的增重指标为日粮配方的设计基础。现以日增重500～600克为目标设计架子牛过渡饲养的日粮配方，饲养户可根据自身饲料条件参考应用。

推荐配方1　优质野干草2千克，玉米秸秆3千克，青贮饲料4千克，小麦麸1千克，混合精饲料1.0～1.5千克，食盐15～20克，健胃散200～300克。

推荐配方2　优质野干草3千克，玉米秸秆2千克，小麦秸秆2千克，小麦麸1千克，黄贮饲料2千克，湿玉米酒精饲料1～2千克，混合精饲料1.3～1.7千克，食盐15～20克，健胃散200～300克。

推荐配方3　优质野干草3千克，玉米秸秆3千克，小麦麸1.5千克，黄贮饲料2千克，混合精饲料1.0～1.5千克，食盐15～20克，健胃散200～300克。

推荐配方4　优质野干草3千克，小麦秸秆3千克，小麦麸1.5千克，黄贮饲料3千克，混合精饲料1.5～1.8千克，食盐15～20克，健胃散200～300克。

推荐配方5　玉米秸秆3千克，小麦秸秆2千克，小麦麸1.5千克，黄贮饲料3千克，食盐15～20克，混合精饲料1.2～1.5千克，健胃散200～300克。

109. 架子牛过渡饲养期内必须做什么？

架子牛过渡饲养期虽然较短，但饲养管理工作的好坏，直接影响育肥效果和育肥饲养效益，因此要做好架子牛过渡饲养期的饲养管理

工作。

（1）控制饮水　卸车后的第一次饮水应控制，第一次饮水量为10～15千克（架子牛吸饮一口水重量为0.5～0.6千克），特别是经过长途运输的牛一定要控制饮水量，防止饮水过量伤及胃肠。

（2）充分饮水　间隔3～4小时后第二次饮水，可以充分饮水，尽量满足需要。

（3）称重　第3天或第5天个体称重一次，做好体重记录。

（4）喂料饮水管理规范化、制度化：培养架子牛良好的条件反射。

（5）驱除体内外寄生虫　记录驱虫等时间，药剂量、操作人员姓名。

（6）疫苗预防接种　记录疫苗预防接种时间，药剂量、操作人员姓名（见第280问）。

（7）健康记录　观察牛粪、牛尿色泽及排泄量（见第283问）。

（8）防止架子牛相互爬跨格斗（见第134问）。

（9）记录饲料消耗量　记录每个围栏或一个群体的饲料采食量（每日采食量）。

（10）气象记录　记录天气情况，特殊气象记录。

（11）去势（阉割）　未去势（阉割）公牛的去势（阉割，见第163问）。

110. 架子牛过渡饲养期多长时间较好？

架子牛过渡期的长短受以下因素影响。

（1）架子牛由甲地到乙地的运输距离长，过渡饲养期较长；由甲地到乙地的运输距离短，过渡饲养期较短。

（2）架子牛甲地的饲养条件差，乙地的饲养条件好，过渡饲养期短；甲地的饲养条件好，乙地的饲养条件差，过渡饲养期长。

（3）架子牛甲地的气候条件适宜，乙地的气候条件差，过渡饲养期长；甲地的气候条件差，乙地的气候条件较好，过渡饲养期短。

（4）架子牛运输前人为地过量灌食、灌水，到新牛场后过渡饲养期长。

（5）新牛场饲养管理者态度温和，管理有序、有规律性，过渡饲养期短；新牛场饲养管理者态度凶恶（高声吆喝、鞭打等），管理无序，过渡饲养期长。

（6）架子牛新饲养场所清洁、卫生、干燥、通风、安静的环境，过渡饲养期短；吵闹、杂乱、潮湿、多变化的环境，过渡饲养期长。

架子牛过渡饲养期以5～7天较好。

111. 架子牛过渡期的管理特点是什么？

架子牛过渡期的管理包括如下内容：①喂料时间应准时准点，使架子牛生活有规律，培养良好的条件反射，尽快适应新环境；饲喂日粮现喂现调制，不喂发霉变质饲料。②充分饮水，水中加些小麦麸、人工盐，吸引牛多饮水。③饲养管理者以温和的态度对待架子牛，不打不骂，不高声吆喝。④如需合并围栏饲养时，应在晚间进行；应尽量减少合并次数；每个围栏养牛数为4～6 $米^2$1 头牛。⑤保持牛舍、牛场清洁、卫生、干燥、通风、安静。

过渡期良好的饲养管理不仅能够缩短架子牛的过渡饲养期，还能增强牛的体质，使架子牛尽快适应育肥牛场的环境，为育肥饲养打下较好的基础。

112. 什么叫育肥牛的饲养标准？

根据育肥牛的性别、年龄、体重、生产目标、日增重水平；结合生产实践中积累的经验，以及众多能量与物质代谢试验和大量饲养试验的结果，科学地规定1头育肥牛每天应给予的能量和各种营养物质的数量，这种规定的标准，称为育肥牛的饲养标准。

育肥牛的饲养标准在育肥牛饲养中起重要作用，按照标准饲养育肥牛，可以避免饲养的盲目性，避免饲料营养不足或过渡，造成直接经济损失；育肥牛的饲养标准是个技术标准，在育肥牛场制定饲料生产计划和供应计划中不可缺少，也是育肥牛场生产成本设计不可缺

少的。

在实际工作中如何灵活使用育肥牛的饲养标准呢?

1. 了解育肥牛的饲养标准　育肥牛饲养标准有多种版本，如美国（NRC)、英国（ARC)、加拿大、日本等均根据本国养牛环境条件、牛的品种和科学试验，制定了肉牛的饲养标准，流行较广泛的、使用较多的为美国 NRC 标准，它以生长育肥肉牛每天每头的养分需要（附表 1-1)、生长育肥肉牛日粮干物质中的养分含量（附表 1-2)、生长育肥肉牛每头每日的净能需要量（附表 1-3）表示。

2. 使用育肥牛的饲养标准　在了解了育肥牛的饲养标准以后，按照育肥牛体重、体况、育肥目标、饲料供应量、饲料价格、育肥牛的卖价等，选择饲养标准。作者在使用美国 NRC 标准时，我国黄牛的采食量、增重量达不到 NRC 标准（相差7％～10％)，因此作者在使用 NRC 标准设计我国黄牛育肥饲料时把采食量、增重量都下调7％～10％。

3. 考虑个体需要的不同　另一方面育肥牛的饲养标准是群体的标准，个体标准（需要）和群体标准应有 10％～15％的差异，因此在设计小群体育肥牛的饲养标准时应考虑这一点。

4. 育肥牛生产目标不同，使用的饲养标准要有所区别　如供应日韩餐的烧烤牛肉的品质要求有较好肥度；再如供应美国餐饮的烤牛扒的牛肉品质要求有适量肥度；供应欧洲餐饮的牛肉品质要求有较好的嫩度而厌恶脂肪。因此在使用饲养标准时要区别对待。

113. 什么叫育肥牛的维持需要?

育肥牛的维持需要是指育肥牛在生长育肥时处在休闲状态（或称逍遥状态)，不增加体重，也不损失体重，仅维持正常生理机能活动，即维持生命所需要的能量。这种维持需要量随育肥牛的体重增加而增加；这种维持需要量每日不可缺少并随时间的延长而累积；这种维持需要量的累积使饲养成本上升，因此在育肥牛饲养过程中要尽量缩短育肥时间，达到减少维持需要量的支出，以降低饲料费用，提高饲养利润的空间。

育肥牛的维持需要量见附表 1-3 生长育肥肉牛每头每日的净能需要量（兆焦）。在编制育肥牛的饲料配方时首先要满足维持需要量，再满足增重需要量。在饲养实践中喂牛的饲料营养首先要满足维持需要量，然后尽最大努力多提供增重需要的营养物质，在一定范围内提供增重需要的营养物质越多，增重量就越大；如果饲喂的饲料营养仅仅满足育肥牛的维持需要量，那么饲养几年后牛的体重不会发生变化，这对养牛户不仅不会产生饲养效益，相反会亏本许多。

114. 什么叫育肥牛的增重需要？

育肥牛的增重需要是指育肥牛增加体重（包括肌肉、脂肪、骨骼、体组织等）所需要的能量、蛋白质等营养物质。育肥牛处在不同的体重阶段以及不同要求的日增重量，增重需要的营养物质数量和质量都有很大的差别。例如体重 450 千克的育肥牛不同的日增重指标（日增 800 克、900 克、1 000 克），增重需要的营养物质数量和质量是不同的（见附表 1-1 和附表 1-2）。

在编制育肥牛的饲料配方时满足了维持需要量，剩余部分即为增重需要量，根据育肥牛所处环境条件（大气温湿度、牛舍小气候、清洁卫生）、饲料质量、育肥牛的体质体膘等最大限度地满足其增重需要的营养物质（饲料采食量），以获得最高的增重、较高的饲料利用效率、较好的饲养效益。

115. 什么叫采食量？

育肥牛采食量是指育肥牛 24 小时内采食所有饲料（日粮）的总量。由于饲料（日粮）含水量的差异，因此在表明育肥牛饲料采食量时有以下几种方式：①绝干重（干物质）采食量在所有饲料的含水量为零状态下的采食量。②风干重采食量在所有饲料的含水量为风干重状态下的采食量。③自然重采食量在所有饲料的含水量为自然状态下的采食量。

育肥牛采食量是表明育肥牛采食饲料能力大小、育肥牛生产水平的指标之一，也是考察饲料质量优劣的指标之一，只有较高的采食量才能获得较高的增重量，而采食量的多少和饲料含水量、饲料质量等关系密切，因此在表达育肥牛采食量时要表明饲料的含水量状态。

116. 怎么计算采食量?

育肥牛采食量既然是指育肥牛 24 小时内采食所有饲料（日粮）的总量，因此计算育肥牛的采食量可以一天的任何时候为起点，24 小时后为终点，如 1 号牛某天早上 7 点整开始记录采食饲料量，到第二天的早上 7 点整结束时记录到的饲料消耗总量，便是 1 号牛一天的采食量。

了解育肥牛采食量的意义在于：由采食量的大小可以推测育肥牛的增重量，由增重量可以推测育肥牛的增重成本，根据增重量和增重成本可以计算育肥牛的饲养总成本，根据饲养总成本可以及时调整饲料配方或饲料喂量。

117. 如何确定育肥牛不同体重阶段的采食量?

育肥牛不同体重阶段采食量是设计饲料配方的主要参数，也是预测育肥牛不同体重阶段增重量的参数，还是预算饲料购买量、饲料成本和购买饲料资金的参数。育肥牛不同体重阶段采食量受日粮精粗料含量、日粮中粗饲料品质、日粮营养水平、日粮含水量的制约。日粮中粗饲料含量高并且质量差，育肥牛的采食量就小；日粮中精饲料含量高并且质量好，育肥牛的采食量就大；日粮含水量高育肥牛的采食量就大，日粮含水量低育肥牛的采食量就小。

举例计算不同体重阶段的育肥牛、不同增重量时的干物质采食量。如已知体重 300 千克育肥牛要求日增重 600 克时，由饲料提供的维持净能需要量为 23.26 兆焦，增重净能需要量为 10.29 兆焦，日粮中粗饲料含量为 80%时的饲料采食量，经过计算，每天需要采食饲料（干物质重）6.7千克。

为方便读者使用，现将不同体重、不同日增重水平和日粮不同含水量时的饲料干物质采食量、饲料自然重采食量计算后列于表4-3中，供参考。

表4-3 育肥牛不同生长阶段的饲料饲喂量

体重	日增重（克）	粗料占日粮（%）	干物质饲料		自然重饲料		
			采食量（千克）	占体重（%）	日粮含水量（%）	采食量（千克）	占体重（%）
200	0	100	3.5	1.75	88.0	4.0	2.00
	600	80	5.7	2.85	84.9	6.7	3.35
	700	75	6.0	3.00	84.5	7.1	3.55
	800	70	6.2	3.10	80.2	7.7	3.87
	900	65	6.4	3.20	80.0	8.0	4.00
	1 000	45	6.06	3.03	65.3	9.3	4.64
	1 100	35	6.2	3.10	58.0	10.7	5.35
250	0	100	4.4	1.76	88.0	5.0	2.00
	600	80	7.1	2.84	84.0	8.5	3.40
	700	70	7.3	2.92	79.0	9.2	3.70
	800	65	7.55	3.02	78.0	9.7	3.87
	900	55	7.57	3.03	77.4	9.8	3.91
	1 000	47	7.68	3.07	73.5	10.4	4.18
	1 100	38	7.7	3.08	74.0	10.4	4.16
	1 200	35	8.1	3.24	74.0	10.9	4.38
300	0	100	4.7	1.56	88.0	5.3	1.78
	600	80	6.7	2.23	91.3	7.3	2.45
	700	80	7.73	2.58	89.3	8.7	2.89
	800	60	7.76	2.59	75.3	10.3	3.44
	900	45	7.45	2.48	74.7	10.0	3.32
	1 000	37	7.47	2.49	67.3	11.1	3.70
	1 100	33	7.70	2.57	67.7	11.4	3.79

（续）

体重	日增重（克）	粗料占日粮（%）	干物质饲料		自然重饲料		
			采食量（千克）	占体重（%）	日粮含水量（%）	采食量（千克）	占体重（%）
350	0	100	5.3	1.51	0.88	6.0	1.72
	600	75	8.9	2.54	70.1	12.7	3.63
	700	70	9.3	2.66	70.5	13.2	3.77
	800	65	9.7	2.77	68.1	14.2	4.07
	900	55	10.0	2.86	66.7	15.0	4.28
	1 000	45	9.4	2.69	68.0	13.8	3.95
	1 100	40	9.7	2.77	67.9	14.3	4.08
	1 200	35	9.7	2.77	71.6	13.5	3.87
400	0	100	5.9	1.48	88.0	6.7	1.68
	600	70	9.5	2.38	69.3	13.7	3.43
	700	65	9.95	2.49	68.2	14.6	3.66
	800	60	10.3	2.58	68.0	15.1	3.79
	900	55	10.7	2.68	66.5	16.1	4.02
	1 000	45	10.4	2.60	68.0	15.3	3.82
	1 100	35	10.2	2.55	69.9	14.6	3.65
450	0	100	6.4	1.42	88.0	7.3	1.62
	600	65	9.6	2.13	74.9	12.8	2.85
	700	60	10.1	2.24	72.7	13.9	3.09
	800	55	10.5	2.33	70.5	14.9	3.31
	900	45	10.55	2.34	70.0	15.1	3.35
	1 000	40	10.7	2.38	71.9	14.9	3.31
	1 100	35	11.0	2.44	71.8	15.3	3.40
500	0	100	7.0	1.40	88.0	8.0	1.59
	600	60	10.1	2.02	72.7	13.9	2.78
	700	55	10.5	2.10	72.5	14.5	2.90
	800	45	10.7	2.14	70.2	15.2	3.05
	900	40	10.8	2.16	71.9	15.0	3.00
	1 000	35	11.3	2.26	70.0	16.1	3.22

118. 育肥牛一昼夜采食多少次?

在自由采食条件下，作者于秋季观测一群体重400～470千克的育肥牛，在24小时内的采食次数为9～13次，其中白天（6：30～18：30）8～10次；夜间1～3次（日粮组成为玉米全株青贮料、醋糟、棉籽饼、玉米秸、食盐）。

育肥牛一昼夜采食饲料的次数受饲料质量、日粮中精饲料比例（精饲料比例高时采食次数少）、日粮含水量（含水量高时采食次数多）、饮水量等的影响。

育肥牛一昼夜采食饲料的次数说明育肥牛要经过多次采食后才能满足需要，因此采用每日喂牛2次的饲养制度是不能完全满足育肥牛营养需要的，日增重会受到限制，因此定时喂牛时每日至少应喂料3次。

119. 育肥牛采食量减少的原因有哪些?

1. 寻找育肥牛采食量减少的原因　寻找造成育肥牛采食量减少的起因，然后采取相应的技术措施提高育肥牛的采食量。造成育肥牛采食量减少的起因有：①育肥结束前采食量减少；②育肥牛生病时采食量减少；③育肥期中途牛厌食时采食量减少；④因饲料品质差时采食量减少；⑤因饮水量不够时采食量减少；⑥因饲喂方法不当（一次喂料过多）时采食量减少；⑦气温高、湿度大时采食量减少；⑧其他因素。

2. 判别育肥牛采食量减少的根源

（1）育肥结束前采食量减少　育肥终了阶段，当发现育肥牛表现行走缓慢、爱卧、活动少、体态臃肿、皮下脂肪厚实；育肥牛逐渐减少采食量（减少采食量的幅度为10%～20%）；粪尿正常；此时育肥牛采食减少为正常。

（2）育肥牛生病时采食量减少　当发现育肥牛采食量突然减少，并且减少量特大（减少采食量的幅度为50%～80%），观察牛时有体

温高或有疼痛表现，可判断为育肥牛因生病造成采食量的减少。

(3) 育肥期中途牛厌食时采食量减少　在育肥饲养过程中，育肥牛体温正常，周边环境无特殊变化，但是育肥牛的采食量少于正常(减少采食量的幅度为15%～30%)，可判定为育肥期中牛厌食而造成采食量的减少。

(4) 因饲料品质差采食量减少　饲料品质差时，牛很想吃料但不愿意接近食槽或采食饲料极不踊跃，可判定为饲料霉烂变质、饲料有异味而造成采食量的减少。

(5) 因饮水量不够采食量减少　育肥牛被毛粗糙、粪干呈颗粒状、尿浓黄而少，牛很想吃料但采食量小，遇见水疯狂饮水，可判定为因缺水而导致采食量减少。

(6) 因饲喂方法不当（一次喂料过多）　采食量减少食槽内饲料多、食槽边有较多剩料、育肥牛用嘴在食槽内拱来拱去，可判定为饲料投喂量太多导致采食量减少。

(7) 气温高、湿度大　育肥牛对高温、高湿的环境条件的适应能力较差，在环境温度35℃以上时，育肥牛体温正常、活动如常，但采食不踊跃，可判定为因气温高、湿度大导致采食量减少。

(8) 其他因素　有个别牛较长时间体瘦，但是没有病态表现，可能有内外寄生虫或胆结石（俗称牛黄）引起采食量减少。

120. 提高育肥牛采食量的技术措施有哪些?

肉牛在育肥期间多采食、多消化、多吸收饲料中的营养物质是其快长多长的基础条件，我国黄牛（纯种牛和杂交牛）在育肥期的饲料采食量和国外专用肉牛品种比较稍为少一些。提高育肥期肉牛采食量的主要技术措施有：①肉牛育肥前期的日粮配制中，粗饲料的比例应占70%～75%，多采食粗饲料，达到锻炼肠胃、增加胃肠容量的目的，为提高采食量打好基础。②不喂霉烂变质、刺鼻异味饲料。③变更饲料饲喂方法多喂易消化饲料如小麦、麦麸，缩短饲料在牛消化道内停留的时间，使育肥牛有饥饿感。④用食盐摩擦牛舌面（操作方法为：固定牛，操作者左手握住牛舌，右手将食盐在牛舌面上摩擦数分钟，上下午各1次，7～10天后进行第二次）。⑤日粮中增加小苏打用量（精饲料量的3%～5%）。⑥日粮中增加诱食剂（如炒熟的黄豆粉，参考第105问）。⑦充分饮水，有条件时实施自由饮水，在水中加小麦麸或人工盐。

121. 育肥牛夏季厌食怎么办?

在育肥牛的夏季饲养过程中常常会遇到育肥牛采食不积极、食量下降的现象，随之而来的是日增重的降低、饲料报酬低等，影响育肥牛场的经营效益。怎么解决夏季育肥牛的厌食状况呢?

（1）采用“提高育肥牛采食量的技术措施”和“夏季育肥牛的饲养要点”中的每一点。

（2）改善育肥牛生活环境条件，营造通风凉爽、干燥、清洁卫生、安静幽雅的环境。

（3）改变日粮内容（比例）和喂料方法：①在日粮中增加优质、适口性好的青饲料或干苜蓿草；②改变饲料形状，由干粉料变为蒸煮料或蒸汽压片饲料；③日粮现配现喂，不喂剩料，不喂堆积时间过长的饲料，喂料时少给料、勤添料，防止食槽有剩料；④改变饲喂方法，如由自由采食法改为每日喂2～3次，由每日喂2次改为1次，也可停止喂料1天；⑤饮水清洁卫生，供应量充分；⑥增加日粮中的食盐量，促使牛多饮水；⑦加喂健胃类药物。

（4）减少蚊蝇的干扰。

122. 什么叫自由采食?

自由采食是育肥牛饲养中喂料的一种方法，自由采食是指牛的饲料槽内24小时有饲料，每一头牛在任何时间里都能采食到饲料，此法可以围栏散养，也可以拴系饲养。在肉牛育肥阶段，应尽量使肉牛能任意采食它所需要的饲料量，据笔者观察，育肥牛在24小时内采食饲料的次数达9～13次。

1. 育肥牛自由采食的优点 ①自由采食时，育肥牛在任何时候

都能采食到自身需要量的饲料，减少了因争食而格斗的现象。②日增重量提高36.77%（作者的试验结果列于表4-4）。③育肥牛群体间发育均匀（每头牛都能获得自身需要的饲料）。④提高了劳动效率，拴系育肥1人的管理定额为25～30头牛；围栏育肥时1人的管理定额为75～100头牛，降低了饲养成本。⑤能提高育肥牛的屠宰成绩、胴体及牛肉品质（作者的试验结果列于表4-6和表4-7）。屠宰率提高了4.1个百分点，净肉率提高了3.16个百分点，分割肉块重量也有差异（表4-7）。

表4-4　自由采食和限制饲喂饲养效果

育肥方法	试验牛数（头）	平均饲养日	开始体重（千克）	结束体重（千克）	平均日增重（克）
拴系育肥	58	123.3±50.5	374.1±65.5	433.1±59.2	509±292
围栏育肥	62	150.6±39.3	317.7±57.3	438.9±38.8	805±340

另外，在一个架子牛育肥试验中，两种饲喂方法的效果也是以围栏（自由采食）育肥效果较好，见表4-5。

表4-5　自由采食和限制饲喂效果比较

试验次 次数日 项目	一			二		三	
	2次/日	1次/日	自由	自由	限制	自由	限制
	168			120		150	
日增重（克）	1 140	1 162	1 158	1 471	1 389	1 335	1 217
日粮量（千克）							
玉米	5.63	5.63	5.81	6.88	6.57	7.38	6.81
蛋白料	0.68	0.68	0.68	1.02	1.02	1.02	1.02
豆科干草	0.91	0.91	0.91	0.65	0.65	0.58	0.58
玉米青贮	7.76	7.76	7.76	14.74	14.27	13.27	13.05
饲料报酬	（千克饲料/千克体重）						
玉米	2.25	2.21	2.27	2.14	2.16	2.52	2.56
蛋白料	0.27	0.26	0.27	0.31	0.33	0.35	0.38
豆科干草	0.36	0.36	0.36	0.20	0.21	0.20	0.22
玉米青贮	3.08	3.02	3.03	4.56	4.66	4.54	4.89

表 4-6 自由采食和限制饲喂屠宰成绩

单位：千克

方式	头数	宰前体重	胴体重	屠宰率（%）	净肉重	净肉率（%）	骨重
拴系	14	402.1±30.0	209.2±17.9	52.04±1.89	167.4±15.4	41.63±1.72	30.7±1.98
围栏	14	409.1±24.1	229.3±19.5	56.05±3.79	183.2±15.6	44.79±2.44	35.6±2.46

表 4-7 自由采食和限制饲喂分割肉块重量

单位：千克

方式	头数	牛柳	西冷	烩扒	尾龙扒	针扒	霖肉
拴系	14	3.65±0.39	9.21±1.26	13.09±0.88	12.14±1.02	7.28±0.55	7.75±0.58
围栏	14	3.58±0.40	9.18±1.05	13.12±1.03	13.15±1.39	8.06±0.55	7.84±0.70

2. 育肥牛自由采食的缺点 ①育肥牛的饲料消耗量大于限制饲喂；②育肥牛的饲料成本稍高于限制饲喂；③围栏（自由采食）育肥遇合并牛圈时，牛常发生格斗；④育肥结束出栏或个体称重抓牛时较费事。

3. 使自由采食法做得更好

（1）日粮配方、饲喂量严格按育肥牛需要设计，并经常调整日粮配方和饲料饲喂量。

（2）饲料投放的方法有几种，可选择适合本场情况的方法。①将各种饲料混合，搅拌均匀后喂牛；②先喂粗饲料，后喂精饲料；③先喂精饲料，后喂粗饲料。

（3）食槽内一次投料不能太多，尤其在天气炎热季节，每日喂料应有 3 次以上。

（4）注意夜间肉牛采食情况，肉牛 24 小时内都可以采食。因此夜间要保持食槽有饲料，夜间饲喂饲料量的多少，要根据肉牛采食量而定，可参考肉牛采食量标准，但管理人员日积月累的观察、经验才能得到更确切的采食量。

（5）保持水槽有清洁、卫生的饮用水，达到饮水充分。

（6）保持牛舍干燥、清洁、安静、卫生；管理有序、制度化。

4. 作者建议 具备自由采食条件的养牛户，应尽量采用自由采食法喂牛。

123. 什么叫限制饲喂？

限制饲喂是育肥牛饲养中喂料的一种方法，限制采食是指定时定量给牛投喂饲料。一般每天喂牛 2 次，而且是拴系饲养。

1. 限制饲喂饲养法的优点 ①每头牛每天、每月及饲养全程的采食量记录很精确，便于计算饲料成本，在试验研究中常用；②育肥结束出栏或个体称重抓牛时较方便，随时可以固定牛只；③育肥牛的饲料消耗量小于自由采食法；④育肥牛的饲料成本稍低于自由采食法；⑤限制饲喂饲养法较少发生牛格斗的现象，尤其是野性较大的牛；避免了弱小牛长期吃不饱而越来越小；⑥限制饲喂饲养法能按预计育肥计划达到目标；⑦如采用两上两下或三上三下养牛法能提高土地利用率。

2. 限制饲喂饲养法的缺点 ①拴系养牛 1 牛 1 槽，增加了劳动强度，降低了劳动效率，增加了饲养成本；②因饲料采食量受到限制，育肥牛的日增重速度较自由采食法低一点；③因饲料采食量受到限制，育肥牛的屠宰成绩较自由采食法差一点。

3. 使限制饲喂法做得更好 ①严格按育肥牛需要设计日粮配方、饲喂量，及时调整日粮配方和饲料饲喂量；②每次喂料的时间要充分，让牛有充分的时间采食，一次喂料时间不能少于 2 小时；③少喂勤添，先粗料、后精料；④坚持夜间喂牛，冬春季晚间 9～10 点最后一次喂料；夏秋季晚间 11～12 点最后一次喂料；⑤饮水充分，每天至少 3 次；饮水清洁卫生；⑥保持牛舍安静、干燥、清洁、卫生；管理有序。

124. 什么叫围栏饲养？

围栏饲养是饲养育肥牛的方法之一，是将育肥牛围拢在围栏内饲养，围栏饲养时可以散养（自由采食），也可拴系饲养（定时定量采食）。各地应根据自身条件选择。实行围栏饲养时应注意以下一些问题：

1. 育肥牛 在同一围栏饲养的育肥牛尽量年龄相近、体重相近、性别一致、品种相同、毛色一样。

2. 全进全出饲养法 同一围栏饲养的育肥牛进围栏在同一天，也在同一时间结束育肥出栏（出售）。

3. 围栏面积 围栏育肥牛的围栏面积可大（300～3 000 米^2）、可小（10 米^2），大小决定于育肥牛的条件（体重均匀性、体质、育肥目标等）、场地的位置、是否便利管理等，作者推荐一个围栏面积以 40～60 米^2 较好。

4. 每个围栏饲养头数（自有采食） 40～60 米^2 养牛 8～10 头。

5. 围栏地面 饲养高价肉牛时围栏以三合土地面或木板地面较好，饲养一般肉牛时用水泥或砖地面。

6. 围栏栅 围栏栅高 1.2～1.5 米；围栏栅材料用木杆、竹竿、铁管均可，用铁管做栏栅时，栏栅下部可留出 0.5 米的空间（节省材料）；围栏栏栅的间隙宽度 0.16～0.17 米。

7. 围栏密闭程度 视各地条件而定。中原、东北肉牛带可采用半封闭围栏，气候温暖地区用敞开式围栏，气温偏低地区可采用全封闭围栏。

8. 围栏高度 视各地条件而定。中原、东北肉牛带牛体型大，围栏高度 1.4～1.5 米；体型较小牛的围栏高度 1.2～1.3 米。

9. 食槽 U 形食槽，下底宽 50 厘米，上沿宽 60 厘米，槽底高 20 厘米，内沿（靠牛栏）高 50 厘米，外沿高 60 厘米，槽底无死角（图 6-6）。

食槽的位置：寒冷地区通道设在北侧，长江以南地区通道设在南侧。

10. 饮水槽 设在粪尿沟上方，水槽的大小依养牛多少而定（图 6-7）。

饮水槽的位置应设在粪尿沟上方。

11. 围栏通道 通道宽 1.1～1.2 米。通道位置：寒冷地区通道设在北侧，长江以南地区通道设在南侧。

125. 怎样减少围栏养牛时牛只格斗和爬跨？

不同来源的架子牛刚合并于同一围栏饲养时，格斗、爬跨现象不可避免，如防止措施不力，往往会造成牛的伤残，严重时发生死亡。因此，在实施围栏养牛时，应注意防止新引进牛格斗和爬跨。采取下列措施可以减少格斗和爬跨。

1. 夜并昼不并　调整合并围栏时，避免在白天合并调整围栏，应在傍晚时进行，这样可以减少架子牛的格斗。

2. 先预混合，后调整并栏　如有较大面积的运动场地，可将要合并的架子牛放在一个运动场内混合，让其互相熟悉认识，然后合并，进入围栏时格斗少一些。

3. 先拴系在一起，然后再合并　将要合并的架子牛只拴系在一起，一头紧挨一头，4～6 小时以后再合并，也可达到减少格斗的目的。

4. 先喷药，后合并　在合并之前，在围栏内喷同一种药水，使要合并的架子牛的身上都有同一种药味，达到减少格斗的目的。

5. 合并前停食，合并后喂料喂草　在合并围栏前让牛停食4～6小时，在合并围栏后食槽内准备好可口的饲料，由于牛忙于采食，也可达到减少格斗的目的。

6. 在围栏上覆盖线网或竹竿、木板（棍）　覆盖物和围栏一般高（1.4～1.5 米），架子牛不能跳跃，防止爬跨很有效。

7. 多看管　合并围栏的最初 2～3 小时内，围栏前要设专人管理，发现架子牛格斗，及时采取阻止措施，防止伤害牛只。

126. 什么叫“两上两下”或“三上三下”养牛法？

两上两下或三上三下养牛是育肥牛拴系饲养中喂料的一种方法，让 2 批或 3 批育肥牛轮流采食饲料和饮水。具体做法为：

1. 牛舍设计　坐北朝南，走廊在北面。每间牛舍东西长 5 米，饲料槽紧靠走廊南侧，饲料槽长 5 米，由东向西设 6 个拴牛环，可供

6头牛同时采食；牛舍跨度南北长7米，用栏杆分隔，由南向北设3个拴牛环，栏杆下端留空间0.4米，设置饮水槽，两个围栏合用一个饮水槽；牛舍南侧设1.5米宽的道路；道路南2米处设拴牛空心挡板，拴牛空心挡板高0.6米（离地面0.1米为空心），拴牛环设于地面预埋件上，由东向西设6个拴牛环，在拴牛环南0.1米处设饮水槽，饮水槽上方搭棚防雨、防太阳（见图4-1）。

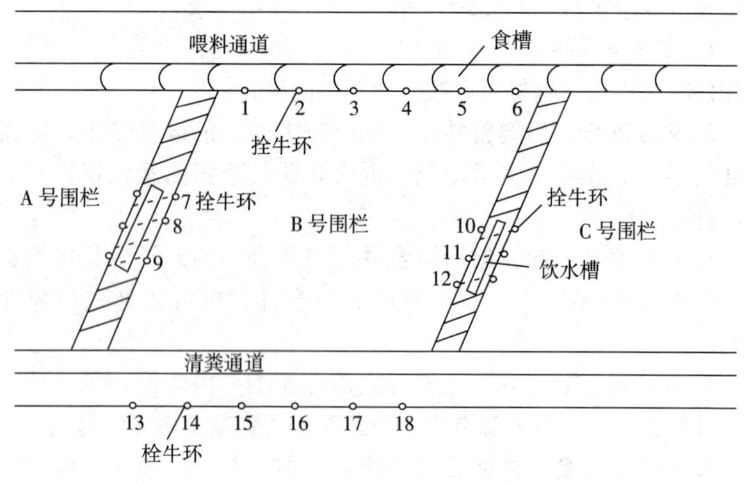

图4-1　三上三下养牛示意图

2. 具体操作

（1）两上两下养牛①甲组（1～6号）牛在食槽吃料，乙组（7～12号）牛在道路南侧饮水、休息、反刍；或拴系在南北栏杆处饮水、休息、反刍；②2小时后甲组牛到道路南侧饮水、休息、反刍，或到南北栏杆处饮水、休息、反刍；乙组牛到食槽采食，如此循环（图4-1）。

（2）三上三下养牛①甲组（1～6号）牛在食槽吃料，乙组（7～12号）牛在道路南侧饮水、休息、反刍，丙组（13～18号）牛在围栏栏杆处饮水、休息、反刍；②2小时后甲组牛到道路南侧饮水、休息、反刍，乙组牛到食槽采食，丙组牛仍在饮水、休息、反刍；③第二个2小时后，丙组牛到食槽采食，乙组牛到栏杆处饮水、休息、反刍，甲组牛仍在道路南侧饮水、休息、反刍；再过2小时，甲组牛采

食，如此循环。

3. 此方法的优缺点　两上两下或三上三下养牛的最大优点是节省土地，提高牛舍的利用率，提高劳动定额，降低饲养总成本。缺点是劳动强度大，要求饲养员责任心强。

4. 建议喂料时间

（1）两上两下　日喂3次，甲组牛6～7点、12～13点、20～21点，乙组牛8～9点、14～15点、22～23点。

日喂2次，甲组牛6～7点、17～18点，乙组牛8～9点、19～20点。

（2）三上三下　日喂3次，甲组牛5～6点、11～12点、19～20点，乙组牛7～8点、13～14点、21～22点，丙组牛9～10点、15～16点、23～24点。

日喂2次，甲组牛5～6点、15～16点，乙组牛7～8点、17～18点，丙组牛9～10点、19～20点。

127. 什么叫拴系育肥？

拴系育肥是将育肥牛用麻绳或铁链拴于牛槽的拴牛环上采食（饲料槽和饮水槽合用时育肥牛采食、饮水、休息在同一地点；采食、饮水、休息分离时育肥牛拴于拴牛桩休息）和休息，牛绳的长度以牛能采食和起卧为限，长约1.2米。定时定量喂料，定时饮水。拴系育肥的优点是限制育肥牛的活动，育肥牛少活动可减少维持净能的消耗量，达到节约用料；饲料浪费少；便于牵引牛只；使用得当可以减少用地（采用两上两下或三上三下饲养法），并且能减少建设牛舍的投资。拴系育肥的缺点是因限制采食饲料而影响增重、影响牛肉品质；管理麻烦，劳动强度大。

128. 什么叫单槽饲养？

育肥牛的单槽饲养即是一牛一槽，或拴养、或一棚一牛散养，牛只能采食其活动范围内的饲料或饲养者设计的饲料采食量，和邻近牛不会发生格斗或争夺饲料。在试验研究中或生产特优牛肉时常用单槽饲养。

（1）单槽饲养的优点　育肥牛不会受到其他牛的扰乱，有利于生长发育；饲料浪费少；患传染疾病的机会少。

（2）单槽饲养的缺点　劳动效率低，缺乏采食时的争抢性。

根据牛吃料时有争抢的习性，单槽饲养时采用通槽分隔法能够达到“争抢饲料”的目的（牛采食时能看到左右的牛只吃料，误认为和自己争料而加快吃料的速度，多吃料），提高育肥牛的采食量。

129. 什么叫群养？

育肥牛的群养是指多头牛合在一个围栏内饲养，在一个食槽内采食饲料。群养多采用自由采食法，牛可以根据自身营养的需要采食饲料，在规模化养牛场或现代化养牛场多采用群养。群养的优点是节约牛舍成本、提高土地利用率、有利于牛生长发育、降低饲料成本等。缺点是牛刚合栏时格斗、爬跨现象较严重。

一个围栏内饲养牛的头数：千头以内规模牛场6～10头，围栏面积40～60米^2；千头以上规模牛场15～20头，围栏面积60～100米^2；万头以上规模牛场50～100头，围栏面积300～500米^2。

130. 什么叫强度育肥？

强度育肥是指利用高营养水平日粮在短期内强制性让牛多采食饲料，达到快速增重或沉积脂肪的目的。

1. 强度育肥技术的要点　①日粮充分搅拌均匀后投喂。②日粮含水量以50%时育肥牛的采食量最高。③日粮营养中维持净能高达7.2～7.3兆焦/千克，粗蛋白质含量9%～10%（干物质为基础）。限量限时使用瘤胃素，瘤胃素用量为300毫克/头·日。④日粮中粗饲料的比例仅占15%～25%（干物质为基础）。⑤少喂、勤添，既不喂懒槽，又保持食槽有料；重视夜间喂料（尤其在冬季）。⑥充分饮水，昼夜不断水。⑦保持安静、清洁卫生、干燥通风的生活环境。⑧常检

测牛体重，从牛体重变化中检验饲养技术措施是否到位，是否需要改进。⑨强度育肥时间60～90天为宜，过长会增加饲料成本。⑩加强管理　饲养管理人员每日多次到围栏巡视，发现异常及时处理。

2. 强度育肥技术的使用　在实施高档（高价）牛肉生产过程的最后阶段，采用强度育肥技术；当确认育肥牛具有补偿生长能力时，采用强度育肥技术；期望在短期内获得较高体重为目的时，采用强度育肥技术。

131. 什么叫高能日粮饲喂技术?

育肥牛的高能日粮是指每1千克日粮中含有代谢能10.9～11.0兆焦，或每1千克日粮中维持净能达到7.6～7.8兆焦以上，或日粮中精饲料（干物质基础）占70%～85%以上。高能日粮是生产高档（高价）牛肉的重要技术措施。和强度育肥不同处：一是高能日粮饲用的时间较长，二是日粮中高能量水平持续的时间较长。

1. 高能日粮饲喂技术的要点

（1）把握好过渡期　①育肥牛的过渡饲养期不宜过长，也不宜过短，以7～10天能适应新的饲养环境为宜。②给育肥牛营造良好的育肥环境条件，干燥通风、清洁卫生、安静舒适、管理程序化、规范化。③育肥牛的防疫保健措施到位，使其具有健壮的身体、旺盛的食欲和较高的饲料转化效率。

（2）正确安排饲养期和精心设计日粮配方　各阶段日粮中精饲料比例%、日粮饲喂量（千克/头）建议如下：

阶段	饲养期（天）	日粮中精饲料（干物质基础，%）	日粮饲喂量（千克/头）
1	1～20	45～49	16～18
2	21～50	51～55	17～19
3	51～90	56～59	18～20
4	91～120	60～65	17～19
5	121～240	66～70	17～19
6	241～360	71～85	16～19

（3）防止饲料酸中毒（俗称“过料”） 在日粮中加精饲料量3%～5%的小苏打或每头每天加喂250～360毫克瘤胃素。

（4）经常观察育肥牛 采食量是否正常；是否已经充分育肥，能否结束育肥，出售或屠宰。

2. 高能日粮在育肥牛饲养中的地位和作用 高能日粮饲喂技术是生产高档、高价、高利润肉牛的必经阶段。虽然高能日粮型饲喂育肥牛的成本要远远高于其他日粮型，但高能日粮型饲喂的育肥牛售价高，故仍能获得较高利润。

132. 肉牛高能日粮饲养期管理技术要点是什么？

主要管理技术包括以下内容。

（1）日粮中精饲料和粗饲料的配合比例不能各占50%（以干物质为基础）。

（2）在实行限制饲喂时日喂料次数3～4次；有条件时最好采用自由采食制。

（3）供给充足饮水，有条件时实行24小时自由饮水。

（4）饲养管理人员每日多次到围栏巡视观察：①牛的粪便，健康牛粪褐黄色、不干不稀，落地后成圆形；牛尿微黄色。②反刍时一个食团咀嚼次数，健康牛60次左右。③起卧动作，健康牛卧下时前膝盖先着地，起来时后肢先站立。④站立姿势，健康牛站立时四肢直立。⑤眼神，健康牛眼大有神，眼周边无分泌物。⑥牛耳，健康牛耳转动灵活，随周边声响不断转换方向。⑦尾巴摆动，健康牛尾左右摇摆自如。⑧精神状态，健康牛充满活力。⑨皮毛，健康牛皮毛顺、有光泽。

（5）有条件的育肥牛场每天刷拭牛体1次。

（6）每日清除粪尿2～3次，保持牛舍干燥、清洁卫生、通风。

（7）让育肥牛经常晒太阳。

（8）冬季牛舍保温防寒，夏季牛舍降温、防高温酷暑，消灭蚊蝇。

（9）兽医人员实行现场巡回检查，防重于治，由被动治病变为防

先于治。

133. 怎样确定育肥目标和育肥期？

1. 育肥目标的确定　肉牛的育肥，在春夏秋冬不同季节，对肉牛的单纯育肥饲养户或是肉牛育肥饲养、屠宰、牛肉销售的联营户，首先都要确定肉牛的育肥饲养目标，就是要确定养什么样的牛，生产什么档次的牛肉，或是育肥牛及牛肉的市场定位。肉牛育肥饲养目标的确定依据是牛肉的消费市场，即消费者对牛肉需求的档次和需求量、育肥肉牛的交易方式及价格、育肥牛的饲养总成本、饲养育肥牛的总利润等。

根据笔者的调查研究，当前绝大部分的养牛者不清楚或不十分清楚牛肉消费市场的需求数量和质量要求，以及牛肉市场的价格定位。因此，肉牛育肥户的饲养目标比较模糊，甚至是盲目生产，不能组织高效益的、市场需求量大的肉牛育肥生产。这是当前肉牛屠宰企业优质肉牛收购量少的重要原因之一，也是我国目前肉牛生产尚未形成产业或产业势头不强劲的因素之一。

肉牛育肥饲养目标确定的主要依据之一，是牛肉的市场消费格局，据作者考察我国牛肉市场消费的大致格局如下。

（1）“南烤北涮”的牛肉消费格局已初步形成　“南烤”即长江以南的长江三角洲、珠江三角洲、海南等沿海十余个省、市、自治区烧烤牛肉市场火旺，牛肉需求量大。烧烤牛肉中又以日本、韩国为主，巴西为辅。日韩烧烤牛肉质量要求是肥中有瘦、瘦中有肥、鲜嫩味美、食而不厌，因此不是经过较好育肥的肉牛，很难生产出可满足日韩烧烤用的牛肉，养牛者饲养这一类育肥牛获得的利润十分可观。“北涮”即长江以北十余省、自治区的涮牛肉，不分季节，十分火爆，尤以东北三省为最，涮牛肉的质量是肥瘦兼有，味美可口，经过适当育肥的肉牛便可获得此类产品。养牛者饲养这一类育肥牛获得的利润较高。

（2）高档牛肉类　高档牛肉类的消费主要在高级宾馆饭店。不仅对牛肉品质的要求十分严格，对牛肉肉块重量的要求也很苛刻，但是价格昂贵。以北京、上海、广州、深圳、海南省、西安、天津、我国港澳台地区等五星级酒店用量较大。经过较长时间的育肥牛才能生产此类产品。养牛者饲养这一类育肥牛获得的利润极高。

（3）大众消费　大众牛肉消费市场是我国牛肉消费量的主体。牛肉品质一般。养牛者饲养这一类育肥牛获得的利润较低。

（4）礼品类牛肉　近几年来用于礼品类牛肉的数量激增，礼品类牛肉要求牛肉品质较好，因此这也是设计育肥目标的另一亮点。

2. 育肥期的确定　肉牛育肥时间的多少应服从育肥目标的需要，有很多因素制约肉牛育肥期的长短。如育肥牛的年龄，体质，肥瘦，育肥终了体重、体膘厚度，养牛户资金、技术，牛肉或活牛市场等，肉牛的育肥目标又受屠宰户的左右，因此确定育肥期要及时掌握屠宰户的需求。

（1）根据年龄确定育肥期　育肥开始时年龄小（10～12月龄），因体重小而育肥期长，饲养成本高，但能生产高档（价）牛肉，饲养者获得的利润高；大龄牛，一般育肥时间短，很难生产高品质牛肉。

（2）根据体质确定育肥期　育肥开始时体质差，因增重慢而育肥期长；育肥开始时体质壮，因增重快而育肥期短。

（3）根据肥瘦确定育肥期　育肥开始时体膘较瘦但健康，要求育肥结束体膘较肥的，因有补偿生长作用而育肥期短；体膘已经较肥的牛，增重一般较慢，应采用不同于体膘较瘦牛的饲养方法，能获得优质牛肉。

（4）根据育肥终了体重确定育肥期　育肥开始时体重小，育肥结束体重大（如目前屠宰企业规定A级牛胴体重240～260千克），育肥期长；育肥开始时体重较大，育肥期短。

（5）根据体膘厚度确定育肥期　育肥结束时要求体膘较厚的（如目前屠宰企业规定A级牛背膘厚10毫米），育肥期长；背膘厚15毫米以上，育肥期更长。

（6）根据养牛户资金条件确定育肥期　养牛户资金较充裕，育肥时间可长些，以饲养牛肉质量优、市场价位高的育肥牛，获得丰厚的报酬；养牛户资金量不充裕时，以饲养周转快的普通肉牛为主，利虽小但数量多，薄利多销获厚利。

（7）根据技术条件确定育肥期　养牛户技术水平较高，育肥时间长些，可饲养优质肉牛，因牛肉价位高而获得较高额利润；养牛户技术水平一般的饲养周转快的普通肉牛为主，利虽小但数量多，薄利多销获厚利。

（8）根据牛肉或活牛市场价格确定育肥期　在等待较好的市场价格时，延长育肥时间；市场价格较低时，缩短育肥时间。

134. 肉牛育肥模式有几种？

肉牛育肥模式是依据育肥过程中不同阶段供给肉牛的饲料营养水平划分的，主要有以下几种：

1.“低高型”育肥模式　育肥牛的“低高型”育肥模式是指育肥期内饲喂育肥牛日粮营养水平由低水平到高水平的饲养方式。

在以下任何一种情况时可以用“低高型”育肥模式：在小年龄牛（8～12 月龄）开始育肥时，在体重较轻牛（180～220 千克）育肥时，在生产高档（高价）牛肉获得高额利润时，在等待较高牛价时，在饲料或资金暂时短缺时，常常采用“低高型”育肥模式。育肥牛日粮营养由低水平逐步向高水平过渡。此模式尤其在生产高档（高价）牛肉时能够得到极高的饲养利润。

2.“中高型”育肥模式　育肥牛的“中高型”育肥模式是指育肥期内饲喂育肥牛日粮营养水平由中水平到高水平的饲养方式。

在较大年龄（大于 3 岁）牛育肥中，在较大体重（大于 400 千克）牛育肥中，体质较瘦但健康牛育肥中，希望在较短时间内获得最高体重，在争取市场较好销售价格时，常常采用“中高型”育肥模式。育肥牛日粮营养由中水平在较短时间内向高水平转换。此类育肥模式常常能获得较高的利润。

3“高中型”育肥模式　育肥牛的“高中型”育肥模式是指育肥期内饲喂育肥牛日粮营养水平由高水平到中水平的饲养方式。

已经进入高营养水平的育肥牛，由于活牛或牛肉市场价格变化、或饲料供应接不上、或育肥牛场发生突发事件，肉牛不能及时出栏（屠宰），不得已时采用“高中型”育肥模式，维持育肥牛较低增重和较少的饲料消耗量，以减少饲料费用。

4. “高高型”育肥模式 育肥牛的“高高型”育肥模式是指育肥期内饲喂育肥牛日粮营养水平始终如一为高营养水平饲养方式。

在体重较大、体质较瘦、有希望在短期内获得较高的增重时，常常采用“高高型”育肥模式，在短期内能获得较高利润。但是“高高型”育肥的时间要短，时间长了效果不理想（表4-8）。

表4-7中按育肥期增加体重分析，“高高型”在育肥第一期的日增重较“中高型”和“低高型”分别高23.47%、68.36%；“高高型”在育肥第二期的日增重较“中高型”和“低高型”分别低45.59%、66.18%；“高高型”在育肥全程中的日增重较“中高型”和“低高型”分别高6.17%、1.23%。

表4-8 不同育肥模式增重效果

项目	类　型	“高高型”	“中高型”	“低高型”
	试验牛数	8	11	7
	育肥天数	394	387	392
第一期体重变化	开始体重（千克）	284.5	275.7	283.7
	第一期末体重（千克）	482.6	443.4	400.1
	第一期净增重（千克）	198.1	167.7	116.4
	第一期饲养天数（日）	214	223	211
	第一期末日增重（克）	926	750	550
第二期体重变化	第二期初体重（千克）	482.6	443.4	400.1
	第二期末体重（千克）	605.1	605.3	604.6
	第二期净增重（千克）	122.5	161.9	204.5
	第二期饲养天数（日）	180	164	181
	第二期末日增重（克）	680	990	1 130
全程日增重（克）		810	860	820

135. 如何实施以增重为目的的架子牛育肥？

1. 背景 当前我国牛肉销售市场上对质量较好的牛肉需求量越

来越大，但是供应量远远不能满足要求。过去有人提出育肥100天出栏的建议，从增加育肥牛体重获得利润是可行的，可是这100天尚难达到改善牛肉品质的目标。根据作者的实践，体重400千克左右的肉牛经过180天的育肥，牛肉的品质基本能满足市场的要求。

2. 育肥牛基本情况　年龄24月龄，性别为阉公牛，品种为杂交牛或纯种黄牛，架子牛体重350千克，育肥结束体重520千克左右。

3. 育肥目标　以增加牛肉产量为主要目标。

4. 饲养期方案

（1）育肥安排

1）育肥时间安排：

	过渡期	育肥期	催肥期
饲养时间（天）	5	90	85
期望总增重（千克）	3	90	77
期望日增重（克）	600	1 000	900

2）育肥季节安排：每年9～12月购进架子牛，第二年2～5月育肥结束。避开炎夏。

（2）日粮配方方案　推荐配方供参考（表4-9）。

表4-9　饲料配方表

饲料名称	过渡期	育肥期			催肥期	
		配方1	配方2	配方3	配方1	配方2
玉米（%）	18.3	30.1	27.6	29.2	34.5	34.6
棉籽饼（%）	1.9	2.0	4.6	3.6	2.2	2.2
玉米胚芽饼（%）	4.8	5.2	3.5	4.6	5.3	5.6
麦麸（%）	1.2	1.3	1.5	1.3	1.4	1.4
全株玉米青贮饲料(%)	51.5	43.1	38.1	35.5	36.0	36.4
玉米黄贮	6.3	6.9	0.0	9.7	7.4	7.4
苜蓿（%）	1.4	1.6	2.1	2.0	2.0	1.7
玉米秸（%）	10.6	5.3	18.6	7.2	4.7	6.3
玉米皮（%）	3.9	4.2	3.7	3.4	3.8	4.5
小麦秸（%）	0.0	0.0	0.0	3.3	2.4	0.0

（续）

饲料名称	过渡期	育肥期			催肥期	
		配方 1	配方 2	配方 3	配方 1	配方 2
食盐（%）	0.2	0.2	0.2	0.2	0.2	0.2
石粉（%）	0.1	0.1	0.1	0.1	0.1	0.1
每千克配合饲料（干）含有成分						
维持净能（兆焦/千克）	6.33	6.91	6.73	6.72	7.00	7.06
增重净能（兆焦/千克）	3.80	4.31	4.10	4.02	4.33	4.44
粗蛋白质（%）	10.5	10.7	11.0	10.7	10.6	10.8
钙（%）	0.39	0.34	0.41	0.35	0.33	0.33
磷（%）	0.31	0.30	0.31	0.30	0.29	0.30
饲料配方中干物质（%）	64.6	72.5	75.0	73.6	75.5	75.5
预计采食量（千克、自然重）	11.1	12.4	11.8	12.1	12.6	12.3
预计日增重（克）	600	1 100	1 000	900	950	850

（3）饲料饲喂　日粮充分搅拌均匀后投喂；最好采用自由采食方案，围栏饲养、少给勤添、食槽始终保持有料，但不喂“懒槽”、夜间补喂料 1 次；拴系饲养采用定时饲喂方案时，每次喂料要有充分时间，每日喂料至少 2 次，先喂粗料、后喂精料。

（4）饮水充足　最好采用自来水饮水槽；采用定时饲喂方案时，每天饮水至少 3 次（特别强调冬季饮水）。

（5）常年饲喂青贮饲料　有条件的养牛户应采用全株玉米青贮饲料，育肥牛至少常年喂黄贮玉米。

（6）饲养时间较短，要求有较高增重。

（7）干粗饲料质量较好。

（8）催肥期日粮中使用小苏打预防饲料酸中毒，喂量为精饲料量的 1%～2%。

5. 产品方案（育肥牛胴体等级标准）

级别	S 级	A 级	B 级
%	0	10～15	85～90

136. 如何评价架子牛短期育肥和长期育肥？

短期育肥效果和长期（充分）育肥效果有利有弊。短期育肥利在肉牛饲养时间短、育肥牛周转快、总饲养量多、资金周转快，弊在于肉牛饲养时间短、脂肪沉积少、牛肉质量差、得不到高档（高价）牛肉，饲养效益相对较差。在当今优质牛肉（适合于日韩烧烤、西餐烤牛扒）短缺情况下，进行长期或较长期（较充分）育肥，既能满足消费市场要求，又能获得较好的饲养效益。为此作者总结了短期（120天）、中长期（240天）和长期（360天）的饲养效益（每头牛），供参考。

育肥期（天）	120	240	360
育肥开始体重（千克）	300（2 500元）	300（2 500元）	250（2 090）
育肥结束体重（千克）	420	504	540
计价体重（千克）	400	480	520
育肥期投入（元）：			
人工（每人养牛80头计、月工资800元）	40	80	120
饲料（元）	1 020（8.5/日）	2 040（8.5/日）	3 240（9/日）
畜舍折旧（元）	10	20	30
贷款利息（元）	72	144	216
水电费（元）	8	16	24
兽医费用（元）	8	16	24
投入合计（元）	1 118	2 236	3 654
每千克增重费用（元）	9.60	9.85	13.53
总费用（元）	3 618	4 736	5 744
出售价（元）	3 840（9.6/千克）	5 376（11.2/千克）	6 760（13/千克）

通过上述测算，短期育肥牛在饲养期120天内的饲养效益为222元，每天获利1.85元；中长期育肥牛在饲养期240天内的饲养效益为640元，每天获利2.67元；较长期360天内的饲养效益为1 016

元，每天获利2.94元；短期饲养比中长期饲养效益差418元，比长期饲养效益差794元，长期（充分）育肥的饲养效益较高，但前提是屠宰户能够以优质优价收购育肥牛。而屠宰户以优质优价收购育肥牛后，屠宰加工效益的利润空间远远大于普通肉牛。

137. 育肥牛品种和育肥期增重有何关系?

育肥牛在育肥期内的增重速度受多种因素的影响，如饲料类别、饲料喂量、气候环境、育肥牛品种等等。每一个肉牛品种的育成都有不尽相同的环境条件，牛的种质基础差异极大，导致生活力、适应能力等等的差别，其中增重量存在较大的差别。表4-10是作者在某育肥牛场同等育肥条件下总结的利木赞牛（♂）和鲁西牛（♀）杂交一代牛、西门塔尔牛（♂）和鲁西牛（♀）杂交一代牛、夏洛来牛（♂）和鲁西牛（♀）杂交一代牛、鲁西纯种牛4类牛育肥180天的增重结果，各品种间有较大的差别，杂交牛明显高于纯种牛。

表4-10　不同类型牛的体重变化表

项　目	利鲁牛（179头）	西鲁牛（89头）	夏鲁牛（37头）	鲁西牛（118头）
收购体重（千克）	386.0±41.2	434.0±36.8	447.0±44.7	375.0±44.9
入场体重（千克）	342.0±53.7	396.0±34.9	411.0±45.9	347.9±46.7
体重变化（千克）	－44（11.40%）	－38（8.76%）	－36（8.05%）	－27（7.20）
入场30天体重（千克）	367.1±60.4	432.5±39.6	434.0±48.6	352.3±51.1
30天增加体重（千克）	25.1	36.5	24.0	4.4
入场60天体重（千克）	395.9±64.2	465.5±46.5	455.0±56.0	395.6±57.8
30天增加体重（千克）	28.9	33.0	21.0	43.3
入场90天体重（千克）	421.4±80.0	507.6±49.1	484.0±59.6	420.8±57.0
30天增加体重（千克）	25.5	42.1	29.0	25.2
入场120天体重（千克）	449.6±84.5	537.4±43.8	543.9±70.3	455.4±44.7
30天增加体重（千克）	28.2	29.8	59.9	34.6
120天平均日增重（克）	897	1 178	1 108	896

（续）

项　目	利鲁牛（179头）	西鲁牛（89头）	夏鲁牛（37头）	鲁西牛（118头）
按收购重计日增重（克）	530	862	808	670
入场150天体重（千克）	499.3±52.2	552.9±43.9	571.9±69.7	469.8±43.8
入场180天体重（千克）	516.2±49.5	579.8±42.7	599.4±69.8	499.7±42.9
180天平均日增重（克）	968	1 021	1 047	843
按收购重计日增重（克）	723	810	847	692

138. 育肥牛品种和牛肉品质有何关系？

有较多的因素影响育肥牛牛肉品质，例如育肥牛的性别、年龄、品种、育肥时间、饲料质量、管理方法等。表4-11、表4-12是作者实地测定的不同品种牛牛肉品质的一部分。各品种牛的牛肉不仅肉块重量有差异，牛肉品质的差异更大。由于牛肉品质的差异，牛肉卖价也相差10%～15%。根据牛肉市场销售量，商界对鲁西牛牛肉、晋南牛牛肉、秦川牛牛肉、南阳牛牛肉的需要量大，说明以上品种牛的牛肉品质较好。

表4-11　育肥牛屠宰前活重和肉块重量关系表

单位：千克

肉块名称＼品种及体重	晋南牛	秦川牛	鲁西牛	南阳牛	延边牛	西鲁牛	渤海黑牛
	561.9	577.7	528.3	508.7	535.0	538.4	501.3
牛柳（里脊）	4.72	5.03	4.28	4.22	4.71	4.68	4.66
西冷（外脊）	11.91	11.84	11.31	10.38	11.24	11.25	10.13
眼肉	13.77	13.63	12.78	11.90	12.84	12.38	12.38
臀肉（针扒）	14.61	15.66	15.35	16.48	14.28	14.38	15.19
大米龙（烩扒）	11.74	12.71	13.15	12.97	11.34	11.63	12.38
小米龙（烩扒）	3.82	3.99	4.02	3.92	3.85	3.88	4.31
膝圆（和尚头）	10.90	11.72	10.14	10.07	10.27	10.98	10.68
腰肉（尾龙扒）	8.54	9.19	8.56	8.50	8.56	8.83	8.72
腱子肉（牛展）	15.12	15.77	15.21	15.36	14.28	14.81	14.99
优质肉块	77.2	81.9	80.3	78.6	78.6	78.5	78.0
总产肉量	303.22	309.51	287.79	275.44	273.69	270.63	285.25

我国较大体型黄牛的高价肉块重量约为屠宰牛活重的2.9%，但是其产值占整头牛产值的20%～23%，显示了饲养较大体重牛生产高档牛肉获得较高利润的优势。

表4-12 较大体型黄牛产肉性能表

项目 \ 品种及体重		晋南牛	秦川牛	鲁西牛	南阳牛	延边牛	西鲁牛	渤海黑牛
		561.9	577.7	528.3	508.7	535.0	538.4	501.3
胴体重（千克）		356.47	364.07	331.98	324.55	328.00	329.34	318.72
屠宰率（%）		63.44	63.02	62.84	63.74	61.29	61.17	63.59
净肉重（千克）		303.22	309.51	287.79	275.44	273.69	270.63	285.25
净肉率（%）		53.96	53.58	54.47	54.15	51.16	50.27	56.90
高价肉块	重量（千克）	16.6	16.9	15.6	14.6	15.9	15.8	14.7
	单价（元）	80	80	80	80	70	70	70
	产值（元）	1 328.0	1 352.0	1 248.0	1 168	1 117.0	1 106.0	1 029.0
	占产值（%）	23.6	23.4	23.6	23.0	20.9	20.5	20.5

139. 育肥牛品种和饲养效益有何关系？

育肥牛品种间增重潜力存在较大的差异，每增重1千克体重的饲料用量也不尽相同，因此各品种牛育肥时的饲养效益差异较大。据作者的调查，我国部分黄牛纯种阉公牛育肥效益（精饲料报酬按千克/千克活重计）的排序为晋南牛5.45、秦川牛5.66、鲁西牛5.89、延边牛5.94、南阳牛5.98；公牛育肥时为复州牛5.22、渤海黑牛5.31、郏县红牛5.88（表4-13）。我国黄牛育肥期日增重水平、饲料报酬不如国外肉用品种牛，也不如国外肉用品种牛和我国黄牛的杂交牛。

表4-13 育肥牛品种和增重表

牛品种	统计头数	日增重（克）	精饲料报酬（千克/千克活重）	备注
晋 南 牛	53	782	5.45	阉公牛，育肥期14个月
秦 川 牛	54	749	5.66	阉公牛，育肥期14个月
鲁 西 牛	25	669	5.89	阉公牛，育肥期14个月

（续）

牛品种	统计头数	日增重（克）	精饲料报酬（千克/千克活重）	备　注
南 阳 牛	26	622	5.98	阉公牛，育肥期 14 个月
延 边 牛	10	822	5.94	阉公牛，育肥期 12 个月
复 州 牛	10	896	5.22	公牛，育肥期 12 个月
渤海黑牛	12	883	5.31	公牛，育肥期 12 个月
郏县红牛	35	788	5.88	公牛，育肥期 12 个月

140. 我国纯种黄牛和引进肉牛的杂交牛育肥效果有什么异同？

我国纯种黄牛品种有 28 个，杂交牛的组合多于 28 个。如何比较纯种黄牛和杂交牛的育肥效果，应该是纯种黄牛和该品种杂交牛之间的比较，相同地区、相同饲养条件下的比较。作者以中原、东北肉牛带的黄牛品种和杂交牛，在饲养饲料、育肥牛性别、体重、管理等条件基本一致时的育肥效果比较如下。

1. 相同处

（1）经过合理的饲养，纯种黄牛和杂交牛都能生产高档（高价）牛肉。

（2）纯种黄牛在育肥期使用的饲料种类，杂交牛也能够使用；纯种黄牛在育肥期的饲养条件（环境、气候）等，杂交牛也能适应。

（3）公牛去势（阉割）后育肥的牛肉品质比不去势（阉割）好。

（4）育肥结束体重达到 500 千克以上才能生产高档（高价）牛肉。

（5）纯种黄牛和杂交牛育肥结束年龄在 30 月龄内才能生产高档（高价）牛肉。

2. 不同处

（1）纯种黄牛的增重速度不如杂交牛快，杂交牛高 7%～12%左右，因此达到相同结束体重的育肥时间纯种黄牛比杂交牛长。

（2）由于纯种黄牛的增重速度不如杂交牛快，因此纯种黄牛育肥时饲料喂量、日粮中蛋白质含量、日粮浓度等不同于杂交牛。

（3）纯种黄牛由于增重较慢，因此饲料报酬比杂交牛低，低5%～7%左右。

（4）纯种黄牛虽然增重低些，但是牛肉的质量好而卖价较高，因此经济效益往往比杂交牛好。

（5）纯种黄牛育肥时脂肪沉积速度远远快于杂交牛（造成增重速度慢、饲料报酬较低），达到相当的脂肪沉积量，杂交牛比纯种黄牛至少要延长饲养60天以上。

（6）牛肉品质不同　①纯种黄牛的白色脂肪占的比例高于杂交牛；②纯种黄牛的脂肪坚挺结实度较杂交牛好；③纯种黄牛的牛肉味道纯正，为地道的中国黄牛肉味。

（7）牛皮质量不同　纯种黄牛的牛皮质地厚实、结构致密、成材率较高（尤其是南阳牛、鲁西牛为最）。

选择育肥牛品种应因地制宜，并根据当地牛肉市场的需求、饲料价格、架子牛价格、屠宰加工户的需要等灵活掌握。

141. 犊牛育肥技术的要点是什么？

1. 6～8月龄犊牛的特点　①6～8月龄犊牛刚刚断奶离开母牛，生活环境发生了极大的变化，正处于对环境影响较敏感阶段；②处于生长发育的旺盛阶段；③处于既长骨架又长肉的阶段。

2. 14～24月龄架子牛的特点　正处在生长发育的最佳时期，也是肌肉中脂肪沉积的高峰期（形成大理石花纹的高峰期）。

3. 育肥技术特点

（1）营造良好的生活环境，育肥牛舍干燥、清洁卫生、安静、幽雅、冬暖夏凉、温湿度适宜，牛舍铺垫垫草。

（2）因为犊牛育肥时骨架、肌肉、脂肪一齐长，因此必须把握好犊牛先长骨架、后长肉的重要技术，掌握不好会过早沉积脂肪而无较大骨架，呈“短粗肥胖牛”，“短粗肥胖牛”既影响育肥后期的增重，增重慢、饲料消耗量大、饲料成本高，又影响育肥牛长大个，小体重育肥牛生产不了高价肉块。

（3）高蛋白中能量日粮　日粮中蛋白质占13%～14%（以干物质

为基础)、能量中维持净能6.1～6.4/千克；增重净能3.3～3.5/千克。

（4）中等增重速度　不要追求高增重，以日增重800～900克为宜。

（5）犊牛胃肠的容积小，每日多次采食才能满足增重的营养需求量，因此每日应多次喂料，少喂勤添料。

（6）经常补充维生素添加剂、矿物质添加剂，并补足。

（7）饮水充分。

（8）因育肥时间较长，故要及时注射有关防疫疫苗。

犊牛育肥在肉牛育肥中的地位：在高档（高价）、优质牛肉生产，期望获得丰富的大理石花纹，而犊牛育肥过程正是大理石花纹形成的高峰期。因此要获得高档（高价）、优质牛肉必须从犊牛开始，抓住这一时机。

142. 老龄牛育肥的特点是什么?

老龄牛育肥主要指因岁数较大淘汰的种畜、役畜进行短期的育肥。期望通过老龄牛育肥饲养达到提高牛肉品质的目的，已没有很大意义，但是通过老龄牛育肥饲养达到提高该牛的经济价值，仍有一定的利润空间，这是我国黄牛饲养的一大特色。风靡我国餐桌上的肥牛火锅原料，相当部分来自老龄牛的育肥，因为老龄牛育肥时沉积脂肪的能力仍较强，速度仍较快。

老龄牛育肥饲养的要点；选择营养价值高、易消化吸收的饲料；日粮组成中以能量饲料、青贮饲料为主的高能日粮；充分喂料及饮水，尤其是夜间喂料；育肥期不宜过长（120～150天）；强度育肥时间以40～60天较好。

老龄牛育肥的管理要点：尽量减少运动量，以拴系饲养较好；充分饮水；加强防疫保健措施，保持健壮的体质。

143. 育肥牛的年龄和增重有何关系?

在讨论育肥牛年龄和增重的关系时，首先要指明的是育肥牛处在生长期还是生长与沉积脂肪同时进行。

1. 一般规律 育肥牛第1年的增重速度最快，第2年的增重速度不如第1年，第3年的增重速度不如第2年。

（1）育肥牛处在生长期 育肥牛随年龄的增加而提高增重量，第2年的增重量为第1年的110%～115%；第3年的增重量为第2年的105%～108%。

（2）生长与沉积脂肪同时进行 育肥牛随年龄的增大而增重量减少，第2年的增重量只有第1年的70%；第3年的增重量只有第2年的50%。

2. 非正常情况

（1）小年龄大体重牛 年龄虽小但体重较大、体膘较肥的牛，育肥期的增重速度较慢；体膘较瘦的牛，育肥期的增重速度较快。

（2）小年龄小体重牛 小年龄、小体重牛如果存在补偿生长，育肥期的增重速度较快；如果不存在补偿生长，育肥期的增重速度较慢。

（3）大年龄小体重牛 大年龄、小体重牛如果存在补偿生长，育肥期的增重速度较快；如果不存在补偿生长，育肥期的增重速度较慢。

（4）大年龄大体重牛 大年龄、大体重牛，如果体膘较差，育肥期的增重速度较快；如果体膘较好，育肥期的增重速度较慢。

上述规律可为养牛户选择架子牛提供参考。

144. 育肥牛的年龄和饲养效益有何关系？

育肥牛的饲养效益和育肥牛的增重有关，也和饲料利用效率有关，增重、饲料利用又与牛的年龄有关。

1. 一般情况

（1）育肥牛处在生长期 育肥牛第2年的增重效果比第1年好，因此育肥牛第2年的饲养效益比第1年高；第3年的饲养效益又比第2年高。

（2）生长与沉积脂肪同时进行 育肥牛随年龄的增大而增重量减

少，因此饲养效益第 1 年比第 2 年低；第 3 年的饲养效益又比第 2 年低。

2. 非正常情况

（1）小年龄大体重牛　年龄虽小但体重较大、体膘较肥的牛，育肥期的增重速度较慢，饲养效益较差；体膘较瘦的牛，育肥期的增重速度较快，饲养效益较好。

（2）小年龄小体重牛　小年龄、小体重牛如果存在补偿生长，育肥期的增重速度较快，饲养效益较好；如果不存在补偿生长，育肥期的增重速度较慢，饲养效益较差。

（3）大年龄小体重牛　大年龄、小体重牛如果存在补偿生长，育肥期的增重速度较快，饲养效益较好；如果不存在补偿生长，育肥期的增重速度较慢，饲养效益较差。

（4）大年龄大体重牛　大年龄、大体重牛，如果体膘较差，育肥期的增重速度较快，饲养效益较好；如果体膘较好，育肥期的增重速度较慢，饲养效益较差。

养牛户要充分利用牛年龄和饲养效益之间的关系，应灵活掌握，以获得较好的养牛利润。

145. 育肥牛的年龄和饲养期有何关系？

育肥牛的年龄和饲养期、生产目标有关。

1. 一般情况

（1）育肥牛处在生长期　生产高档（高价）牛肉时，饲养期较长。

（2）生长与沉积脂肪同时进行　以增加体重为赢利目标时，饲养期较短。

2. 非正常情况

（1）小年龄大体重牛　年龄虽小但体重较大、体膘较肥的牛，育肥期的增重速度较慢，饲养期较长；体膘较肥的牛，育肥期的增重速度较快，饲养期较短。

（2）小年龄小体重牛　小年龄、小体重牛如果存在补偿生长，育肥期的增重速度较快，饲养期较短；如果不存在补偿生长，育肥期的增重速度较慢，饲养期较长。

（3）大年龄小体重牛　大年龄、小体重牛如果存在补偿生长，育肥期的增重速度较快，饲养期较短；如果不存在补偿生长，育肥期的增重速度较慢，饲养期较长。

（4）大年龄大体重牛　大年龄、大体重牛，如果体膘较差，育肥期的增重速度较快，饲养期较短；如果体膘较好，育肥期的增重速度较慢，饲养期较长。

养牛户应灵活掌握牛年龄、育肥目标、育肥期之间的关系，以获得较好的利润。

146. 育肥牛的年龄和牛肉品质有何关系？

饲养育肥肉牛的经济效益与牛的年龄也有密切的关系，这首先由于牛的增重速度随牛年龄增长而变化。第一，出生到 18～24 月龄是牛的生长高峰期；其次，肉牛体内脂肪沉积的最适宜期为 14～24 月龄；第三，牛的年龄影响牛肉的品质，低品质的牛肉不会卖到较高的价格。

根据笔者的研究、测定，育肥牛牛肉嫩度随着年龄的增加而变老（表 4-14、表 4-15）。

表 4-14　不同年龄育肥牛的牛肉剪切值（千克）出现率统计表

单位：%

永久齿数	测定次数	$X\leqslant 2.26$		$2.26\leqslant X\leqslant 3.62$		$3.62\leqslant X\leqslant 4.78$		$X\geqslant 4.78$	
		对照组	试验组	对照组	试验组	对照组	试验组	对照组	试验组
0	50	4.3	6.0	17.4	58.0	28.4	26.0	52.9	10.0
1对	150	2.7	8.7	19.3	48.0	28.7	26.0	49.3	17.3
2对	170	0.6	10.6	19.4	39.4	24.1	26.5	55.5	23.5
3对	10	—	—	10.0	50.0	40.0	40.0	50.0	10.0
合计	380	1.3	8.9	17.4	45.5	28.4	26.6	26.6	18.9

表 4-15　不同年龄育肥牛的牛肉剪切值（千克）相关性测定

永久齿数	剪切值（千克）		剪切值降低（千克）	F 值	差异显著性
	对照组	试验组			
0	5.191 4	3.508 8	1.685 4	55.798 8	$P<0.01$
1 对	5.101 1	3.661 1	1.440 0	65.480 9	$P<0.01$
2 对	5.229 8	3.228 4	1.001 4	21.247 9	$P<0.01$
3 对	4.806 0	3.550 0	1.256 0	5.647 5	$P<0.05$

我国黄牛在较好的饲养条件下育肥时，即使牛的年龄偏大（48～60 月龄）体内背腹部脂肪沉积和肌肉纤维脂肪沉积速度仍然较快、沉积量仍然较多。因此，目前在制作肥牛肉片（涮肥牛）时用年龄较大的牛，也能收到较好的经济效益，结合我国黄牛生产的实际把纯种育肥牛的年龄确定为 36～48 月（2～3 对永久齿数），大于 48 月龄的牛生产高档、优质牛肉的比例极低；杂交育肥牛的年龄确定为 30～36 月龄（1～2 对永久齿数）。

147. 育肥牛的年龄和资金周转有何关系？

肉牛育肥期中资金的周转和育肥牛的年龄也有密切的关系，在饲养管理条件基本一致，到达相同的育肥结束体重时，基本规律如下：

（1）育肥牛的年龄越小，到达出栏体重的时间越长，占用购牛资金的时间也越长，资金周转越慢，资金周转期越长；育肥牛的年龄越大，到达出栏体重的时间越短，占用购牛资金的时间也越短，资金周转越快，资金周转期越短。

（2）育肥牛的年龄越小，到达出栏体重的时间越长，占用饲料资金的时间也越长，资金周转越慢，资金周转期越长；育肥牛的年龄越大，到达出栏体重的时间越短，占用饲料资金的时间也越少，资金周转越快，资金周转期越短。

（3）育肥牛的年龄越小，到达出栏体重的时间越长，占用员工工时的时间也越长，影响资金周转，资金周转期越长；育肥牛的年龄越大，到达出栏体重的时间越少，占用员工工时的时间也越短，资金周转快，资金周转期越短。

（4）育肥牛的年龄越小，到达出栏体重的时间越长，占用其他资金的时间也越长，资金周转越慢，资金周转期越长；育肥牛的年龄越大，到达出栏体重的时间越少，占用其他资金的时间也越短，资金周转越快，资金周转期越短。

148. 育肥牛的年龄和牛舍利用有何关系？

肉牛育肥期牛舍的利用率和育肥牛的年龄有密切的关系，也和生产目标有关。

（1）在饲养管理条件基本一致，牛只健康，到达相同的育肥结束体重时基本规律如下。①育肥牛的年龄越小，到达出栏体重的饲养时间越长，占用牛舍的时间也越长，牛舍利用率越低。8～10月龄开始育肥，达到体重550千克时占用牛舍的时间为10～12个月。②育肥牛的年龄越大，到达出栏体重的饲养时间越短，占用牛舍的时间也越短，牛舍利用率越高。16～18月龄开始育肥，达到体重550千克时占用牛舍的时间为5～6个月，比 8～10 月龄开始育肥的牛占用牛舍的时间少一半。

（2）年龄较大的牛以增加育肥牛体重为赢利目标时，牛舍的利用率高。

（3）年龄较小以生产高档（高价）牛肉为赢利目标时，牛舍的利用率低。

（4）实行全进全出的饲养制度时牛舍的利用率高。

（5）制定周到的肉牛进出栏生产计划，可提高牛舍的利用率。但是育肥牛出栏后新架子牛进栏前，应有 3～5 天的清洁卫生、消毒间隔时间。

（6）实行“两上两下”或“三上三下”饲养制度的育肥场，牛舍的利用率高。

149. 公牛去势（阉割）育肥的优缺点是什么？

1. 公犊牛去势后育肥的优点　①公犊牛去势以后性情变得温驯，

格斗少，易饲养，易管理，尤其在围栏育肥时。②公犊牛去势以后背部脂肪沉积快，胴体表面脂肪覆盖充分。③公犊牛去势以后肌肉内容易形成大理石花纹，对提高牛肉档次有积极的作用，容易生产高档牛肉。④公犊牛去势以后采食量有一定的提高。

2. 公犊牛去势后育肥的缺点 ①公犊牛去势时受刺激大，恢复期增重受到影响。②公犊牛去势受天气的影响较大，三伏天、三九天、刮风下雨都不能做公牛去势。③公犊牛去势后，已无雄性激素，牛的生长速度会慢一些（增重低7%～9%左右）。④公犊牛去势后育肥时体内脂肪沉积量多（参考第168问）。

150. 公牛去势（阉割）的方法有几种？

我国地域辽阔，养牛业遍布全国，各地结合本地条件形成了犊牛去势（阉割）的多种方法，有手术去势（有血去势）、无血去势、注射去势液等，每种方法都有其特点。现把各地犊牛去势（阉割）的方法简略介绍如下。

1. 手术去势（有血去势） 手术去势（有血去势）的操作方法和步骤如下：①保定牛只，用六柱栏固定法较好，也有用民间倒牛法保定的；②持刀者左手握住牛的阴囊；③用碘酒消毒阴囊、刀具；④持刀者右手握刀；⑤用刀切开阴囊的下端，先取出一侧睾丸，再取出另一侧睾丸；⑥取出睾丸，割断输精管，割除副睾，掐断血管前，用左手掐住血管，用右手拇指和食指上下紧勒血管数次（不少于5次），掐断血管；⑦将一袋消炎粉放入阴囊；⑧再次用碘酒消毒阴囊；⑨阴囊切开处不能缝合；⑩松开绑绳。

2. 无血去势 无血去势法分为夹击输精管、结扎输精管、击碎睾丸、注射去势液几种，无血去势的操作方法和步骤如下。

（1）夹击输精管 ①保定牛只，站立式保定，牛的一侧靠住围栏或牛头拴系在木桩上；②操作者用小麻绳将阴囊勒住勒紧；③用碘酒消毒阴囊；④消毒去势钳；⑤另一人握住阴囊；⑥操作者用去势钳强力夹击输精管（精束），在第一次夹击的上下2～3厘米处再次强力夹击输精管；⑦用碘酒消毒精束夹击处；⑧松开绑绳。

（2）结扎输精管　①保定牛只，站立式保定，牛的一侧靠住围栏或牛头拴系在木桩上；②操作者用小麻绳将阴囊勒住勒紧；③用碘酒消毒阴囊；④消毒橡皮圈；⑤一人握住阴囊；⑥另一人用开张器将橡皮张开，并套在输精管（精束）上，取出开张器；⑦用碘酒消毒橡皮圈；⑧松开绑绳。

（3）击碎睾丸　①保定牛只，站立式保定，牛的一侧靠住围栏或牛头拴系在木桩上；②操作者用小麻绳将阴囊勒住勒紧；③用碘酒消毒阴囊；④消毒去势钳；⑤一人握住阴囊一侧睾丸；⑥另一人用去势钳强力夹击一侧睾丸，将一侧睾丸夹断，并用手将一侧睾丸捻碎（越碎越好），再将另一侧睾丸夹断，并用手将睾丸捻碎（越碎越好）；⑦用碘酒消毒阴囊夹击处；⑧松开绑绳。

（4）注射去势液（30%碘酒液*）　①保定牛只站立式保定，牛的一侧靠住围栏或牛头拴系在木桩上；②一人用手握住阴囊；③用碘酒消毒阴囊；④操作者用注射针扎入一侧睾丸，推进去势液，多点注射，一侧睾丸注射2～3个点；再扎入另一侧睾丸，推进去势液，同样多点注射，注射2～3个点。每侧睾丸注射去势液总量为6～8毫升；⑤碘酒消毒阴囊；⑥松开绑绳。

*去势液配制：称量碘化钾15克，加入蒸馏水15毫升，充分溶解后加入碘片30克，搅拌溶解后再加酒精（浓度为95%）直到100毫升。

151. 哪种去势（阉割）方法较好？

在比较公犊牛去势方法的优劣时，没有哪一种方法是完美无缺的，各有优缺点，其中十分关键的是操作人员的操作水平。

（1）上述五种公犊牛去势方法的“去势去净率”最高的是手术去势法和去势液去势法，“去势去净率”较低的是结扎输精管法、夹击输精管法和击碎睾丸法。

（2）上述五种公犊牛去势方法的“成本率”最低的是结扎输精管法、夹击输精管法和击碎睾丸法，“成本率”最高是手术去势法。

（3）上述五种公犊牛去势方法最容易操作是去势液去势法，最难

操作的是手术去势法。

（4）上述五种公犊牛去势方法对牛的刺激性最低的是去势液去势法，对牛的刺激性最大的是手术去势法。

（5）上述五种公犊牛去势方法的季节性最强的为手术去势法，不受季节影响随时随地能操作的是去势液去势法、结扎输精管法、夹击输精管法。

（6）上述五种公犊牛去势方法死亡率最高是手术去势法，安全性较好的是去势液去势法、结扎输精管法、夹击输精管法。

（7）上述五种公犊牛去势方法去势后恢复最快的是去势液去势法，恢复最慢的是击碎睾丸法。

（8）上述五种公犊牛去势方法中结扎输精管法对牛的年龄要求严格，仅限于6月龄以下牛；夹击输精管法和击碎睾丸法也以6月龄以下牛成功率高、风险小、牛恢复快。

152. 公牛去势（阉割）后有什么反应？

去势对犊牛活动的影响是肯定的，影响程度的差异在于操作人员操作水平的高低。作者观察过犊牛去势后采食、活动、精神状态等反应。下面是犊牛去势后的一些常见反应。

1. 采食量的变化　去势的当天，采食量变化甚微（下降3%～5%）；第二天采食量下降20%～30%；第三天采食量下降15%～20%；第四天采食量逐渐恢复；第五天采食量恢复到正常。

2. 活动　去势当天大部分牛的活动减少，未去势前互相间顶撞、爬跨的动作在去势后显著减少；第二天大部分牛来回走动进一步减少，互相间顶撞、爬跨动作几乎消失；第三天大部分牛的活动逐渐恢复，互相间顶撞、爬跨动作很少见到；第四天大部分牛的活动恢复正常，不见互相间顶撞、爬跨。

3. 精神状态　去势当天大部分牛的精神状态尚佳，第二天大部分牛的精神状态欠佳，低头、眼神无力、对外来刺激反应冷淡，第三天大部分牛的精神状态开始恢复正常，第四天大部分牛的精神状态恢复正常。

4. 阴囊肿胀 去势当天阴囊肿胀不很显著，第二天阴囊肿胀显著，第三天阴囊肿胀非常显著。

5. 阴囊复原 ①手术去势（有血去势）7～10天开始消肿，20～25天肿胀消失。②无血去势15～20天开始消肿，30～45天肿胀消失。

153. 公牛去势和不去势对增重有何影响？

去势过程和结果对阉公牛增重的影响是肯定的，影响程度的大小在于去势月龄的早晚和操作人员操作水平的高低。作者观察年龄相似的西门塔尔杂交公牛和阉公牛在几乎一致的饲养条件下育肥12个月，结果如表4-16。在360天育肥期内公牛的增重比阉公牛高9.6%，和文献资料相似（7%～12%）。

表4-16 公牛和阉公牛育肥增重表

牛性别	头数	育肥开始体重（千克）	育肥结束体重（千克）	日增重（克）	比较（%）
阉公牛	15	257.5±39.5	538.4±73.5	780	100.0
公牛	15	260.7±40.7	576.3±68.8	876	109.6

154. 公牛去势和不去势对饲养效益有何影响？

在360天育肥时间里，公牛育肥增重较阉公牛高，饲料报酬也较好（表4-17）。

表4-17 公牛和去势（阉割）公牛饲养效益表

牛性别	头数	育肥开始体重（千克）	育肥结束体重（千克）	精饲料报酬	比较（%）
阉公牛	15	257.5±39.5	538.4±73.5	6.44	100.0
公牛	15	260.7±40.7	576.3±68.8	6.01	106.7

在360天育肥期内，去势（阉割）公牛每增重1千克活重需消耗精饲料量为6.44千克；公牛每增重1千克活重需消耗精饲料量为

6.01 千克，较去势（阉割）公牛少 0.43 千克。按每千克精饲料价 1.15 元计，公牛育肥较去势（阉割）公牛在 360 天育肥时间里少消耗精饲料 135.7 千克（156.06 元）。因此，从育肥期增重、精饲料消耗量分析，公牛育肥期饲养效益高于去势（阉割）公牛。

但是从育肥牛的出售价格比较时，育肥公牛不如阉公牛育肥高，每千克活重差 1.0～1.5 元，1 头育肥牛出售价相差 600～800 元。因此从总的饲养效益分析，阉公牛育肥仍好于公牛育肥。

155. 公牛去势和不去势育肥对牛肉品质有何影响?

公牛去势育肥和不去势育肥对牛肉品质的影响是公认的，影响程度的大小还取决于公牛去势月龄的早晚，作者比较了 8～10 月龄去势牛育肥、16～18 月龄去势牛育肥、不去势牛育肥三种牛的牛肉品质。

1. 肉牛屠宰成绩　笔者选用年龄、体重相近的阉公牛（8～10 月龄去势、16～18 月龄去势）和公牛在相似的饲养管理条件下育肥饲养，并屠宰测定它们的屠宰率、净肉率、胴体体表脂肪覆盖率，见表 4-18。

表 4-18　阉公牛、公牛屠宰率、净肉率比较表

性　别	统计数（头）	屠宰率（%）	净肉率（%）	胴体体表脂肪覆盖率（%）
晋南阉公牛	28	63.38±1.57	54.06±2.06	85.28±2.33
晋南阉公牛	25	63.44±2.07	54.20±1.84	85.99±1.39
秦川阉公牛	29	63.02±2.17	52.95±2.56	84.09±4.43
秦川阉公牛	25	64.22±2.21	54.54±1.71	85.21±1.24
鲁西阉公牛	25	63.06±2.04	53.50±2.57	84.69±3.38
南阳阉公牛	26	63.74±1.52	54.24±1.96	85.11±2.24
科尔沁阉公牛	15	62.44±1.98	52.89±2.08	84.73±1.56
西鲁杂交阉公牛	47	61.17±2.45	49.73±3.14	81.45±4.47
延边阉公牛(晚阉)	10	61.29±1.25	51.10±1.60	83.37±1.25
复州公牛	10	62.05±1.58	51.62±1.29	83.31±0.99
渤海黑公牛	12	63.59±1.75	53.37±1.89	83.94±0.94
科尔沁公牛	15	61.73±1.49	51.94±1.61	84.19±1.56

表 4-17 表明去势（阉割）公牛的屠宰率（此处采用的屠宰率为畜牧屠宰率）比公牛的屠宰率高、去势（阉割）公牛的净肉率、胴体体表脂肪覆盖率均好于公牛。

2. 牛肉大理石花纹等级的比较

（1）去势（阉割）公牛育肥和公牛育肥，牛肉大理石花纹等级的比较　公牛去势（阉割）育肥饲养和公牛不去势育肥饲养，肌肉呈现大理石花纹的能力，即育肥期体内脂肪沉积的能力，差别极大，用 6 级制（1 级最好）标准比较（表 4-19），阉公牛 1、2 级占 84%～88%，无 5、6 级。公牛无 1 级，2 级占 10%左右，而 4、5 级占的比例较大。

表 4-19　阉公牛、公牛牛肉大理石花纹等级比较表

单位：%

性　别	统计数	1 级	2 级	3 级	4 级	5 级	6 级
阉公牛	25	44.00	44.00	8.00	4.00	0	0
阉公牛	25	64.00	20.00	16.00	0	0	0
阉公牛	15	53.33	33.33	13.33	0	0	0
阉公牛（晚）	10	10.00	20.00	70.00	0	0	0
公牛	10	0	0	0	90.00	10.00	0
公牛	11	0	9.09	27.27	54.55	9.09	0
公牛	15	0	13.33	53.33	13.33	20.00	0

（2）早去势（阉割）公牛和晚去势（阉割）公牛，牛肉大理石花纹等级的比较　早去势（阉割）公牛大理石花纹等级 1 级占 44%～64%，2 级占 33%～44%，无 5、6 级；晚去势（阉割）公牛牛肉大理石花纹等级 1 级占 10%，2 级占 20%，3 级占 70%。

从牛肉大理石花纹等级分析，早去势（阉割）公牛好于晚去势（阉割）公牛；更好于不去势牛；晚去势（阉割）公牛好于不去势牛。

3. 去势（阉割）公牛、公牛脂肪量比较　在同一测定中去势（阉割）公牛体内脂肪沉积量远远大于公牛（表 4-20）。

表 4-20 去势公牛、公牛脂肪量比较表

单位：千克

性　别	统计数（头）	肉间脂肪	肾脂肪	心包脂肪
晋南阉公牛	28	41.13	18.54±4.21	3.06±0.91
秦川阉公牛	29	45.88	17.70±4.82	3.07±1.00
鲁西阉公牛	25	42.36	13.57±5.12	1.52±0.63
南阳阉公牛	26	36.12	14.33±4.10	1.58±0.54
科尔沁阉公牛	15	32.20	17.45±5.22	2.51±0.69
延边阉公牛（晚阉）	10	26.59	16.56±3.54	2.58±0.74
复州公牛	10	18.16	8.52±3.30	1.19±0.43
渤海黑公牛	12	20.25	11.59±3.81	1.62±0.42
科尔沁公牛	15	17.98	14.42±5.13	1.97±0.66

表 4-19 表明去势（阉割）公牛肉间脂肪量（32～46 千克）、肾脂肪量（17～18 千克）及心包脂肪量（2～3 千克）都远远大于公牛。说明去势（阉割）公牛在育肥饲养过程中沉积脂肪的能力强，也说明以大理石花纹、背部脂肪厚为特色的高档（价）牛肉只有去势（阉割）公牛才能完成。另一方面，去势时间较晚（18 月龄）的延边去势（阉割）公牛，沉积脂肪的能力比适时（8～10 月龄）去势（阉割）公牛差，可又比未去势的公牛强。

4. 牛肉嫩度（剪切值、千克）**比较**　笔者在多次研究中测定去势（阉割）公牛和公牛牛肉的嫩度，用沃布氏肌肉剪切仪测定，剪切值用千克表示，去势（阉割）公牛比公牛牛肉的嫩度好得多（表 4-21）。

表 4-21 阉公牛、公牛牛肉的嫩度（剪切值千克表示）**统计表**

剪切值	晋南阉公牛	秦川阉公牛	科尔沁阉公牛	延边牛（晚去势）	复州公牛	渤海黑公牛	科尔沁公牛
测定次数	250	250	150	100	100	110	150
剪切值（千克）	3.001	3.098	3.513	3.639	4.004	4.416	4.458

表 4-20 表明去势（阉割）公牛育肥饲养后牛肉的嫩度（剪切值、

千克表示）都在优质牛肉的标准范围内（<3.62）；适时（8～10月龄）去势（阉割）公牛比晚去势（16～18月龄）牛好，更比公牛好得多，这就是公牛牛肉为什么达不到最好档次的根源。

从牛肉品质考虑，饲养户以饲养去势（阉割）公牛较好。

156. 公牛早去势（阉割）与晚去势对育肥期增重有影响吗？

去势不仅对公牛增重的影响是肯定的，而且公牛去势时间的早晚也影响育肥期内的增重，影响程度的大小取决于操作人员操作水平的高低。据作者对8～10月龄（体重180～200千克）犊牛去势后增重变化的观察，去势前平均日增重900克；去势后第1个10天平均日增重400多克；去势后第2个10天平均日增重700多克；去势后第28天时平均日增重恢复到900克。去势后28天架子牛增重18.2千克，比去势前少增重7千克，影响程度为27.8%。

另据对16～18月龄（体重350～380千克）架子牛去势后增重变化的观察，去势前平均日增重1 000克；去势后第1个10天平均日增重400多克；去势后第2个10天平均日增重500多克；去势后第3个10天平均日增重800克；去势后第39天平均日增重恢复到1 000克。去势后39天架子牛增重28千克，比去势前少增重9千克，影响程度为33.3%。

上述观察结果说明：犊牛去势后恢复正常增重的时间比16～18月龄架子牛短11天；犊牛去势后增重的影响程度较16～18月龄架子牛小5.5个百分点。因此育肥牛的去势时间应在8～10月龄。

从牛肉品质、增重速度等考虑，饲养户以饲养早去势（阉割）公牛较好。

157. 公牛早去势（阉割）与晚去势对饲养效益有影响吗？

公牛育肥时增重高于去势（阉割）公牛，饲养效益也较高。而且公牛的去势时间也影响饲养效益（表4-22），公牛早去势（阉割）比晚去势每增重1千克活重需要的精饲料量少0.59千克（差别为

9%）。因此，公牛去势育肥时应在8～10月龄时去势（阉割）。

表4-22　公牛和去势（阉割）公牛饲养效益表

时期	头数	育肥开始体重（千克）	育肥结束体重（千克）	精饲料报酬	比较（%）
早去势	25	202.6±32.89	541.87±45.58	6.56	109.0
晚去势	10	413.7±40.65	535.0±42.47	7.15	100.0

158. 公牛早去势（阉割）与晚去势对牛肉品质有影响吗？

影响牛肉品质优劣的因素较多，其中犊牛早去势（阉割）和晚去势对牛肉品质优劣定级起主要作用的牛肉嫩度、牛肉大理石花纹等级、脂肪沉积量等的影响较大。

1. 牛肉嫩度　作者曾对8～10月龄去势（阉割）牛和16～18月龄去势（阉割）牛的牛肉嫩度进行测定试验，结果如表4-23。剪切值（千克）越大，牛肉的嫩度越差；剪切值（千克）越小，牛肉的嫩度越好。

表4-23　去势（阉割）牛和不去势牛牛肉嫩度比较表

月龄	统计数	屠宰前体重（千克）	屠宰率（%）	牛肉嫩度［剪切值 X（千克）的出现率%］		
				$X<3.62$	$3.63<X<4.78$	$X>4.79$
8～10	25	565.03±45.04	64.22±2.21	78.8	15.60	5.60
8～10	25	541.87±45.58	63.44±2.07	81.6	13.60	4.80
8～10	15	538.40±73.50	62.44±1.98	62.00	27.33	10.67
16～18	11	501.25±44.22	63.59±1.75	26.36	48.18	25.46
16～18	10	576.27±68.79	61.73±1.49	28.67	28.66	42.67

由表4-22表示：8～10月龄去势（阉割）和16～18月龄去势（阉割）牛的牛肉嫩度存在较大的差异，剪切值<3.62（千克）的出现率（%）前者比后者高2倍以上；剪切值>4.79（千克）的出现率（%）低6～8倍。因此公牛去势的早晚影响牛肉的嫩度，以8～10月龄去势（阉割）育肥较好。

2. 牛肉大理石花纹等级 作者研究过8～10月龄去势（阉割）和16～18月龄去势（阉割）牛的大理石花纹等级（1级最好，6级最差），结果如表4-24。

表4-24 去势（阉割）牛和不去势牛牛肉大理石花纹等级比较表

月龄	统计头数	大理石花纹等级（%）					
		1级	2级	3级	4级	5级	6级
8～10	25	44.0	44.0	8.0	4.0	0	0
8～10	25	64.0	20.0	16.0	0	0	0
8～10	15	53.33	33.33	13.33	0	0	0
16～18	11	0	9.09	27.27	54.35	9.09	0
16～18	10	0	0	0	90.0	10.0	0

由表4-23表示：8～10月龄去势（阉割）和16～18月龄去势（阉割）牛的大理石花纹等级存在较大的差异，8～10月龄去势（阉割）牛1级和2级大理石花纹等级占80%以上；而16～18月龄去势（阉割）牛4级和5级大理石花纹等级占60%以上。

3. 脂肪沉积量 作者研究过8～10月龄去势（阉割）和16～18月龄去势（阉割）牛的肾脂肪量、肉间脂肪量、心包脂肪量。结果如下：

脂肪量（千克）	统计头数	8～10月龄去势组	统计头数	16～18月龄去势组
肾脂肪（腹脂）	121	16.32	36	16.56
肉间脂肪	121	39.54	36	26.59
心包脂肪	121	2.35	36	2.58
肠胃脂肪	121	37.75	36	25.65

资料表明8～10月龄去势组脂肪量高于16～18月龄去势组。

159. 公牛育肥有什么优势？

公牛育肥时因野性较大、凶悍而给管理带来麻烦，但是公牛育肥也不是一无是处，因此仍旧吸引一部分养牛者采用公牛育肥生产牛肉，公牛育肥的优势如下。

（1）育肥期增重高　公牛育肥时因自身雄性激素的作用，增重较去势（阉割）公牛高7%～12%。

（2）饲料利用率高　公牛育肥时饲料报酬较去势（阉割）公牛高7%～10%左右。

（3）瘦肉产量高　公牛育肥时因脂肪沉积量较少，因此瘦肉（红肉）产量比去势（阉割）公牛高9%～11%左右。

（4）牛宝牛鞭完整　公牛育肥时牛宝牛鞭完整（完整的牛宝牛鞭是上等保健品），因此在部分地区饲养公牛可获得较好的效益，如供港活牛客商需要公牛。

（5）部分肉块重量大　公牛育肥时部分肉块如牛柳、臀部肉块、牛仔骨、带骨腹肉等产量高，烧烤牛肉市场需求量大、货源紧缺、价格较高。

160. 公牛育肥有什么缺点？

公牛育肥时增重高等优点，可给养牛户带来较大的经济效益，但是公牛育肥也有其短处。

（1）风险大　因公牛凶悍、野性大，管理不当易造成人员伤亡。

（2）难群养　因公牛好斗、顶架，故很难群养（围栏散养）。

（3）肉质差　因公牛育肥时脂肪沉积量少，牛肉纤维中因缺乏脂肪而变得干硬，食用时不易嚼断，塞牙。不易生产高档（高价）牛肉。

（4）肉色较深　公牛屠宰后的牛肉颜色较深。

（5）饲养设备投资大　饲养公牛的饲养设备要求坚固结实，设备费用稍高。

161. 公牛育肥饲养管理的特点是什么？

（1）一牛一栏拴系饲养　公牛凶悍、性野，好格斗、顶架，因此公牛育肥时以一牛一栏拴系饲养较为安全，拴系用的绳子必须结实。

（2）通栏隔槽饲养　牛有争料抢食的行为习惯，一面采食，一面环视四周，旁边有牛在采食时会加快采食速度，唯恐其他牛把饲料吃完。利用牛的这个行为，把牛食槽做成通长但有隔段的，牛在采食时能看到左右牛只，误认为有牛和自己争食而加快采食速度。

（3）远离母牛饲养　公牛对母牛气味的反应非常敏感（尤其是已经性成熟的公牛），当公牛闻到母牛的气味或见到母牛时，表现异常激烈，吼叫、暴跳、挣扎、来回走动、四面张望、不吃料、不饮水，如不尽快去除母牛气味或母牛，非常容易造成事故，因此公牛育肥牛舍旁应禁止母牛通行。

（4）固定饲养环境　公牛比较敏感，对周边环境的反应异常强烈，更换环境后会严重影响公牛的采食量，最好在公牛育肥牛舍旁禁止其他牛通行。

（5）饲喂公牛日粮的营养水平和喂料量，可以比同体重去势公牛低一些，采用“步步高”的饲养模式。

（6）公牛育肥的较好年龄时段是8～20月龄，在公牛性成熟前结束育肥期。

162. 母牛能育肥吗？

世界各地，尤其是肉牛饲养业发达的国家，在实施“终端”育肥技术措施时，已经进行了规模较大的母牛育肥，并且取得了非常满意的效果。我国饲养的母牛能否育肥取决于以下一些问题。

（1）母牛是牛源再生产的基础，就我国目前黄牛的数量特别是母牛数量而言，大规模母牛育肥的时机尚不成熟。

（2）母牛周期性发情，较大地影响母牛的育肥效果（平均增重低、饲料利用效率低、饲养费用高）。

（3）母牛育肥有无经济意义是决定母牛能否育肥的重要因素，母牛育肥后能否生产高档（高价）牛肉，据作者的调查，从牛犊就开始育肥是可以的（表4-25）。

表 4-25　母牛育肥后屠宰成绩表

育肥牛性别	头数	屠宰前体重（千克）	屠宰率（%）	大理石花纹等级	备　注
阉公牛	6	672.0±76.55	65.80±1.48	1级占100%	育肥期21个月
母　牛	6	561.8±56.43	65.72±1.80	1级占100%	育肥期21个月

母牛育肥时沉积脂肪的能力高于阉公牛，饲料消耗量少于阉公牛。

（4）久配不孕、失去生殖能力的母牛育肥时，以体重 300～450 千克育肥阉公牛的饲养标准（中等偏下日粮营养水平）饲喂，能获得较为理想的育肥效果。

（5）在部分地区母牛数量大，需要进行母牛育肥时，可实施产犊 1～2 胎后短期强度育肥法。

（6）在部分地区实施肉牛的“终端”杂交或三元杂交时，母牛犊在性成熟前（18 月龄）进行快速育肥，当母牛犊达到性成熟时育肥已经终了。

母犊牛理想的、成熟的育肥饲养方案（饲料配方、饲料喂量等），试验研究资料较少。根据零星材料汇总，育肥饲养方案类同阉公牛，但标准比阉公牛稍低。

163. 育肥牛开始体重与增重、牛肉品质、饲养效益有何关系？

1. 育肥牛开始体重和育肥期内增重速度的关系　作者研究了育肥牛 6 个体重等级的增重速度，结果如表 4-25。表 4-25 表明：

（1）育肥牛开始体重越小，育肥期内饲养时间越长，体重小于 300 千克牛的育肥时间较体重大于 501 千克牛长 1 倍。

（2）育肥牛开始体重越小，育肥期内日增重量越小，体重小于 300 千克牛的增重量较体重大于 501 千克牛低 25.58%。

（3）育肥牛开始体重越小，育肥期内净增重量越大，体重小于 300 千克牛的净增重量较体重大于 501 千克牛高 50.8%。

（4）育肥牛开始体重越小，育肥期末出售单价（元/千克）越高，体重小于300千克牛的出售价较体重大于501千克牛高6.91%（表4-26中出售单价由上至下依次为8.66、8.66、8.61、8.44、8.36、8.10）。

（5）育肥牛开始体重越小，出售价和购入价的差额越大，表4-26中差额由上至下依次为1 832.7元、1 765.44元、1 675.29元、1 542.6元、1 624.42元、1 322.11元，体重小于300千克牛较体重大于501千克牛的差额达37.18%。

表4-26 育肥牛开始体重和育肥期增重关系

体重	头数	开始体重（千克）	结束体重（千克）	饲养日	日增重（克）	屠宰重（千克）	购入价（元/头）	出售价（元/头）
<300	66	273.2±22	460.7±38	226	829	417.6±40	1 783.12	3615.82
301～350	177	327.1±27	496.0±36	188	897	449.8±37	2 131.20	3 896.64
351～400	162	375.9±14	526.0±45	170	882	479.7±47	2 453.13	4 128.42
401～450	56	419.7±12	554.5±46	144	936	513.1±46	2 786.30	4 328.90
451～500	24	473.2±14	613.8±70	131	1 085	569.7±70	3 135.96	4 760.38
>501	10	524.7±18	649.0±50	112	1 114	610.8±45	3 596.90	4 919.01

（6）由上述资料分析可知：①以增加体重为主要目标时，选购大体重牛育肥能在较短时间内达到目的；②以改善牛肉品质为目标时，选购小体重牛育肥效果较好；③从育肥的经济效益分析，选购小体重牛育肥效果较好；④从资金周转分析，选购大体重牛育肥效果较好。

2. 育肥牛开始体重与牛肉品质的关系 在高档（高价）牛肉定级定价时的牛肉品质，包含重量指标、质量指标等，牛肉肉块的重量和育肥牛屠宰前活重成正比例关系，即屠宰前活重越大，肉块重量也越重，因此育肥牛的体重和牛肉品质间有非常密切的关系。表4-27列出了当前牛肉用户对肉块定级的标准。

表4-27 肉块重量和定级表

单位：千克

肉块名称	特级	一级	二级	三级
牛柳（里脊）/条	>2.2	>1.8	>1.6	<1.6
西冷（外脊）/条	>6.0	>5.0	>4.5	<4.5

（续）

肉块名称	特级	一级	二级	三级
眼肉（块）	＞5.5	＞5.0	＞4.5	＜4.0
上脑（块）	＞6.5	＞6.0	＞5.5	＜5.0
S腹肉（块）	＞1.8	＞1.5	＞1.3	＜1.1
S特外（块）	＞22	＞20	＞18	＜17
牛小排（块）	＞2.8	＞2.6	＞2.4	＜2.2

表4-28-1列出了几个品种牛屠宰体重和肉块重量。

表4-28-1　育肥牛屠宰前活重和肉块绝对重量关系表

单位：千克

品种及体重 肉块名称	晋南牛	秦川牛	鲁西牛	南阳牛	延边牛	西鲁牛	渤海黑牛
	561.9	577.7	528.3	508.7	535.0	538.4	501.3
牛柳	4.72	5.03	4.28	4.22	4.71	4.68	4.66
西冷	11.91	11.84	11.31	10.38	11.24	11.25	10.13
眼肉	13.77	13.63	12.78	11.90	12.84	12.38	12.38
臀肉	14.61	15.66	15.35	16.48	14.28	14.38	15.19
大米龙	11.74	12.71	13.15	12.97	11.34	11.63	12.38
小米龙	3.82	3.99	4.02	3.92	3.85	3.88	4.31
膝圆	10.90	11.72	10.14	10.07	10.27	10.98	10.68
腰肉	8.54	9.19	8.56	8.50	8.56	8.83	8.72
腱子肉	15.12	15.77	15.21	15.36	14.28	14.81	14.99
优质肉块	77.2	81.9	80.3	78.6	78.6	78.5	78.0
总产肉量	303.22	309.51	287.79	275.44	273.69	270.63	285.25

肉块绝对重量受屠宰前活重的影响，下表以相对重表示。

表4-28-2　育肥牛屠宰前活重和肉块相对重量关系表

品种及体重（千克） 肉块名称	晋南牛	秦川牛	鲁西牛	南阳牛	延边牛	西鲁牛	渤海黑牛
	561.9	577.7	528.3	508.7	535.0	538.4	501.3
牛柳（%）	0.84	0.87	0.81	0.83	0.88	0.87	0.93
西冷（%）	2.12	2.05	2.14	2.04	2.10	2.09	2.02

（续）

肉块名称 \ 品种及体重（千克）	晋南牛	秦川牛	鲁西牛	南阳牛	延边牛	西鲁牛	渤海黑牛
	561.9	577.7	528.3	508.7	535.0	538.4	501.3
眼肉（%）	2.45	2.36	2.42	2.34	2.40	2.30	2.47
臀肉（%）	2.60	2.71	2.91	3.24	2.67	2.67	3.03
大米龙（%）	2.09	2.20	2.49	2.55	2.12	2.16	2.47
小米龙（%）	0.68	0.69	0.76	0.77	0.72	0.72	0.86
膝圆（%）	1.94	2.03	1.92	1.98	1.92	2.04	2.13
腰肉（%）	1.52	1.59	1.62	1.67	1.60	1.64	1.74
腱子肉（%）	2.69	2.73	2.88	3.02	2.67	2.75	2.99
优质肉块（%）	13.74	14.18	15.20	15.45	14.69	14.58	15.56
总产肉量（千克）	303.22	309.51	287.79	275.44	273.69	270.63	285.25

由相对重显示牛肉品质中肉块重量不仅和牛体重有关，也和牛的性别有关。

3. 育肥牛开始体重与饲养效益的关系 包涵两层意思。

（1）肉牛开始育肥体重和饲养效益的关系

①肉牛开始育肥体重较小和饲养效益的关系。生产高档（高价）牛肉时，育肥牛较小体重开始育肥，因肉牛质量好、活牛卖价高，故饲养效益高；如生产一般质量的牛肉时因体重小，育肥时间短，肉牛质量差，活牛卖价低，故饲养效益差。

②肉牛开始育肥体重较大和饲养效益的关系。生产一般质量的牛肉时，肉牛开始育肥体重较大，饲料成本低，因此饲养效益较高。

（2）肉牛育肥结束体重和饲养效益的关系

①肉牛育肥结束体重较小和饲养效益的关系。生产一般质量的牛肉时，肉牛育肥结束体重较小，因肉牛质量差而卖价低，故饲养效益较差；肉牛育肥结束体重较小时生产不出高档次牛肉，活牛卖价低，饲养效益较差。

②肉牛育肥结束体重较大和饲养效益的关系。生产一般质量的牛肉时，肉牛育肥结束体重较大，因肉牛质量差而卖价低，故饲养效益

较差；如能生产高档（高价）牛肉时，因活牛卖价高，因此饲养效益高。

选择育肥牛开始体重和结束体重的大小，应以活牛市场、饲料价格、养牛户自身的条件灵活掌握。

164. 肉牛育肥结束体重多大最合算?

肉牛育肥应选择最合适的体重结束育肥，那么肉牛育肥结束体重多大最合算，决定肉牛育肥结束体重大小的依据如下。

1. 饲养利润　肉牛育肥饲养利润是决定肉牛育肥结束体重大小的主要依据之一。

（1）以增加体重为赢利目标时　450～480 千克为肉牛育肥结束体重，利润率较高。例如购买体重 300 千克左右架子牛，育肥 150～180 天，每增加 1 千克体重的饲料成本约 5.5～6 元，每千克出售价为 7.5～8 元，每千克增重的利润为 2 元，每头牛增重赢利 300 元左右，加上架子牛异地差价 300 元，1 头牛的总利润为 600 元左右，每月的平均利润为 100 元。

（2）以牛肉重量和质量为赢利目标时　550 千克左右为肉牛育肥结束体重，利润率较高。例如购买体重 300 千克左右架子牛，育肥 280～300 天，每增加 1 千克体重的饲料成本约 9.0～10 元，每千克出售价为 13.0～13.5 元（达到生产高档牛肉的标准），每千克增重的利润为 4 元，每头牛增重赢利 1 000 元左右，加上架子牛异地差价 300 元，1 头牛的总利润为 1 300 元左右，每月的平均利润为 140 元。如果再继续饲养，每增加 1 千克体重的饲料成本约 13～14 元，出售价不变时，多增重并不多赢利，因此不能再延长育肥期。

2. 市场需要　市场对体重较大、体膘较肥肉牛的需求量大，售价又高，育肥户在有利可图时应饲养较大体重的肉牛。

3. “订单”育肥　这是牛肉用户、牛肉加工户和肉牛饲养户先签约，定点育肥、定点屠宰加工、定点销售的一种新型经营模式。育肥户按肉牛饲养和育肥结束体重的最高赢利点和用户签约。

165. 较大体型肉牛育肥的优缺点是什么?

体型较大肉牛指育肥结束体重 550 千克以上的品种牛，如秦川牛、晋南牛、鲁西牛等。较大体型牛育肥时的优缺点如下。

1. 较大体型牛育肥时的优点 ①生长速度较快，在中上等营养水平条件下，育肥牛的日增重达 900 克以上，短时间（40～90 天）强度育肥时的日增重达 1 200～1 400 克。②较大体型牛育肥结束体重大，胴体较重，可达 300 千克以上。③较大体型牛能够生产高档（高价）牛肉，如牛柳（里脊）肉、西冷（外脊）肉、撒拉伯尔（S 特外）肉、S 腹肉等，也能生产优质牛肉。④对寒冷环境的适应能力较强。⑤肉牛饲养育肥的利润空间大。

2. 较大体型牛育肥时的缺点 ①较晚熟。②对潮湿、炎热环境的抵抗能力较差。③饲料利用率不如小体型牛高，小体型牛体重 300 千克育肥时能量的维持需要为 23.22 兆焦，大体型牛体重 500 千克育肥时能量的维持需要为 34.06 兆焦，大体型牛比小体型牛每日多消耗 10.84 兆焦，相当于 1.19 千克玉米的维持能量。④育肥期饲料费用较高。⑤育肥资金周转速度较慢。⑥需要的饲养设备投资量较大。

166. 较小体型肉牛育肥的优缺点是什么?

体型较小的肉牛指育肥结束体重 350 千克左右的品种牛，如巫陵牛、雷琼牛、盘江牛等。较小体型牛育肥时的优缺点如下。

1. 较小体型牛育肥时的优点 ①体型小、较早熟，300～350 千克即可上市屠宰；②放牧育肥能力较强，爬山能力强；③饲料利用率较高，饲料费用较低；④对湿润、湿热的环境条件适应能力强；⑤育肥资金周转速度快。

2. 较小体型牛育肥时的缺点 ①生长速度较慢，在中上等营养水平条件下育肥牛日增重 600～800 克；②育肥结束体重小、胴体较轻，仅 150～180 千克左右；③不能够生产高档（高价）牛肉，但能

生产优质牛肉；④对寒冷的抵抗能力较差；⑤肉牛饲养育肥的利润空间较小。

167. 育肥时间和肉牛增重有何关系？

育肥牛增重量的高低受多种因素影响，其中育肥时间的长短也影响育肥牛的增重量。

(1) 育肥期总增重量随肉牛育肥期的增加而增多，育肥时间越长，育肥牛总增重量就越多。

(2) 育肥期平均日增重量随肉牛育肥期的增加而减少，育肥时间越长，平均日增重量就越小。

(3) 掌握育肥期和增重的关系　①以增加体重而赢利为目标时，采用强制措施缩短育肥时间（例如100天育肥法），饲养效果较好。②既增加体重又改善牛肉品质，生产优质牛肉则采用中长期育肥时间（例如240～300天育肥法），饲养效果较好。③以改善牛肉品质生产高档（高价）牛肉赢利为目标时，采用较长的育肥时间（例如420天育肥法），饲养效果较好。

168. 育肥时间和架子牛体重有何关系？

育肥牛开始育肥体重的大小，也影响育肥时间的长短。

1. 在正常和同等饲料饲养条件下　架子牛体重的大小和肉牛育肥期长短有密切的关系，如果育肥结束体重设定为550千克时：①架子牛开始育肥体重越大，达到育肥结束体重的时间越少，育肥期越短；②架子牛开始育肥体重越小，达到育肥结束体重的时间越长，育肥期越长。

2. 在非正常条件下　①架子牛有补偿生长时，达到育肥结束体重的时间短；②架子牛无补偿生长时，达到育肥结束体重的时间长；③架子牛体壮膘肥者，达到育肥结束体重的时间短；④架子牛体质瘦弱者，达到育肥结束体重的时间长；⑤架子牛育肥期间遇病时，达到育肥结束体重的时间长。

169. 育肥时间和肉牛饲料利用率有何关系?

育肥牛饲料利用率的高低受多种因素影响，其中育肥时间的长短也影响育肥牛的饲料利用率。

1. 育肥期饲料消耗量随肉牛育肥期的增加而增加 据作者在进行优质肉牛育肥时的试验资料：育肥时间1～120天的饲料使用量（自然重），为每头每日10.0～11.2千克；育肥时间121～180天的饲料使用量，为每头每日14.0～14.5千克；育肥时间181～240天的饲料使用量，为每头每日16.6～16.9千克；育肥时间241～360天的饲料使用量，为每头每日20.8～21.3千克。育肥牛育肥时间越长，每日饲料消耗量就越多。

2. 育肥期饲料利用率随肉牛育肥期的增加而降低 育肥时间1～120天的饲料利用率（千克饲料/千克体重）为7.0～7.2；育肥时间121～180天的饲料利用率为9.8～10.3；育肥时间181～240天的饲料利用率为11.3～12.1；育肥时间241～360天的饲料利用率为14.5～14.9。育肥牛育肥时间越长，饲料利用率就越低。在肉牛的育肥全程中，育肥牛前期的饲料利用率高于育肥后期，越到后期饲料利用率越低。

170. 育肥时间和日粮营养水平有何关系?

育肥牛育肥时间的长短受多种因素影响，其中育肥牛日粮的营养水平也影响育肥牛的饲养期。育肥牛育肥期的长短因日粮营养水平的高低而变化，据作者在进行优质肉牛育肥时的试验资料是：①体重300～350千克及以上的架子牛，日粮的营养水平越高，育肥期越短。②体重300～350千克及以上的架子牛，日粮的营养水平越低，育肥期越长。③体重<200千克以下的犊牛育肥，日粮的营养水平越高，在体重尚未达到350～400千克时，因体内脂肪过早沉积，增重的速度越来越慢，因此达到500千克体重的育肥期更长了。犊牛育肥过程中防止脂肪过早沉积才能获得增重较高、体重较大的理想型肉牛。

④体重<200千克以下的犊牛育肥，日粮的营养水平越低，达到理想育肥体重（550千克）的时间越长。犊牛育肥过程中防止长时间、低日粮的营养水平才能获得增重较高、体重较大的理想型肉牛。犊牛育肥过程中既不能使用高营养水平的日粮，也不宜使用低营养水平的日粮。

171. 育肥时间和精饲料饲喂量有何关系？

育肥牛育肥时间的长短受多种因素影响，其中每天饲喂育肥牛精饲料量的多少也影响育肥牛的饲养期。

（1）育肥期精饲料消耗量随肉牛育肥期的增加而增加，据作者在进行优质肉牛育肥时的试验资料是：育肥时间1～120天的精饲料使用量为每头每日3.0～3.2千克；育肥时间121～180天的精饲料使用量为每头每日4.0～4.3千克；育肥时间181～240天的精饲料使用量为每头每日4.6～4.8千克；育肥时间241～360天的精饲料使用量为每头每日5.8～6.3千克；育肥牛育肥时间越长，每日精饲料消耗量就越多。

（2）育肥期精饲料利用率随肉牛育肥期的增加而降低，育肥时间1～120天的精饲料利用率（千克饲料/千克体重）为3.5～3.7；育肥时间121～180天的精饲料利用率为4.8～5.3；育肥时间181～240天的精饲料利用率为6.7～7.1；育肥时间241～360天的精饲料利用率为9.3～9.8。育肥牛育肥时间越长，精饲料利用率就越低。在肉牛的育肥全程中，育肥牛前期的精饲料利用率高于育肥后期，越到后期，精饲料利用率越低。

（3）长期低精饲料日粮饲喂育肥牛，不仅饲养期长，饲料报酬低，而且不能获得体大、肉质好的肉牛。

有个谚语说一捆柴草使用得当能把一壶水烧开，但是如果把柴草一根接一根地燃烧，柴草烧完了也不能把水烧开。这个谚语中的一根接一根的柴草好像是把精饲料一点一点地喂牛相似，精饲料虽然消耗已尽，但牛没有育肥好。因此合理使用饲料才能有满意的饲养效果。

172. 育肥时间和肉牛牛舍利用有何关系？

肉牛育肥时间的长短和牛舍利用率有密切的关系。

（1）肉牛育肥时间越长，育肥牛占用牛舍的时间越长，牛舍的利用率就越低，牛舍的折旧成本越高。

（2）肉牛育肥时间越短，育肥牛占用牛舍的时间越短，牛舍的利用率就越高，牛舍的折旧成本越低。

173. 育肥时间和养牛户资金周转有何关系？

育肥牛场资金周转和肉牛育肥时间有密切的关系。

（1）肉牛育肥时间越长，育肥过程中占用架子牛和饲料的资金越多，资金的周转速度就慢，资金的周转期就长。

（2）肉牛育肥时间越短，育肥过程中占用架子牛和饲料的资金越少，资金的周转速度就快，资金的周转期就短。

（3）加快资金周转的措施有：①饲养体重较大（400 千克以上）、体质健壮的架子牛；②实施强度催肥，缩短饲养时间（100 天以内）；③育肥结束后及时出栏。

174. 育肥时间和养牛户饲养成本有何关系？

育肥牛饲养成本的高低受多种因素影响，其中育肥时间的长短也影响育肥牛的饲养成本。

（1）肉牛育肥的日增重随育肥时间的延长而下降，饲料的利用效率也随育肥时间的延长而降低，因此育肥时间越长，育肥牛每增重 1 千克体重的饲料消耗量随育肥期的增加而增加，同时育肥牛占用的资金也随育肥期的增加而增多，导致育肥牛饲料成本的上涨。

（2）肉牛育肥期的饲养成本由于饲料成本、人员工资、水电、折旧等都随育肥时间的延长而增加，因此育肥时间越长，育肥牛占用的各种费用就越多，育肥牛饲养成本就越高。

（3）在肉牛育肥的全程中，由于育肥前期牛体重小，日增重较高，饲料利用率较高；而到育肥后期，增重慢、饲料利用率降低，因此育肥牛育肥前期的饲养成本高于育肥后期，越到后期，饲养成本越高。

（4）在以增加育肥牛体重为目的时，应抓紧抓好架子牛前期的育肥饲养；在以改善牛肉品质、生产高档（高价）牛肉时，则不能急于求成，应循序渐进。

175. 育肥时间和牛肉市场有何关系？

牛肉销售市场对肉牛育肥时间的影响表现在以下几方面。

1. 市场需求牛肉的档次，影响肉牛的育肥期　以体重300千克左右的架子牛为例的育肥时间：①高档牛肉要求肉牛的育肥时间长。五星级饭店宾馆需要的高档牛肉，肉牛的育肥时间在300天以上。②中档饭店宾馆要求肉牛的育肥时间也较长。星级饭店宾馆需要的中档牛肉，肉牛的育肥时间在180天以上。③大众牛肉市场需要的牛肉，肉牛的育肥时间较短。

2. 牛肉需求量影响肉牛的育肥期　①市场需求量大的时期（节日、旅游旺季等）、牛肉价格高的时期，为尽快进入市场加大育肥力度而使育肥时间缩短。②市场需求量小的时期，或牛肉价格低的时期，为了等待较好的市场价而放慢育肥速度，使育肥时间延长。

176. 育肥时间和养牛户的经营策略有何关系？

肉牛育肥时间的长短也受肉牛饲养户经营策略的左右。①肉牛饲养户等待较好的活牛价格时，会延长肉牛育肥期。②肉牛饲养户为加快资金周转而提前出售育肥牛，会缩短肉牛育肥期。③肉牛饲养户为薄利多销而多养牛时，会缩短肉牛育肥期。④肉牛饲养户由于资金暂缺，不得已提前卖牛，会缩短肉牛育肥期。⑤肉牛饲养户决定饲养优质高档（高价）、创品牌牛时，会延长肉牛育肥期。⑥饲料价格高、养牛无利可图时，肉牛饲养户会缩短肉牛育肥期，提早出售。⑦较大规模饲养户对外部干扰的承受能力强，因此育肥期相对稳定；经济实力较差、规模较小、承受外部干扰能力较差的饲养户，育肥期变动较大。⑧有组织、有计划的养牛联合户或养牛、屠宰、销售联营公司（户），抵抗外部干扰的能力强，肉牛育肥期相对稳定。

养牛联合户或养牛、屠宰、销售联营公司是我国今后肉牛生产发展的主方向。

177. 育肥时间和牛肉品质有何关系？

（1）牛肉品质的优劣受很多因素影响，其中肉牛的育肥时间对牛肉品质的影响不可轻视。作者于 2005 年 6 月测定了四组饲养条件一致、育肥时间不同的育肥牛，22 头牛育肥 100 天时屠宰；28 头牛育肥 180 天时屠宰；24 头牛育肥 239 天时屠宰；16 头牛育肥 331 天屠宰，屠宰结果如表 4-28。从屠宰结果看，随着肉牛育肥时间的延长，牛肉大理石花纹等级高的比例也增加，说明牛肉质量提高了。

（2）表 4-29 还显示，肉牛育肥时间越短，牛肉的销售价格（元/千克）也低：育肥时间 331 天比 100 天多育肥 231 天，牛肉的销售价格高了 23.01 元；育肥时间 331 天比 180 天多育肥 151 天，牛肉的销售价格高了 14.21 元；育肥时间 331 天比 239 天多育肥 92 天，牛肉的销售价格高了 3.39 元。

（3）作者进一步分析延长肉牛育肥时间能否为养牛者和屠宰企业获得满意的效益。

表 4-29　育肥时间的长短导致牛肉质量的差别

育肥时间（天）	头数	屠宰体重（千克）	屠宰率（%）	大理石花纹等级（%）				牛肉售价（元/千克）
				1	2	3	4	
100	22	450.23±35.98	54.76±1.23	0	0		100	16.78
180	28	536.56±45.87	57.09±1.22	0	0	14.3	85.7	25.58
239	24	603.04±51.04	61.32±1.69	12.5	29.2	50.0	8.3	36.40
331	16	694.63±61.01	62.45±2.72	18.8	50.0	25.0	6.2	39.79

养牛者：16 头育肥牛多养 1 472 天，饲料消耗量增加 16 565.7

千克，折合19 634元；由于肉牛质量提高、活牛价也上涨了，养牛户增加卖牛收入22 228.2元，比支出饲养成本19 634元多2 594元（每头平均162元），养牛户获利较丰。

屠宰户：屠宰户因牛肉质量提升而卖得高价格牛肉。16头牛的牛肉出售价比24头牛高15 512元（每头平均967元），屠宰户增收明显。

因此延长育肥时间，牛肉质量可得到明显的提高，从经济效益分析对育肥户和屠宰户都有实惠，屠宰户的实惠更大些。

如何组织实施育肥牛育肥，需要育肥户和屠宰户采用定单或合同等方式，有序、有信（誉）地进行。

178. 育肥牛品牌的标志是什么?

培育和造就育肥牛产品品牌是育肥牛场规范化、优质高效、低成本、高利润生产的宗旨和目标。育肥牛品牌标志的核心是安全性与优质性。

1. 育肥牛品牌的安全性　育肥牛屠宰后的牛肉有毒有害金属、农药、兽药含量在我国已有规定的标准可参考（见245问），应按标准执行，达到标准的要求。

2. 育肥牛品牌的优质性　①育肥牛的优质性表现在品种的同一性；②年龄的一致性；③体重的类同性，体型体膘相似性；④屠宰率、胴体产肉率、净肉率的近似性，牛肉品质的稳定性，等等方面。

3. 育肥牛品牌的质量和数量　质量是育肥牛品牌的基础，没有质量就谈不上品牌；数量是育肥牛品牌的依托和支柱，没有数量的品牌是空中楼阁。

179. 怎样生产品牌育肥牛?

育肥牛品牌的生产是一项综合配套技术。

1. 育肥牛品种　根据黄牛资源量选择1个或几个品种牛为育肥牛牛源，同时育肥几个品种牛时，把同一品种牛饲养在一个饲养区，设计使用一样的饲料配方和饲料喂量。

2. 育肥牛年龄 品牌牛的年龄基本一致：育肥结束时优质肉牛年龄小于36月龄，高档（高价）肉牛年龄小于30月龄。

3. 育肥牛体重 品牌牛的体重基本一致：育肥结束时优质肉牛体重不小于480千克，高档（高价）肉牛体重不小于550千克。

4. 育肥牛性别 高档（高价）肉牛品牌牛的性别为阉公牛，优质肉牛品牌牛的性别为阉公牛或公牛。

5. 育肥牛体型体膘 长方形或圆筒形体型，高档（高价）肉牛品牌牛的体膘为满膘，优质肉牛品牌牛的体膘为八九成膘。

6. 育肥牛的屠宰成绩

（1）屠宰率 （含腹脂）63%～67%，变异范围1%～2%。

（2）净肉率 53%～57%，变异范围1%～2%。

（3）胴体产肉率 86%～87%，变异范围1%～2%。

（4）胴体等级 1级、2级占90%以上。

（5）脂肪颜色 洁白或微黄色。

（6）胴体脂肪覆盖率 85%以上，变异范围1%～2%。

7. 牛肉质量

（1）牛肉色泽 鲜红色或樱桃红色。

（2）牛肉嫩度（用剪切值千克表示） 牛肉的剪切值小于3.62的出现率大于65%；易嚼碎，无残渣。

（3）牛肉风味 地道的牛肉味。

（4）牛肉质地 松软可口、多汁鲜嫩。

180. 优质肉牛的标准是什么?

有了优质肉牛才能生产优质牛肉，优质肉牛的标准如下。

1. 优质肉牛的品种标准 我国现有黄牛品种28个，杂交牛类群几十个，在科学合理的饲养管理条件下，每个黄牛品种和杂交类群牛都能生产优质牛肉。

2. 优质肉牛的年龄标准 肉牛年龄的大小是生产优质牛肉成败的关键之一，肉牛屠宰时30月龄为分界线，大于30月龄的肉牛较难生产优质牛肉。

3. 优质肉牛的性别标准　在肉牛 30 月龄内，去势（阉割）公牛、公牛、母牛都能生产优质牛肉。

4. 优质肉牛的体重标准　在肉牛 30 月龄内体重大于 350 千克，便能生产优质牛肉。

5. 优质肉牛的体膘标准　在肉牛 30 月龄内体膘达到七八成膘，便能生产优质牛肉。

6. 优质肉牛的健康标准　健壮无病，四肢活动灵活，体表无划伤，无伤疤、结痂。

181. 什么是高档（高价）牛肉？

高档（高价）牛肉的标志由产量指标和质量指标两部分组成，缺一不可。但是由于消费者口味或消费习惯等的差别，高档（高价）牛肉可分为美国餐式、欧洲餐式、日本餐式等几类。各类高档（高价）牛肉既有共同点也有不同点，尤其在生产工艺方面存在较大的差异。现将作者对各类高档（高价）牛肉的综合指标的调查列出，供参考。

1. 高档（高价）肉块重量指标

（1）里脊（不带附肌牛柳）　S 级里脊（牛柳）每头 4.0～4.2 千克以上；A 级里脊（牛柳）每头 3.6～3.9 千克；B 级里脊（牛柳）每头 3.2～3.5 千克；C 级里脊（牛柳）每头 3.0 千克。

（2）外脊（西冷）　S 级外脊（西冷）每头 10 千克以上；A 级外脊(西冷)每头 8.5～9.9 千克；B 级外脊（西冷）每头 7.5～8.4 千克。

（3）S 腹肉　每头 3.0～3.5 千克/头以上（日韩餐）。

（4）牛小排　每头 9.0 千克以上。

（5）眼肉　每头 10.5 千克以上。

（6）上脑　每头 9.5 千克以上。

（7）撒拉伯尔（S 特外）　每头 22.0 千克以上（日韩餐）。

2. 高档（高价）牛肉质量指标

（1）牛肉颜色　鲜红（樱桃红），见彩图 10。

（2）脂肪颜色　白色或乳白色，见彩图 11。

（3）脂肪厚度　日本餐饮标准＞15 毫米；美式餐饮标准＞10 毫

米；欧洲餐饮标准<1 毫米。

（4）脂肪坚挺度　脂肪硬而坚挺。

3. 牛肉大理石花纹等级　1～2 级（1 级最好，见草案彩图 12、13-2～13-6）。

4. 牛肉嫩度　用剪切值千克表示，剪切值越大，嫩度越差。

剪切值（千克）	<2.26	2.27～3.62	3.63～4.78
出现率（%）	7.3～21.9	67.6～69.1	3.1～23.6

<3.62 的出现次数要>65%。

5. 肾脏、心脏、骨盆腔脂肪量占胴体重的百分数%

级别	较差级	良好级	精选级	优质级
%	3.0>X>4.5	3.0	3.5	4.5

6. 牛肉风味　地道的牛肉风味。

7. 某企业高档（高价）牛肉价格　作者考察某肉牛屠宰企业的牛肉销售价格，肉牛屠宰前经过较长时间的育肥饲养，屠宰体重大于 590 千克。结果如表 4-30。

表 4-30　某企业高档（高价）牛肉价格

（2005-8-12）

牛肉名称	规格（千克）	价格（元/千克）	大理石花纹丰富程度（等级）
牛柳（里脊）	>1.9	120～150	丰富
	>1.8	80～90	丰富
	>1.7	65～70	丰富
西冷（外脊）	>5.0	160～180	1 级
	>4.5	120～140	2 级
	>4.0	100～110	3 级
眼肉	>6.0	150～180	1 级
	>5.5	120～140	2 级
	>5.0	100～110	3 级
牛仔骨（牛小排）	>6.5	110～120	丰富，肉块厚
	>5.5	90～100	丰富，肉块较厚
带骨腹肉	>6.5	55～60	丰富，肉块厚
	>5.5	50	丰富，肉块较厚

表4-29中高价牛肉重量仅为25.9千克，占该牛牛肉重的9.1%，但产值却占该牛的30%以上。这就是生产高档（高价）肉牛获得高利润的缘由。

182. 高档（高价）牛肉和优质牛肉是一回事吗?

高档（高价）牛肉和优质牛肉在日常的工作交往或牛肉的买卖中，常常混淆，其实高档（高价）牛肉和优质牛肉虽有相同之处，但也有很大的差别。

1. 高档（高价）牛肉和优质牛肉的相同之处 ①都是安全食品，细菌、有毒有害物质、农药残留物含量都不超出标准。②质量标准类似，易咀嚼、嫩度好；松软、可口、味鲜美；色泽鲜红。③活牛质量好，屠宰前肉牛都经过较好较长时间的育肥饲养。④加工条件一致，宰杀、剥皮、胴体清洗、排酸工艺相同；要求卫生条件相同。⑤均为牛肉非量化质量指标的描述，随意性大，和国际标准很难接轨。

2. 高档（高价）牛肉和优质牛肉的不同之处 ①肉块重量要求不同，高档（高价）牛肉对肉块重量有较为严格的要求（参见第197问），优质牛肉对肉块重量的要求不十分严格。②肉块来源部位不同，肉块虽然都出自牛胴体，但是高档（高价）肉块仅仅指牛柳、西冷、上脑、眼肉、S腹肉、撒拉伯尔、牛仔骨等；优质牛肉除上述肉块外，其他肉块也可；高档（高价）肉块占牛胴体比例小，优质肉块占牛胴体比例大。③价格差异大，高档（高价）肉块的价格是优质肉块的几倍。④活牛体重的差异，生产高档（高价）牛肉的活牛体重应在500千克以上；生产优质牛肉的活牛体重要求不严格。⑤排酸时间的差异，高档（高价）肉块的排酸时间至少8天，优质牛肉的排酸时间2～3天。

183. 高档（高价）牛肉的肉牛标准是什么?

有了高档肉牛才能生产高档（高价）牛肉，高档肉牛的标准是：

1. 高档（高价）肉牛的品种标准 28个黄牛品种和杂交类群牛

中，不是每个品种牛都能生产高档（高价）牛肉，只有体型较大的中原、东北肉牛带，西北西南地区部分品种牛可生产高档牛肉。

2. 高档（高价）肉牛的性别标准 在肉牛30月龄内，高档（高价）肉牛的性别标准为去势（阉割）公牛、未生育母牛。

3. 高档（高价）肉牛的年龄标准 肉牛年龄的大小是生产高档（高价）牛肉成败的关键之一，肉牛屠宰时30月龄为标准，大于30月龄的肉牛较难生产高档（高价）牛肉。

4. 高档（高价）肉牛的体重标准 在肉牛30月龄内的体重标准为大于550千克。

5. 高档（高价）肉牛的体膘标准 在肉牛30月龄内体膘的标准为满膘，用手指压摸牛背部时有厚实的脂肪（参考230问）。

6. 高档（高价）肉牛的体型外貌标准 高档（高价）肉牛的体形外貌标准为长方形或圆筒形，毛色光亮滑顺、丰满。

7. 高档（高价）肉牛的健康标准 高档（高价）肉牛的健康标准为健壮无病，四肢活动灵活，体表无划伤，无伤疤、结痂。

184. 高档（高价）牛肉生产的技术要点是什么？

国内外五星级饭店宾馆的餐饮，应顾客的消费要求，需要的牛肉品质极高，如牛柳（里脊，彩图14）、西冷（外脊、彩图15）、牛小排（牛仔骨、彩图18）、S腹肉（彩图20）、上脑（彩图16）、眼肉（彩图17）、带骨腹肉（彩图19）、带脂三角肉（彩图21）等。高档（高价）牛肉生产技术的要点如下。

1. 育肥牛品种的选择 我国纯种黄牛中体型较大的品种牛；以利木赞牛、安格斯牛、日本和牛、夏洛来牛、西门塔尔牛等作父本和上述纯种母牛的杂交牛。

2. 育肥牛年龄的选择 适合生产高档（高价）牛肉的年龄为：我国中原、东北肉牛带较大体型纯种牛，育肥开始为14～16月龄，屠宰时年龄为30月龄；杂交牛育肥开始为16～18月龄，屠宰时年龄为30月龄以内。

3. 育肥牛体重的选择 适合生产高档（高价）牛肉的最小屠宰

前体重为550千克（牛柳重量4.0～4.2千克，西冷重量10千克）。体重小于550千克的育肥牛，高档（高价）牛肉的重量不达标。

4. 育肥牛性别选择　阉公牛育肥，6～8月龄时去势最好，不去势牛育肥后大理石花纹等级差，牛肉嫩度差、口感差，很难达到高档（高价）牛肉标准要求。

5. 育肥牛体型外貌的选择　嘴方而大，头颈短粗，眼睛圆大有神，耳转动灵活，体躯长方形，背平直，四肢粗壮直立，性情温和。

6. 育肥牛充分育肥饲养　育肥时间300天以上（过渡期10～15天，一般育肥期195～230天，强度育肥期60～90天）。饲料配方参考附表2。

7. 育肥牛运输　运输不当造成外伤或内伤都会影响牛肉品质。

8. 胴体处理（成熟）　经过称重、冲刷的胴体先进入胴体预冷间（－15～－18℃）2小时；再进入成熟间（0～4℃）48小时；胴体到分割间（9～11℃）分割处理；高档（高价）牛肉包装后二次入成熟间再成熟处理168～192小时；二次包装入库冻结（－35℃）18～24小时后，进入贮存间（－25℃）贮存。

9. 正确分割　按用户要求分割。

185. 什么牛品种适合高档（高价）肉牛育肥?

根据高档（高价）肉块标准（重量和质量）要求，首先要满足重量的标准，质量最好的肉块如牛柳若每条（块）重量仅1.2千克，肯定进不了高档（高价）市场。按高档（高价）肉块的重量要求，较小体型的黄牛（屠宰体重350～400千克）生产的肉块重量达不到高档（高价）标准，因此生产高档（高价）牛肉的品种是我国中原、东北肉牛带的晋南牛、秦川牛、鲁西牛、南阳牛、延边牛、郏县红牛、冀南牛、渤海黑牛、复州牛、三河牛、草原红牛等；其他品种牛如新疆褐牛等；以父本利木赞牛、安格斯牛、日本和牛、夏洛来牛、西门塔尔牛、德国黄牛等作父本和上述纯种母牛的杂交牛。

作者试验研究了我国纯种黄牛和杂交牛生产A级胴体（背部膘厚>10毫米、胴体体表脂肪覆盖率>80%、脂肪颜色白色或微黄色、胴体重>240千克）的育肥时间，在相似的饲养管理条件下经过8个月的育肥，纯种黄牛A级率达到60%～62%，利木赞杂交牛A级率达到33%～35%，西门塔尔杂交牛A级率达到18%～20%；经过10个月的育肥，纯种黄牛A级率达到85%以上，利木赞杂交牛A级率达到50%～55%，西门塔尔杂交牛A级率达到35%～38%；经过12个月的育肥，纯种黄牛A级率达到95%～97%，利木赞杂交牛A级率达到70%～75%，西门塔尔杂交牛A级率达到45%～50%。

我国纯种黄牛在育肥期的增重速度比不上杂交牛快，大约低10%～15%左右；饲料成本同样是纯种黄牛不如杂交牛，但是在生产A级胴体标准牛时的速度快于杂交牛。

186. 公牛为什么生产不了最高档的牛肉？

从高档（高价）牛肉的质量指标要求分析，公牛生产不了高档（高价）牛肉，因为高档（高价）牛肉既要求有重量指标、又要求有质量指标，尤其是在牛肉的大理石花纹丰富程度（公牛无1级产品，阉公牛1级产品占64%）、牛肉嫩度[公牛肉的剪切值（千克）<3.62占26.36%、阉公牛牛肉的剪切值（千克）<3.62占81.60%]、牛肉口感、牛肉的色泽等方面，公牛育肥后也达不到高档（高价）牛肉的要求。

公牛因体内存在雄性激素，故育肥时增重速度较快，但增重部分以肌肉为主，沉积脂肪量很少，因此肌肉纤维中脂肪沉积量极少，形不成丰富的大理石花纹；公牛的肌肉纤维粗，也影响嫩度。因此公牛育肥生产不了高档（高价）牛肉。

187. 利用奶公犊（荷斯坦牛）生产牛肉的技术要点有哪些？

传统观念认为荷斯坦奶牛（黑白花奶牛）的公犊牛（以下简称奶公犊）因其是专用奶用品种牛，不适合生产牛肉因而长期以来利用其生产牛肉不被重视。

目前我国牛肉生产中可供屠宰的育肥肉牛（黄牛）数量越来越少，致使近五年来我国的牛肉产量从2010年的639万吨减少到2015

年的510万吨，牛肉价格也呈现波浪式飙升，2010年牛肉平均价格每千克30元，2015年牛肉平均价格达每千克53.70元。但是我国每年有300多万头奶公犊未被充分利用（利用300多万头奶公犊可生产牛肉约75万吨，占2015年牛肉总产量的15%左右）。这已经引起越来越多牛肉生产相关管理与生产人员的重视。其中孙芳研究员（黑龙江省农业科学院畜牧研究所）在奶公犊肉用生产过程中进行了多项技术改造和创新，并把试验研究和生产实践紧密结合，取得了杰出的业绩。她归纳奶公犊生产牛肉的主要技术是：调控犊牛育肥时间（依产品特点决定）、高能量日粮饲养、选择性别、早期去势（阉割）、及时出栏、犊牛保健等。

1. 谷饲小牛肉育肥技术　采取短期育肥（210天）技术，利用谷物配合饲料（玉米和粮食深加工副产品、农作物秸秆、食盐、维生素等矿物质添加剂）进行公犊牛直线育肥饲养，管理上采用围栏散养的饲养方式，自由采食、自由饮水、自由运动。60日龄起育肥至270日龄，体重达380千克屠宰，屠宰率55%，牛肉质量可以达到欧盟一级小牛肉的标准。

2. 嫩牛肉育肥技术　采用较长的育肥期（180日龄开始育肥360天），6月龄以前以谷物配合饲料为主，7～18月龄采用谷物饲料为主的全价配合日粮直线育肥，241日龄起采用混合精饲料＋白酒糟（或啤酒糟、豆腐渣等糟渣类饲料）＋玉米秸秆的日粮结构育肥，可达18月龄体重500千克，屠宰率53%以上的生产水平。生产的牛肉称嫩牛肉，嫩牛肉的特点是嫩度和多汁性介于小白牛肉和普通牛肉之间，脂肪含量高于小白牛肉。

3. 大理石花纹（高档）牛肉育肥技术　采取长期育肥（720天），2月龄以内去势，60日龄断奶，6月龄以前以谷物配合饲料为主，7～18月龄日粮中增加玉米青贮（或黄贮、或糟渣类）饲料，19～26月龄以谷物配合饲料为主，应用营养调控技术和育肥修饰技术（日粮营养水平、日粮喂量、育肥期划分、育肥期长短等）进行直线育肥饲养，26月龄屠宰，屠宰体重873千克，屠宰率58.1%。可以生产出日本A3级标准的大理石花纹牛肉（亦称高档牛肉）。该牛肉具有肉质细嫩多汁、香味浓郁的特点，适合烹饪高档菜肴。

188. 为什么老龄牛不能生产高档牛肉?

高档（高价）牛肉指标中除了牛肉的大理石花纹、肉块重量等以外，牛肉嫩度、脂肪色泽也占有重要位置，脂肪颜色洁白、微黄色是高档（高价）牛肉的指标要求。

1. 嫩度 老龄牛的牛肉由于肌肉纤维粗大老化，因此嫩度较差，表现为嚼不碎、残渣多、塞牙。

2. 脂肪颜色 ①牛肉脂肪颜色随着牛年龄的增长而变化，年龄越大，颜色由微黄逐渐变为黄色，甚至是深黄色。②牛的年龄越大，采食饲料量的累计量越多，饲料中叶黄素在牛体内的沉积量也越多，叶黄素和脂肪的亲和力特别强，两者一旦结合，极不易分离。

因此老龄牛不能生产高档（高价）牛肉。

189. 什么性别的牛适合高档（高价）肉牛育肥?

在育肥牛性别选择的第168问等中已经将阉公牛育肥的优势进行了分析。在此再从增重效果及养牛效益分析公牛和阉公牛的育肥结果。2002—2004年作者调查总结了同一育肥牛场的公牛育肥、6～8月龄去势牛育肥、16～18月龄去势牛育肥期增重效果和牛肉的平均销售价格（表4-31）。

表4-31 不同年龄去势牛增重比较表

性别	头数	开始体重（千克）	结束体重（千克）	饲养日（天）	日增重（克）	屠宰重（千克）	净肉重（千克）	售价（元/千克）
公牛	155	372.7	521.5	155	960	475.8	214.1	18.05
6～8月龄去势	158	362.7	513.1	168	895	456.2	205.3	25.62
16～18月龄去势	150	325.6	484.7	209	761	439.9	198.0	23.10

表4-30表明，公牛的日增重较6～8月龄、16～18月龄去势牛高65克和199克，在育肥期内公牛多增重10.0千克和30.8千克。饲料报酬（元/千克）：公牛为9.26，6～8月龄去势牛为9.79，16～18

月龄去势牛为 10.21。说明公牛育肥时饲料报酬较好，但是牛肉的销售价格公牛最低，以产值分析，公牛牛肉产值 3 864.51 元，远远不如 6～8 月龄去势牛的产值 5 259.79 元、16～18 月龄去势牛的产值 4 573.80元。因此，从养牛户获得的经济利益分析，阉公牛适合高档（高价）牛肉生产。同时此资料还说明犊牛在 6～8 月龄去势育肥的效果比 16～18 月龄时去势育肥好。

190. 什么年龄的牛适合高档（高价）肉牛育肥？

育肥牛的年龄在高档（高价）牛肉生产中极其重要，国外把 30 月龄作为能否生产高档（高价）牛肉的分界线，只有小于 30 月龄的育肥牛才能生产出高档（高价）牛肉。根据我国黄牛的生产实践经验，生产高档（高价）牛肉的开始育肥年龄应在 12～14 月龄。原因是：①育肥牛的年龄超过 30 月龄时很难生产高档（高价）牛肉，如不在12～14 月龄开始育肥，屠宰时就会超过 30 月龄。②根据牛肉大理石花纹形成规律，16～24 月龄阶段是牛肉大理石花纹形成的高峰期，24 月龄以后逐渐走向低谷，因此要把握大理石花纹形成高峰期的机会。③育肥牛的增重速度虽然第 2 年不如第 1 年快，但仍处在较高阶段，同时饲料利用效率也较高。④如果 8～10 月龄开始育肥生产高档（高价）牛肉，由于达到屠宰体重的饲养时间长，造成饲养成本高，降低了饲养者的经济效益。

因此，把生产高档（高价）牛肉的开始育肥年龄设计在12～14 月龄左右较好。

191. 较小体型的肉牛为什么生产不了高档（高价）牛肉？

体型较小的肉牛为什么生产不了高档（高价）牛肉？高档（高价）牛肉有质量指标和重量指标，两者缺一不可，体型较小的肉牛生产不了高档（高价）牛肉的最主要的原因，是肉块的重量达不到高档（高价）牛肉的要求，如牛柳（里脊）肉 4.0～4.2 千克/头、西冷（外脊）肉 10.0～11 千克/头、撒拉伯尔（S 特外）肉 20～22 千克/

头、S腹肉3.0～3.5千克/头。

牛肉肉块重量和肉牛体重存在相关关系，肉牛体重越大、肉块越重，肉块重和肉牛体重的关系是：

肉块名称	牛柳（里脊）肉	西冷（外脊）肉
占体重的%	0.7	2.0

撒拉伯尔（S特外）肉	S腹肉
3.6	0.006

小体型牛的屠宰体重为300～350千克，按上述比例计算牛柳（里脊）肉重2.45千克（每块肉重仅1.2千克）；西冷（外脊）肉重7.0千克（每块肉重仅3.5千克）；撒拉伯尔（S特外）肉重12.6千克（每块肉重仅6.3千克）；S腹肉重2.1千克（每块肉重仅1.1千克），这些肉块的重量都达不到高档（高价）牛肉的重量指标。

192. 多大体重的牛适合高档（高价）肉牛育肥？

根据高档（高价）牛肉市场首先要满足重量标准要求的现实，适合生产高档（高价）牛肉的开始体重无低限，但生产高档（高价）牛肉的屠宰体重却有严格要求，体重小，生产不了高档（高价）牛肉块，体重大了会增加饲料及饲养成本。作者总结多年的生产实践和牛肉销售经验，肉牛的屠宰体重550千克左右较为合适。表4-32是肉块重量和体重的关系，表明肉牛屠宰前的体重550千克，都达到了当前高档（高价）牛肉市场对重量的要求，体重小于500千克时，肉块重量达不到标准；体重大于600千克时，肉块重量无疑能达到标准，但增加的饲养费用较大。

表4-32 肉块重量和体重关系

单位：千克

肉块重量＼屠宰前体重	600	550	500	450	400
牛柳（里脊）	4.2	3.9	3.6	3.2	2.8
西冷（外脊）	12.3	11.2	10.2	9.2	8.2
眼肉	12.0	11.0	10.0	9.0	8.0

（续）

肉块重量＼屠宰前体重	600	550	500	450	400
上脑	10.0	9.2	8.3	7.5	6.7
S腹肉	3.6	3.2	3.0	2.7	2.4
撒拉伯尔	22.0	20.5	18.5	17.0	15.0

193. 什么体型的牛适合高档（高价）肉牛育肥？

育肥牛的体型外貌和产肉性能有非常密切的关系，因此有经验的牛经纪人、肉牛技术员或养牛户能依据牛的体型外貌，判断该牛是否育肥充分，能否生产高档牛肉。现把他们的经验归纳如下，供参考。

1. 从牛的前面看　高档优质牛头短而方大，嘴大如升，耳朵转动灵活，颈部短粗，鼻镜潮湿有汗珠，眼大有神，育肥结束时两前肢高度张开，胸膛前突出明显。

2. 从牛的侧面看　高档优质牛体型呈长方形或圆筒形，四肢粗壮，蹄直立、牛蹄较大，背腰宽而平坦呈直线，腹部不下垂，胸部宽而深并有充满脂肪感，牛毛光顺，十字部高，尾根两侧脂肪隆起非常显著。

3. 从牛的后面看　高档优质牛肌肉发育好，腹部稍微凸起，腰角圆而丰满，尾巴长而垂直，尾根肥壮粗大，尾根两侧脂肪隆起显著，臀部圆而饱满，两臀端间平坦、丰满、无沟，阴囊周边脂肪沉积明显，两后肢间张开大，蹄直立。

194. 什么样的饲料适合高档（高价）肉牛育肥？

生产高档（高价）牛肉时育肥牛使用的饲料以常规饲料为主，即玉米、棉籽饼、全株玉米青贮饲料、干玉米秸、麦秸等，但是需要强调：①玉米是育肥牛主要的能量饲料，但是有条件的育肥牛场应尽量少饲喂黄玉米，多喂白色玉米，尤其在育肥的最后阶段。②在育肥期的最后150天左右，日粮中加喂蒸汽压片（或煮熟、蒸熟）大麦，每头每日喂量0.5～0.8千克；进入强度育肥（催肥）阶段，每头每日喂量1.0～1.2千克。③在整个育肥期内使用棉籽饼（或棉仁饼、棉粕）作为蛋白质饲料。在育肥期的最后180天左右，日粮中加喂整粒棉籽，每头每日喂量0.25～0.3千克；进入强度育肥（催肥）阶段，每头每日喂量0.5～0.6千克。④在育肥牛的日粮中应常年饲喂全株玉米青贮饲料，每头每日喂量6～8千克。⑤在育肥期的最后180天左右开始，控制叶黄素含量高的饲料饲喂量，如黄玉米、干粗料、青贮饲料。⑥在整个育肥期不要饲喂胡萝卜一类色素强的饲料。⑦在育肥期的最后150天左右开始加喂棕榈油，每头每日喂量为精饲料量的2%～3%。

195. 什么样的日粮安排适合高档（高价）肉牛育肥？

生产高档（高价）牛肉的制约因素较多，育肥期中日粮的安排既影响高档（高价）牛肉的质量，又影响饲养成本。在高档（高价）牛肉的生产过程中，脂肪沉积于肌肉纤维有其规律性，日粮营养水平太高或太低、日粮饲喂量过高或过低都不利于高档（高价）牛肉的高效益、低成本生产。

根据作者实施高档（高价）牛肉生产的实践经验，日粮营养水平随育肥时间的延长而逐步缓慢提高。在一次无青贮饲料的日粮（玉米、棉籽饼、麸皮、玉米秸）条件下，育肥牛经过360天育肥，体重达到550千克，获得了较好的育肥效果。育肥牛的日粮营养水平和饲料喂量安排如下，供参考。

育肥牛体重（千克）	维持净能（兆焦/千克）	增重净能（兆焦/千克）	饲喂量（千克/头·日）	日增重（克）
250～300千克	6.53	3.83	7.4	850～900
301～350千克	6.50	3.74	9.5	900～950
351～400千克	6.54	3.86	9.5	900～950
401～450千克	6.66	3.96	10.5	850～900
451～500千克	6.93	4.18	12.2	800
501以上	6.95	4.23	11.7	750～800

196. 如何实施高档牛肉生产（例一）？

1. 背景 目前肉牛育肥 180 天，牛肉的质量有了较大的提高，但不能解决当前我国牛肉市场上优质牛肉需求量和供应量间的矛盾，因此作者进一步试验研究和总结肉牛育肥 240 天时牛肉的品质，试验结果显示，有 80%以上的牛肉达到了优质水平。

2. 育肥牛基本情况 年龄 16～18 月龄，性别为阉公牛，品种为杂交牛或纯种黄牛。架子牛体重 300 千克，育肥结束体重 515 千克左右。

3. 育肥目标 以提高牛肉质量和增加牛肉产量为主。

4. 饲养期方案

（1）育肥安排

1）育肥时间安排

项　目	过渡期	育肥期	催肥期
饲养时间（天）	5	150	85
期望总增重（千克）	3	135	77
期望日增重（克）	600	950～980	850～900

2）育肥季节安排 每年 7～10 月购进架子牛，第二年 3～6 月育肥结束。避开炎夏，减少风险。

（2）日粮配方方案 推荐配方见表 4-33，供参考。

表 4-33 饲料配方表

饲料名称	过渡期	育肥期			催肥期	
		配方 1	配方 2	配方 3	配方 1	配方 2
玉米（%）	18.3	30.1	25.4	25.7	29.1	23.5
棉籽饼（%）	1.9	2.0	2.0	2.0	2.0	1.8
玉米胚芽饼（%）	4.8	5.2	5.0	5.1	5.3	4.7
麦麸（%）	1.2	1.3	1.2	1.2	1.3	1.1
全株玉米青贮饲料（%）	51.5	43.1	41.9	41.3	42.7	48.3

（续）

饲料名称	过渡期	育肥期			催肥期	
		配方 1	配方 2	配方 3	配方 1	配方 2
玉米黄贮（%）	6.3	6.9	11.1	11.2	6.9	10.9
苜蓿（%）	1.4	1.6	1.5	1.5	1.6	1.4
玉米秸（%）	10.6	5.3	7.5	4.5	4.7	4.2
玉米皮（%）	3.9	4.2	4.1	4.1	4.3	3.8
小麦秸（%）	0.0	0.0	0.0	3.1	1.9	0.0
食盐（%）	0.2	0.2	0.2	0.2	0.2	0.2
石粉（%）	0.1	0.1	0.1	0.1	0.1	0.1
每千克配合饲料（干）含有成分						
维持净能（兆焦/千克）	6.33	6.91	6.66	6.60	6.81	6.62
增重净能（兆焦/千克）	3.80	4.31	4.07	3.95	4.18	4.01
粗蛋白质（%）	10.5	10.7	10.6	10.4	10.6	10.4
钙（%）	0.39	0.34	0.36	0.34	0.33	0.36
磷（%）	0.31	0.30	0.30	0.29	0.30	0.30
饲料配方中干物质（%）	64.6	72.5	69.8	69.9	72.2	67.4
预计采食量(千克、自然重)	11.1	12.4	14.2	13.4	13.6	14.1
预计日增重（克）	600	1 100	980	950	900	850

（3）饲料饲喂　日粮充分搅拌均匀后投喂；最好采用自由采食方案（围栏饲养、少给勤添、食槽始终保持有料，但不喂“懒槽”，夜间补喂一次）；采用拴系定时饲喂，先喂粗饲料、后喂精饲料的饲喂方案时，每次喂料要有充分时间，每日至少喂料 2 次。

（4）饮水充足　最好采用自来水饮水槽；采用定时饲喂方案时，每天至少饮水 3 次（特别强调冬季饮水）。

（5）常年饲喂青贮饲料　有条件的养牛户应采用全株玉米青贮饲料，育肥牛至少应常年喂黄贮玉米饲料。

（6）饲养时间较长一些，要求日增重量不能过高。

（7）干粗饲料质量较好，如苜蓿干草或干玉米秸。

（8）催肥期使用小苏打预防精饲料酸中毒，喂量为精饲料量的

2%～3%。

5. 产品方案（育肥牛胴体等级指标）

级别	S级	A级	B级
%	3～5	82～75	15～20

197. 如何实施高档牛肉生产（例二）？

1. 背景　当前我国牛肉市场上优质牛肉需求量和供应量间的矛盾极大，高档饭店宾馆不得不用进口牛肉填补。据作者的研究和实践，我国较大体型黄牛经过360天左右的育肥，能够生产符合高档饭店宾馆要求的牛肉，尤其是适合美式烤牛扒牛肉的要求，屠宰牛背部脂肪厚度10～15毫米，脂肪白色、坚挺，牛肉鲜嫩，肉色樱桃红，肉块大。要做到高档（高价）牛肉自产自销，首先屠宰加工企业和牛肉经销商能优质优价收购农户的育肥牛，其次养牛户应愿意多投入饲料育肥优质牛，两者间应互利互惠。

2. 育肥牛基本情况　年龄16月龄左右，性别为阉公牛，品种为我国地方良种黄牛，纯种大体型黄牛和杂交牛。架子牛体重280千克，育肥结束体重590千克左右。

3. 育肥目标　提高和改善牛肉品质为主，增加牛肉产量为辅。

4. 饲养期方案

（1）育肥安排

1）育肥时间安排

项　目	过渡期	育肥期	催肥期
饲养时间（天）	7	253	100
期望总增重（千克）	4.2	227.7	82.5
期望日增重（克）	600	950	825

2）育肥季节安排　每年3～6月购进架子牛，第二年3～6月育肥结束。避开炎夏，减少肥胖牛热天的风险。

（2）日粮配方方案　推荐配方见表4-34，供参考。

表 4-34　饲料配方表

饲料名称	过渡期	育肥期			催肥期	
		配方 1	配方 2	配方 3	配方 1	配方 2
玉米（%）	18.3	30.1	21.2	31.0	29.1	34.6
棉籽饼（%）	1.9	2.0	1.8	2.1	2.0	2.2
玉米胚芽饼（%）	4.8	5.2	4.5	5.3	5.3	5.6
麦麸（%）	1.2	1.3	1.1	1.3	1.3	1.4
全株玉米青贮饲料（%）	51.5	43.1	52.2	43.0	42.6	36.0
玉米黄贮（%）	6.3	6.9	9.9	5.8	6.9	7.4
苜蓿（%）	1.4	1.6	1.3	1.6	1.6	1.7
玉米秸（%）	10.6	5.3	4.0	3.5	4.7	6.3
玉米皮（%）	3.9	4.2	3.7	4.3	4.3	4.5
小麦秸（%）	0.0	0.0	0.0	1.8	1.9	0.0
食盐（%）	0.2	0.2	0.2	0.2	0.2	0.2
石粉（%）	0.1	0.1	0.1	0.1	0.1	0.1
每千克配合饲料(干)含有成分						
维持净能（兆焦/千克）	6.33	6.91	6.51	6.91	6.81	7.06
增重净能（兆焦/千克）	3.80	4.31	3.91	4.27	4.18	4.44
粗蛋白质（%）	10.5	10.7	10.4	10.6	10.6	10.8
钙（%）	0.39	0.34	0.36	0.33	0.33	0.33
磷（%）	0.31	0.30	0.30	0.30	0.30	0.30
饲料配方中干物质（%）	64.6	72.5	65.3	73.1	72.2	75.5
预计采食量(千克、自然重)	11.1	12.4	14.6	13.5	13.6	12.3
预计日增重（克）	600	1 100	900	800	900	850

（3）饲料饲喂　日粮充分搅拌均匀后投喂；最好采用自由采食方案围栏饲养、少给勤添、食槽始终保持有料，但不喂“懒槽”，夜间补喂一次；采用定时饲喂，先粗料、后精料饲喂方案时，拴系饲养，每次喂料要有充分时间，每日至少喂料 2 次。

（4）饮水充足　最好采用自来水饮水槽；采用定时饲喂方案时，每天至少饮水 3 次（特别强调冬季饮水）。

（5）常年饲喂青贮饲料　有条件的养牛户应采用全株玉米青贮饲料，育肥牛至少应常年喂黄贮玉米饲料。

（6）饲养时间较长　育肥前期不宜要求有较多脂肪沉积，较长期（90～120天）中等能量水平的日粮育肥。

（7）使用棉籽　在催肥阶段使用整粒棉籽，每头牛每天用量为0.3～0.5千克。

（8）使用大麦　在催肥阶段使用压片大麦（或煮熟大麦粉），每头牛每天用量为0.5～0.75千克。

（9）使用诱食剂　先炒熟、后磨碎的黄豆是易得到并且价格较便宜的诱食剂，每日使用一次，用量100克左右（在每天最后一次添料时使用）。

（10）饲料添加剂　使用有利于脂肪沉积的添加剂。

（11）干粗饲料质量好　催肥期部分使用苜蓿干草（占粗饲料量的30%～40%）。

（12）催肥期使用小苏打预防饲料酸中毒　喂量为精饲料量的2%～4%。

5. 产品方案（育肥牛胴体等级指标）

级别	S级	A级	B级
%	15～20	75～80	10以下

198. 如何实施高档牛肉生产（例三）？

1. 背景　日韩烧烤餐饮业在我国较多城市兴起，日韩烧烤用肉要求严格，如大理石花纹要求非常丰富，达我国标准1级水平；要求牛肉品质为嫩度好、口感好、肉块重量大、色泽鲜红、脂肪白色；胴体重300千克以上，背部脂肪厚度15毫米以上，胴体表面脂肪覆盖率90%以上等，日韩烧烤牛肉的价格十分昂贵。这种“享受型、地位型、身份型”的牛肉消费市场已在北京、上海、广东等省、市形成，估计在未来会有更大的市场需求，因此作者介绍这种牛肉的生产技术。

2. 育肥牛基本情况　年龄14～16月龄，性别为阉公牛，品种为我国地方良种黄牛如秦川牛、晋南牛、鲁西牛、南阳牛、延边牛、郏县红牛、冀南牛、复州牛、新疆褐牛、部分杂交牛（以利木赞牛、夏洛来牛、德国黄牛等为父本的杂交牛）。架子牛体重250千克左右，育肥结束体重600千克左右。

3. 育肥目标 改善牛肉品质和增加牛肉产量，以改善牛肉品质为主要目标。

4. 饲养期方案

（1）育肥安排

1）育肥时间安排

项　目	过渡期	育肥期	催肥期
饲养时间（天）	15	300～450	105
期望总增重（千克）	7.5	255.0～235.0	87.5
期望日增重（克）	500	850～650	833

2）育肥季节安排　每年5～8月购进架子牛，第二年11月至第三年2月育肥结束。避开炎夏，减少肥胖牛炎热的风险。第一个冬季多利用粗饲料。

（2）日粮配方方案　推荐配方如表4-35，供参考。

表4-35　饲料配方表

饲料名称	过渡期	育肥期			催肥期	
		配方1	配方2	配方3	配方1	配方2
玉米（%）	18.3	30.1	22.5	29.4	29.1	34.6
棉籽饼（%）	1.9	2.0	1.9	2.0	2.0	2.2
玉米胚芽饼（%）	4.8	5.2	4.8	5.1	5.3	5.6
麦麸（%）	1.2	1.3	1.2	1.2	1.3	1.4
全株玉米青贮饲料（%）	51.5	43.1	48.8	45.4	42.6	36.0
玉米黄贮（%）	6.3	6.9	9.4	7.7	6.9	7.4
苜蓿（%）	1.4	1.6	1.4	1.5	1.6	1.7
玉米秸（%）	10.6	5.3	4.2	3.3	4.7	6.3
玉米皮（%）	3.9	4.2	3.8	4.1	4.3	4.5

（续）

饲料名称	过渡期	育肥期			催肥期	
		配方 1	配方 2	配方 3	配方 1	配方 2
小麦秸（%）	0.0	0.0	1.7	0.0	1.9	0.0
食盐（%）	0.2	0.2	0.2	0.2	0.2	0.2
石粉（%）	0.1	0.1	0.1	0.1	0.1	0.1
每千克配合饲料（干）含有成分						
维持净能（兆焦/千克）	6.33	6.91	6.52	6.91	6.81	7.06
增重净能（兆焦/千克）	3.80	4.31	3.89	4.29	4.18	4.44
粗蛋白质（%）	10.5	10.7	10.4	10.6	10.6	10.8
钙（%）	0.39	0.34	0.36	0.34	0.33	0.33
磷（%）	0.31	0.30	0.30	0.30	0.30	0.30
饲料配方中干物质（%）	64.6	72.5	67.0	71.7	72.2	75.5
预计采食量(千克、自然重)	11.1	12.4	15.2	13.7	13.6	12.3
预计日增重（克）	600	1 100	950	900	900	850

（3）饲料饲喂　配制的日粮应充分搅拌均匀后投喂；饲养方式最好采用自由采食方案（围栏饲养、少给勤添、食槽始终保持有料，但不喂“懒槽”，夜间补喂一次）；如采用定时饲喂，先粗料、后精料的方法喂牛时，拴系饲养，每次喂料要有充分时间，每日喂料至少 3 次。

（4）饮水充足　最好采用自来水饮水槽。采用定时饲喂方案时，每天饮水至少 3 次（特别强调冬季饮水）。

（5）常年饲喂青贮饲料　有条件的养牛户应采用全株玉米青贮饲料，育肥牛至少应该常年喂黄贮玉米饲料，育肥后期 150 天左右起控制黄贮玉米饲料的喂量（正常喂量的30%～40%）。

（6）饲养时间较长，育肥前期不宜要求有较多脂肪沉积，在 150 天左右时间中日粮的能量营养水平为中等，150 天后逐渐提高日粮的能量水平。

（7）使用棉籽　在催肥阶段使用整粒棉籽，每头牛每天用量为 0.3～0.5 千克。

（8）使用大麦　在催肥阶段使用压片大麦（或煮熟的大麦粉），每头牛每天用量为0.5～0.75千克。

（9）使用诱食剂　先炒熟、后磨碎的黄豆是易得到并且价格较便宜的诱食剂，每日使用1次，用量100克左右（在每天最后一次添料时使用）。

（10）饲料添加剂　使用有利于脂肪沉积的添加剂及维生素添加剂。

（11）干粗饲料质量好　催肥期使用苜蓿干草，占粗饲料量的50%～70%。

（12）催肥期使用小苏打预防饲料酸中毒　喂量为精饲料量的3%～5%。

（13）育肥牛的管理　①晒太阳　经常晒太阳；②刷拭　经常给育肥牛刷拭，有条件的养牛户可给牛按摩；③安静清洁的环境；④以泥土地为牛舍地面，或在硬质地面铺垫沙子、锯末、碎草。

5. 产品方案（育肥牛胴体等级指标）

级别	S级	A级	B级
%	30～40	65～60	5以下

199. 如何实施高档牛肉生产（例四）？

供应欧式餐饮牛肉（烤牛扒）的特点是牛肉脂肪含量少、嫩度好、肉块大、肉色鲜艳。欧式餐饮牛肉生产的育肥技术条件主要有。

（1）为达到肌肉纤维中少含脂肪量，选择脂肪沉积慢的育肥牛品种，如利木赞牛、西门塔尔牛、夏洛来牛等的杂交牛。

（2）公牛育肥或阉公牛育肥。

（3）小年龄育肥，8～10月龄开始育肥，16～22月龄结束育肥。

（4）缩短强度育肥时间，育肥时间8～10个月，日增重要求900～1 100克。

（5）饲料配方采用高蛋白质（干物质为基础，13%～15%），日粮中等能量营养水平6.6～6.7兆焦/千克（维持净能）的育肥模式。

（6）日粮中粗饲料比例日粮中粗饲料比例为30%～35%；每日

每头牛的饲料采食量为8.5～10.5千克（干物质）左右。

（7）体重设计　开始育肥体重210千克左右，育肥结束体重520千克左右。

（8）育肥季节安排　每年9～11月购进架子牛育肥，第二年4～6月育肥结束，避开炎热的夏季。

（9）产品方案（育肥牛胴体等级指标）

级别	S级	A级	B级
%	40～45	55～50	5以下

200. 肉牛育肥期体内脂肪沉积有规律吗？

肉牛在育肥期体内脂肪的沉积（形成）过程是有序的、有规律的。

（1）肉牛生长规律分析，肉牛体重的增加，肌肉的生长在先。在正常情况下，育肥牛随年龄的增长和饲料能量水平的提高才逐渐沉积脂肪，体重达到一定程度后，脂肪沉积加快。我国黄牛在体重达到400千克以上时，再增加的体重以脂肪为主。

（2）据科学研究确定，育肥牛体内脂肪沉积是有规律的，次序为心脏→肾脏→盆腔→背部皮下→肌肉。

（3）影响脂肪沉积的因素　①育肥牛性别：阉公牛育肥比公牛育肥时脂肪沉积速度快、数量多。据作者研究资料：在同一饲养条件下，6～8月龄去势牛肉间脂肪占屠宰体重的7.10%～8.12%；16～18月龄去势牛肉间脂肪占屠宰体重的4.97%；未去势牛肉间脂肪占屠宰体重的3.12%～4.04%。②育肥牛年龄：壮年、老年牛育肥时比小年龄牛育肥时脂肪沉积多。③育肥牛日粮浓度：日粮浓度高时脂肪沉积速度快、数量多。④育肥牛日采食量：育肥牛采食量大时脂肪沉积速度快、数量多。⑤育肥牛的环境条件：育肥牛在环境温度7～27℃时增重好，脂肪沉积量多。⑥我国黄牛育肥时比杂交牛（外来专用肉牛品种为父本）脂肪沉积速度快、数量多。⑦育肥时间短，脂肪沉积量少；育肥时间越长，脂肪沉积量越多。⑧我国黄牛育肥时脂肪沉积能力强：根据作者的研究，我国黄牛体重300千克左右育肥8～

10个月，脂肪沉积量已经达到日韩烧烤牛肉标准；以专用肉牛为父本的杂交牛育肥，同样达到日韩烧烤牛肉标准时，比我国黄牛至少要多饲养2～3个月。

在生产日韩烧烤牛肉、美式牛排时要充分利用上述有利于脂肪沉积的因素，避免不利因素，以获得较高的养牛效益。

201. 什么叫牛肉的大理石花纹？

牛肉大理石花纹是指牛肉中肌肉和脂肪交杂形成图案美丽、色泽鲜艳、红白分明，形如天然大理石花纹，故称之。牛肉大理石花纹的形成是脂肪在肌肉纤维中的沉积，脂肪沉积量越多，大理石花纹越丰富。牛肉大理石花纹测定部位在牛胸肋第12～13处（背最长肌）的横切面，日本则在牛胸肋第6～7处的横切面。

202. 为什么要重视牛肉大理石花纹？

（1）牛肉大理石花纹是决定牛肉等级优劣的非常重要的指标，也是牛肉价格高低的重要依据，大理石花纹丰富时牛肉的定级高、销售价格也高，大理石花纹差时牛肉的定级低、销售价格也低。

（2）牛肉的多汁性、口味、嫩度都和大理石花纹有关，在牛肉品质评定中占有决定性的地位，也是牛肉价格的决定因素。

（3）牛肉大理石花纹丰富，牛肉多汁、松软、味美；牛肉大理石花纹不丰富，牛肉汁少、干硬。

（4）牛肉大理石花纹丰富，牛肉的口味浓、口感好；牛肉大理石花纹不丰富，牛肉口淡、无纯真牛肉味。

（5）牛肉大理石花纹丰富，牛肉嫩度好、鲜嫩易嚼；牛肉大理石花纹不丰富，牛肉粗老、不易嚼碎、塞牙。

育肥牛饲养户了解了牛肉大理石花纹丰富与否和牛肉品质、牛肉价格的相关性后，要获得高价格的牛价，应该在牛的育肥过程中下工夫，创造条件使育肥牛多沉积脂肪，以形成丰富的大理石花纹。

据作者分析，当前高档（高价）、优质牛肉需求量和生产量间已

经形成很大的供需矛盾，在不远的将来，大理石花纹丰富的牛肉仍然是牛肉市场的主体，高档（高价）、优质牛肉供需矛盾会更突出，同时高档（高价）、优质牛肉生产也是肉牛育肥户获得较高利润的切入点，因此谁早动手育肥，谁就早获利、获大利。

203. 肉牛屠宰体重和大理石花纹的丰富程度有关吗？

大理石花纹丰富程度和育肥牛体重之间有无关联，作者在2005年1～9月统计了某屠宰厂来自同一牛场、饲养水平类似、牛品种相同、牛的年龄基本一致的育肥牛234头，结果如表4-36。

表4-36　肉牛屠宰体重和大理石花纹等级表

体重（千克）	统计头数	大理石花纹等级					
		1级	2级	3级	4级	5级	6级
<500	9	0	33.33	33.33	22.22	11.11	0
501～550	35	10.53	15.77	26.32	47.38	0	0
551～600	76	3.95	23.68	32.89	38.16	1.32	0
601～650	60	3.33	21.67	25.00	46.67	1.67	0
651～700	34	5.88	14.70	38.24	41.18	0	0
>701	17	0	41.19	35.29	23.53	0	0

表4-35表明随着肉牛屠宰体重的增加，大理石花纹较高等级有所提高、较低等级有下降的趋势，但是规律性不十分明显。屠宰体重小于500千克肉牛的大理石花纹2级占比例高是因为体重虽小，但脂肪沉积较好（脂肪沉积差时屠宰厂不会收购）。仅有较大体重而无较好的育肥条件，不会形成较好的大理石花纹。

204. 牛肉大理石花纹的形成有规律吗？

牛肉大理石花纹的形成有其自身的规律，也有很多影响因素。

1. 肉牛自身的规律

（1）育肥牛年龄　研究资料显示，在正常饲养条件下，16月龄是牛肉大理石花纹形成的开始，高峰期在16～24月龄，24月龄以后牛肉大理石花纹形成的速度显著减缓。

（2）育肥牛品种　绝大多数的肉牛品种在其16月龄时肌肉中开始沉积脂肪、形成大理石花纹状，我国黄牛品种在6～7岁育肥时大理石花纹形成的速度仍然较快。据文献记载，利木赞（利木辛）牛肌肉中开始沉积脂肪、形成大理石花纹的年龄为8月龄。

2. 影响大理石花纹形成的因素

（1）育肥牛的性别　育肥牛的性别对牛肉大理石花纹的形成影响极大，据作者的研究资料：阉公牛育肥时能够较快、较多地形成大理石花纹（1～2级占80%以上，无5～6级产品），而公牛育肥时却很难（无1级产品）。去势时间的早晚也影响牛肉大理石花纹的形成，18月龄去势育肥牛与6～8月龄去势育肥牛的大理石花纹丰富程度差别较大，前者1～2级占30%，后者1～2级占80%以上。

（2）育肥期日粮浓度　育肥牛日粮的浓度也影响牛肉大理石花纹的形成，当日粮浓度偏低时，牛肉大理石花纹形成的速度就减慢；当日粮浓度高时，牛肉大理石花纹形成的速度就加快。

（3）育肥期日粮饲喂量　育肥牛日粮的饲喂量也影响牛肉大理石花纹的形成，当日粮饲喂量偏少时，牛肉大理石花纹形成的速度就减慢；当日粮饲喂量增加时，牛肉大理石花纹形成的速度就加快。

（4）育肥期使用饲料品种　育肥牛使用的饲料中，有些饲料能够增加牛肉大理石花纹的形成，如蒸汽压扁的玉米、大麦；国外使用某些添加剂加快牛肉大理石花纹的形成。

（5）育肥时间　育肥牛育肥时间的长短也影响牛肉大理石花纹的形成，当育肥时间较长时，牛肉大理石花纹形成就丰富；当育肥时间较短时，牛肉大理石花纹形成就较少。

（6）育肥牛采食方式　育肥牛的采食方式即自由采食和限制采食，自由采食时育肥牛能够最大限度地获取自身需要的饲料量，而限制采食时育肥牛无法完全获得自身需要的饲料量，因此自由采食时牛肉大理石花纹的形成量和形成速度比限制采食时多和快。

养牛户要了解和掌握牛肉大理石花纹形成的规律，在实际工作中为育肥牛创造牛肉大理石花纹形成的有利条件，并把握规律饲养出大

理石花纹丰富的肉牛，既对自己有利也对牛肉市场有利。

205. 如何测定牛肉的大理石花纹？

牛肉大理石花纹的测定是由科技工作者和具有生产实践经验的第一线员工，选择品种、年龄、阉公牛、育肥时营养条件相仿、屠宰体重相似的育肥牛，在同一位置（牛胸肋第12～13处背最长肌）把多块含大理石花纹丰富程度不同的牛肉横切面，摄影后制成照片，根据大理石花纹丰富程度排位制成1～6级草图。

有了大理石花纹分级的标准草图后，再在众多的屠宰企业和科技工作者中广泛征求意见，修改、定稿执行。

制成标准图，给某牛定级时用标准图比较即可判定级别。

作者拟议中的牛肉大理石花纹等级摄影图（草案、见彩图12、13），修改后将制成标准图试行。

206. 牛肉的大理石花纹分几级？

牛肉大理石花纹分级是依据在同一部位（牛胸肋第12～13处背最长肌）横切面内，脂肪沉积量的多少而分为若干级。我国科技工作者把牛肉的大理石花纹等级分为6级，1级最好，6级最差；美国把牛肉的大理石花纹分为特（等）级、优（等）级、良（好）级、中等级、可利用级、差（等）级、等外级、劣等级8个级别；日本则分为12个等级，第1级最差，第12级最好。

207. 体重和背部膘厚、眼肌面积有什么关系？

肉牛背部脂肪厚度（背膘厚）和眼肌面积大小，是屠宰企业对育肥牛定级定价的主要依据之一，很多企业把背部脂肪厚度10毫米作为基准，大于10毫米时定为A级，小于10毫米时定为B级，A级牛和B级牛每千克差1.0～1.5元；眼肌面积大、肉牛的定级高。因此育肥户要重视肉牛背部脂肪厚度和眼肌面积。作者统计资料（表

4-37）表明，体重大的育肥牛眼肌面积大，背脂肪厚度也较厚。

表 4-37 肉牛屠宰体重和背膘厚

体重范围（千克）	屠宰前体重（千克）	统计头数	眼肌面积（厘米^2）	背膘厚（毫米）
<500	485.13±15.25	9	67.26±15.24	13.3±0.35
501～550	529.71±13.98	38	76.61±11.41	11.9±0.55
551～600	579.26±14.15	76	91.98±12.75	12.7±0.57
601～650	624.43±14.53	60	88.79±15.41	13.0±0.54
651～700	670.41±13.81	34	92.90±11.01	12.0±0.47
701 以上	731.12±25.02	17	91.82±14.41	14.8±0.60

如何判断育肥牛的背部脂肪厚度是否达到 10 毫米，在没有仪器设备时全凭实际经验，方法如下。

（1）肉牛的育肥时间　在日粮中等营养条件下饲养的天数不少于 240 天；在中高日粮条件下饲养的天数不少于 200 天。

（2）用手指压牛的背部　稍用力即能碰到背脊骨，脂肪厚度尚未到 10 毫米；用较大力才能碰到脊骨，脂肪厚度已达 10 毫米以上。

（3）摸牛皮的厚度　牛皮很厚实，脂肪厚度已达 10 毫米以上。

（4）观察育肥牛前胸突出程度　前胸突出非常明显，脂肪厚度已达 10 毫米以上。

（5）观察育肥牛尾巴根部两侧脂肪隆起程度　隆起非常明显时，脂肪厚度已达 10 毫米以上。

208. 为什么要检测牛的体重？间隔多长时间检测一次？

1. 牛体重检测的意义　架子牛育肥过程中经常（定期或不定期）要进行体重的检测，通过体重的称量，了解架子牛的增重情况，体重称量一方面揭示牛的生长发育状况，另一方面反映出饲料配方是否合理，饲料饲喂量及管理工作是否到位、合理，以便总结前一阶段工作，计划安排下一阶段工作。因此，架子牛在育肥期进行称重是育肥

牛场管理中十分重要的环节。一般称重分为：架子牛接收称重，育肥过程中称重，育肥结束后称重，出栏时（出售）称重。称重时应注意以下几点：①务必注意人畜安全，制备称牛通道（见第28问），既安全，操作又便利；②务必求实，真实反映牛体重的变化（度量衡的正确性及看秤的正确性）；③务必做好记录并存档备查；④务必做到经常性、有规律、制度化。

2. 检测牛体重的间隔时间　育肥牛的称重结果是为牛场管理人员提供育肥牛增重和饲料利用率两大信息的主要手段。因此育肥牛称重的时间间隔不宜太长，间隔时间太长，就失去了两大信息对牛场工作的指导作用；但间隔时间也不能太短，太短会增加费用和人力。育肥牛称重的时间间隔以30天为好。

209. 怎样计算育肥期肉牛的日增重？

肉牛育肥期内的每日增重是育肥牛场一个重要的经济指标，也是体现育肥牛生产水平的重要指标。但是不规范的日增重测定方法得不到真实的体重变化结果，其结果往往会给生产决策者、指挥者造成误解或误导，这些误解或误导造成的原因是前一次为空腹称重，后一次为饱腹称重，空腹称重和饱腹称重的差异可达40～50千克，甚至更多；前后两次称重的时间间隔（3天或5天）太短等因素。

正确的日增重计算方法是：

（1）称重时间　每次称重的时间一致，即早晨第一次喂牛前称空腹重。

（2）饲养日计算　计头不计尾、计尾不计头的原则，即饲养日从进牛第一天开始计算，就不能再计算饲养的最后一天（即称重日）；饲养日不是从进牛的第一天开始计算，就应该计算到称牛的那一天。

（3）按每月的实际天数计算饲养日（有28、30或31天之分）

绝对日增重（克）＝［期末体重（千克）－期初体重（千克）］/饲养日

相对增重（%）=（期末体重－期初体重）/期初体重×100%

210. 育肥期肉牛日增重的高低受哪些因素的影响？

肉牛在育肥过程中日增重的高低受多种因素的影响，主要有：

1. 育肥时间 短期（少于100天）育肥时日增重高，长期（多于300天）育肥时日增重低。

2. 育肥牛性别 公牛育肥时日增重高，阉公牛育肥时日增重低。

3. 补偿因素 有补偿生长作用的牛育肥时日增重高，无补偿生长作用的牛育肥时日增重低。

4. 育肥牛基础膘情 育肥牛基础膘情差的育肥时日增重高，育肥牛基础膘情好的育肥时日增重低。

5. 育肥牛年龄 小年龄牛育肥时日增重高，大年龄牛育肥时日增重低。

6. 育肥牛体重 体重小的牛育肥时日增重高，体重大的牛育肥时日增重低。

7. 育肥期日粮营养水平 高日粮营养水平短期育肥时牛的日增重高，育肥期虽然为高日粮营养水平，但长期育肥时牛的增重较低；低日粮营养水平短期育肥时牛的增重较低，低日粮营养水平长期育肥时牛的增重更低。

8. 育肥牛健康 健壮牛的日增重高，病牛的日增重低。

9. 育肥期气候 育肥牛最适宜的温度为7～27℃，高温、高湿、闷热天气不利于牛的增重，影响程度大于低温。

10. 育肥环境 清洁卫生、安静安全、管理有序的环境条件，有利育肥牛增重。

11. 饮水条件 育肥牛饮水充分，有利于牛的增重；缺少饮水的育肥牛增重低。

养牛户要充分利用和把握有利于提高（影响）育肥牛增重的因素，最大限度地减少不利的影响因素，以获得较好的增重效果。

211. 如何计算群体牛每日增重?

群体育肥牛的称重方法和个体牛称重相同，需要注意的是：群体牛数量发生变化时，计算方法有些差异。

1. 群体牛饲养日的计算　牛群中新增或减少牛的饲养日，要单独计算（计头不计尾、计尾不计头的原则），再加原牛群的饲养日为该牛群的总饲养日。

2. 群体牛体重计算

（1）减少头数时　减少牛时要称重该牛，把该牛离群时净增加的体重计入牛群总体重中，但要扣除该牛离群时的体重。

（2）增加头数时　将增加牛称重，把该牛的个体重计入牛群总体重中。

3. 日增重计算

（1）减少头数时

期末牛群总增重（克）＝[期末牛群总体重（千克）＋离群牛净增重－期初牛群总体重（千克）]/牛群总饲养日（含离群牛的饲养日）

（2）增加头数时

期末牛群总增重（克）＝[期末牛群总体重（千克）－期初牛群总体重（千克）＋增加牛的体重]/总饲养日（含增加牛的饲养日）

群体牛日增重(克)＝(期末体重－期初体重)/(牛数×饲养日)

群体牛日增重（克）＝[（期末重（千克）－期初重（千克）－病牛重（千克）]/（牛数－病牛数）×（饲养日－病牛饲养日）

212. 我国黄牛育肥期内日增重的期望值应有多大?

我国较大体型纯种黄牛（阉公牛）从8～12月龄开始育肥，由于育肥目标的差异，育肥期日增重的期望值差异也较大，据作者的饲养观测如表 4-38（供参考）。

公牛的增重期望值要大于阉公牛，杂交牛增重期望值要大于纯种黄牛。

表 4-38　我国黄牛（较大体型纯种牛）日增重

单位：克

牛品种	较长时间（>300 天）强度育肥	较长时间（>300 天）中等育肥	较短时间（<120 天）强度育肥	较短时间（<120 天）中等育肥
晋南牛（阉公牛）	950	850	1 100	900
秦川牛（阉公牛）	950	800	1 100	900
鲁西牛（阉公牛）	850	800	1 000	850
南阳牛（阉公牛）	900	800	1 000	850
延边牛（阉公牛）	900	800	1 100	900
渤海黑牛（阉公牛）	850	750	1 000	900
郏县红牛（阉公牛）	900	800	1 100	900
复州牛（阉公牛）	900	800	1 100	900
新疆褐牛（阉公牛）	900	800	1 100	900

213. 育肥牛育肥终了的标志是什么？

正确地判断育肥牛育肥终了的特征(时间)对养牛户至关重要,因为育肥牛最后阶段每头每日的饲养费用较高(10～13元),而增重较低(600～700克),日增重的回报率较低,如不及时结束育肥会给养牛户造成较大的经济损失,故应掌握育肥牛终了的特征。据作者总结,众多育肥牛能手判断育肥牛是否充分育肥、或是否到达育肥结束期,他们的经验是一看二摸。

1. 一看

（1）看育肥牛体膘　育肥充分时，育肥牛全身肌肉发育非常好，体膘非常丰满，看不到骨头外露（图 4-2）。

（2）看育肥牛背部　育肥充分时，育肥牛背部平宽而厚实。

（3）看育肥牛尾根　育肥充分时，牛尾根两侧可以看到明显的脂肪突起（图 4-3）。

（4）看育肥牛臀部　育肥充分时，牛臀部丰满平坦（尾根下的凹沟消失），圆形而突出（图 4-4，彩图 46）。

图 4-2　育肥牛示意图

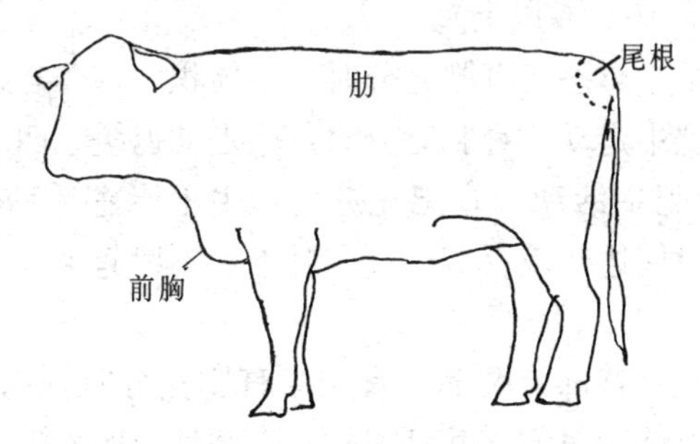

图 4-3　育肥牛尾根示意图

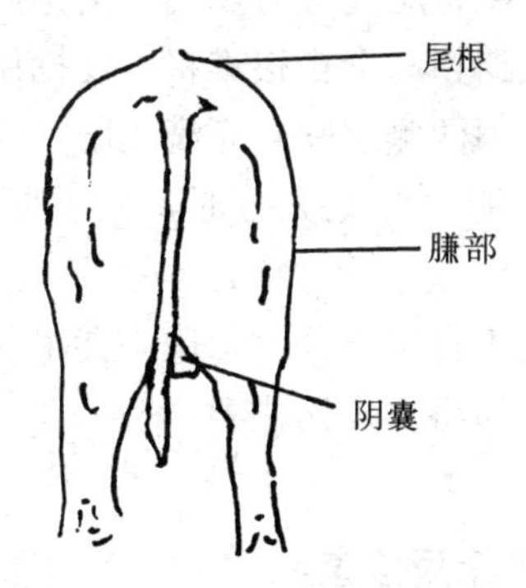

图 4-4　育肥牛臀部示意图

（5）看育肥牛胸前端　育肥充分时，牛胸前端非常丰满、圆而大，并且突出明显（图 4-5）。

（6）看育肥牛阴囊　育肥充分时，牛阴囊周边沉积脂肪明显。

（7）看育肥牛采食量　育肥充分时，采食量下降（下降量达正常

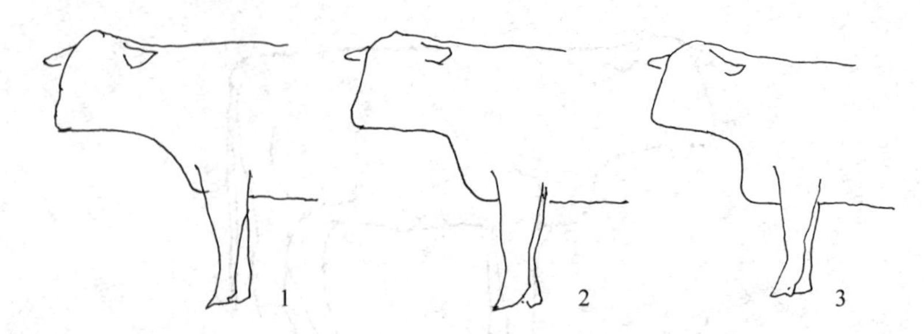

图 4-5　育肥牛前胸示意图

1. 未育肥　2. 较好育肥　3. 充分育肥

采食量的 10%～20%或以上)。

(8) 看育肥牛体态　育肥充分时，牛体积大，体态臃肿。

(9) 看育肥牛走动　育肥充分时，牛走动迟缓，四肢高度张开。

(10) 看育肥牛活动　育肥充分时，牛不愿意活动或很少活动，显得很安静，对周边环境反应迟钝；卧下后不愿起来。

2. 二摸

(1) 摸（压）背部、腰部　育肥牛育肥充分时，用手指摸（压）牛背部、腰部时感到厚实，并且柔软、有弹性（图 4-2)。

(2) 摸牛皮　育肥牛育肥充分时，用手指捻摸牛长肋部位的牛皮时，感到特别厚实，大拇指和食指很难将牛皮捻住。

(3) 摸尾根部　尾根两侧柔软，充满脂肪。

(4) 摸牛肷部　育肥牛育肥充分时，用手握牛肷部牛皮时有厚实感。

(5) 摸肘部　育肥牛育肥充分时，用手握牛肘部牛皮时感觉非常厚实，大拇指和食指不易将牛皮捻住。

214. 什么叫育肥结束体重?

肉牛育肥结束体重是指按育肥设计在育肥饲养终了日的第二天早晨，喂料、饮水前牛的实测体重，是育肥牛场的生产指标之一。肉牛育肥结束体重是肉牛场计算饲养承包人或饲养员劳动业绩的考核指标，也是计算饲养承包人或饲养员报酬的依据，但是不能作为饲养成

本计算的依据，更不能作为育肥牛场生产业绩的依据。

影响肉牛育肥结束体重的主要因素是称重前的停水、停食时间，饲养承包人或饲养员为了提升业绩指标，在给牛称重前 1～2 小时喂料、饮水，会造成称重误差。

215. 什么叫全进全出育肥模式？

全进全出育肥模式是指围栏育肥时架子牛同时进围栏，育肥结束后同时出售的饲养方式。其优点是便于规范化管理，如饲料配方的设计和饲料的喂量；减少育肥牛因合并围栏带来的格斗等麻烦；提高了围栏的利用效率和生产效率；便于统一兽医防疫规划。

提高全进全出育肥模式效果的主要措施是选择牛的同一性，如育肥牛的品种、年龄、体重、性别、体膘体况体质、毛色等。

216. 什么叫出栏体重？

出栏体重是指肉牛离开育肥场时的实测体重，是育肥牛场计算饲料总成本的依据，是计算饲养员或承包人该批肉牛劳动报酬的依据。不能作为育肥牛场生产业绩考核的依据，出栏体重大的肉牛出售价不一定随之增加。

出栏体重大小的影响因素是饲料饲喂量和饮水量，在以出栏体重为计价重的交易中，有位饲养经验丰富的农民，对 1 头体重 510 千克的育肥牛，屠宰前经过充分喂料和饮水，宰杀后据作者实测第一胃的重量达到 98 千克，占 510 千克体重的 19％。

出栏率的几种计算方法：

出栏率（％）＝全年出栏（场）牛数（包括出售活牛和屠宰牛）/上年年末存栏牛总数×100％

肉牛育肥出栏率（％）＝年内育肥出栏牛数/年初可育肥牛数×100％

肉牛育肥出栏率（％）＝年内育肥出栏牛数/（年初可育肥牛数＋年内购入架子牛数）×100％

肉牛育成率（%）＝年内育成合格牛数/年初可育肥牛数×100%

出栏率（%）或肉牛育肥出栏率（%）越高，说明牛群的周转速度快，牛场资金的周转周期短，也说明牛场生产水平较高；育成率越高，说明育肥技术水平较高，也说明选购架子牛的技术水平较高。

217. 什么叫停食停水体重？

停食停水体重是指已育肥结束的肉牛，出售给屠宰户称重前16～24小时停止饲喂饲料、4～6小时停止饮水后实测的体重。据作者的测定，体重530千克左右的育肥牛停食停水体重损失4%左右（表4-39）。即一头500千克的肉牛的作价体重只有480千克左右。肉牛屠宰前停食停水24小时是行业的规定，因此给肉牛育肥户计算饲养成本、经济效益账时绝不能以出栏体重作为计价的依据，这一点对于行政、技术部门指导养牛户养牛时非常重要，否则会误导养牛户。

表4-39　肉牛停食停水24小时体重

批次	统计头数（头）	停食停水前体重（千克）	24小时后体重（千克）			备注
			体重	失重	%	
1	7	515.00±20.26	496.43±18.87	18.57	3.61	
2	9	493.87±28.26	482.78±28.19	11.09	2.25	
3	16	549.69±65.76	524.69±59.09	25.00	4.58	
4	17	470.59±28.06	455.88±25.87	14.73	3.13	
5	22	540.45±52.48	522.50±50.89	17.95	3.32	
6	16	535.63±32.70	517.50±30.82	18.13	3.38	
7	15	559.00±46.61	530.33±46.96	28.67	5.13	在拴系下停食停水，无活动
8	15	545.67±56.03	518.00±52.47	27.67	5.07	
9	12	529.17±46.99	509.17±44.15	20.00	3.78	
10	10	554.00±57.92	527.50±55.34	26.50	4.78	
11	6	564.17±99.15	538.33±86.12	25.84	4.58	
12	9	563.89±54.10	535.56±54.28	28.33	5.02	
13	24	555.83±40.18	524.38±38.77	31.45	5.66	
合计	178	536.88	513.96	22.92	4.27	

218. 什么叫计价体重？计价体重与出栏体重的差距有多大？

1. 计价（屠宰前）**体重**　指肉牛屠宰前的实测体重，是计算育肥牛场生产产值的依据，也是计算育肥牛场生产业绩的依据。育肥结束体重和出栏体重、出栏体重和计价体重不仅不同，它们间的差距很大，对育肥牛场（育肥牛饲养户）最具实际意义的是计价体重。

影响计价体重的因素：

（1）以屠宰率为计价标准　①以屠宰率为计价标准时，屠宰率高，肉牛体重虽小，但计价单位（元/千克）高；屠宰率低，肉牛体重虽大，计价单位（元/千克）低。②肉牛屠宰前停食停水时间短，计价体重虽大，但屠宰率低，计价单位（元/千克）低；肉牛屠宰前停食停水时间长，计价体重小，但屠宰率高，计价单位（元/千克）高。

（2）以估个计价　饱食饮水足量的牛（体积大），估价高；空腹瘪肚牛（体积小），估价低。

（3）以净肉重计价　育肥牛七八成饱食程度，计价较高。

2. 计价体重和出栏体重的差距　出栏体重和计价体重间存在差距，因为运输失重不可避免（0.8%～1.5%），但是某些屠宰企业坑害养牛户实在太严重（暗箱操作），如某育肥牛场卖给四家屠宰企业时，每头牛的运输损失（运输距离 60 千米）体重以 51 千克（9.76%）计，肉牛出场体重和计价体重的差距巨大，非常异常。因此，作者在该育肥牛场研究测定肉牛停食停水 24 小时、48（单头拴系固定）小时体重变化（表 4-39、表 4-40），体重的损失量为 23（4.27%）千克、38（6.81%）千克，远小于 51 千克，按作者的资料计算，由于屠宰户暗箱操作，对肉牛育肥户来说，1 头肉牛造成的经济损失达 300 元以上。

作者对肉牛育肥结束体重、出栏体重、停食停水体重、计价体重进行了较为详细的论述，目的在于使更多的养牛户能够了解不同条件下的体重，并应用到实际工作中（参见第 320 问、321 问），提高养牛效益；也希望肉牛屠宰户以商业道德的规范经营，正常赢利，留给肉牛育肥户适当的利润。

表 4-40 肉牛停食停水 48 小时体重

批次	统计头数（头）	停食停水前体重（千克）	48 小时后体重（千克）			备注
			体重	失重	%	
1	7	515.00±20.62	485.00±18.93	30.0	5.83	在拴系下停食停水，无活动
2	7	590.00±52.99	552.14±46.89	37.86	6.42	
3	22	540.45±52.48	517.50±49.20	22.95	4.25	
4	16	535.63±32.70	508.44±28.03	27.19	5.08	
5	8	610.88±60.17	573.13±57.32	37.75	6.18	
6	14	550.36±26.92	515.35±21.35	35.01	6.36	
7	12	529.17±46.99	500.58±43.52	28.59	5.40	
8	6	564.17±99.15	523.33±83.29	40.84	7.24	
9	9	563.89±54.10	517.22±49.82	46.67	8.28	
10	24	555.83±40.18	494.17±37.49	61.21	11.01	
合计	125	551.50	513.94	37.56	6.81	

219. 什么叫补偿生长?

在育肥牛的生长发育过程中（怀孕期和出生后），常常由于饲料供应的数量或质量不足、饮水量不充分、疾病（体内外寄生虫、消化系统病等）、气候异常、生活环境的突然变化等因素而导致生长发育受阻，增重缓慢，甚至停止增重。一旦育肥牛生长发育受阻的因素被克服，则育肥牛会在短期内快速增重，增重量往往超过正常，把受阻期损失的体重弥补回来，有时还能超出正常的增重量，这种现象（或称特性）称为补偿生长。

220. 如何利用补偿生长?

正确利用育肥牛的补偿生长规律，可以获得较好的饲养效果。根据作者的实践经验，为了在育肥牛的生产中，能应付自如地获得较好

的补偿结果，应注意以下几点。

1. 鉴别生长受阻牛　要获得较为理想的补偿生长效果，首先应能鉴别该牛是否生长受阻，鉴别生长受阻牛的主要依据为年龄和相应的体重、体质体况、体尺和体重。

（1）育肥牛年龄和体重　以某一品种牛为例，正常情况下牛6月龄体重为150千克，12月龄体重为260千克，18月龄体重为400千克。如果牛的年龄到了而未达到相应体重，应判定为生长受阻牛。在判定为生长受阻牛时还有受阻程度的差别，受阻程度分类如下（供参考）。

受阻程度	弱小	中等	严重
体重差异（%）	＜10	＞10＜20	＞20

（2）体质体况　体质瘦弱（常有病）、被毛粗糙、精神状态萎靡不振、采食饲料量少于同龄牛者为生长受阻牛。

（3）体尺和体重　体尺如正常牛，但是体重小者为生长受阻牛。

2. 选择生长受阻牛

（1）先天性生长受阻牛　由于先天性生长受阻牛受阻时间长，补偿生长效果差，不宜选择。

（2）出生后生长受阻牛　出生后生长受阻牛受阻的时间短（3～6个月），补偿生长效果好；出生后生长受阻牛受阻的时间长（8～10个月），补偿生长效果差。

（3）补偿生长效果的好坏与受阻程度有关　生长受阻时间短但受阻程度严重的，补偿生长效果好；生长受阻时间长受阻程度严重的，补偿生长效果差；生长受阻时间长受阻程度轻的，补偿生长效果差；生长受阻时间短受阻程度轻的，补偿生长效果好。

3. 饲养好生长受阻牛

（1）饲料和饲养　质优量足的饲料是生长受阻牛补偿生长的基础；有了饲料应科学而精心地设计饲料配方；细心喂料，少喂勤添，食槽常有料，水槽常有水，让牛充分采食和饮水。

根据受阻牛的受阻程度，设计饲料配方和确定喂料量。

（2）环境条件　营造一个安静幽雅、清洁卫生、管理规律而有序的环境条件。

4. 育肥牛补偿生长实例 2000年10月8日某育肥牛场，由山西省运城地区的黄河滩草原购买全放牧无精饲料补饲的晋南阉公牛22头，平均年龄为14（12～16）月龄，平均体重为202.5千克，按晋南牛正常生长发育要求，14月龄牛的体重应在260～280千克，22头牛的实际体重为202.5千克，仅为正常牛体重的75%，属于严重受阻。作者为该批架子牛编制饲料配方的营养成分如下（供参考）。

配方的饲料营养成分	第1阶段	第2阶段	第3阶段	第4～5阶段
维持净能（兆焦/千克）	6.49	6.69	7.03	7.32
增重净能（兆焦/千克）	3.81	4.10	4.27	5.10
粗蛋白（%）	12.2	11.5	11.0	10.0
钙（%）	0.41	0.44	0.41	0.46
磷（%）	0.33	0.32	0.30	0.35
日粮含水量（%）	49.0	51.0	52.5	50.9
采食量（千克）	18.5	20.0	22.0	20.0

作者跟踪该牛群到2001年5月18日，牛群的体重变化（均为早晨喂饲料前个体称重）如表4-41，取得了较好的补偿生长效果。1～3阶段共142天，牛群净增重184.33千克，平均日增重达到1 298克，222天育肥期的日增重为1 150克，这在晋南牛的育肥成绩中极少见到。

表4-41 补偿生长牛群体重变化

阶段	头数	饲养日	体重变化（千克）		阶段净增重（千克）	阶段日增重（克）
			开始重	终了重		
1	22	11	202.45±21.99	238.45±24.85	36.00	3 273
2	22	62	238.45±24.85	319.32±30.92	80.87	1 304
3	22	69	319.92±30.92	386.78±31.62	66.86	969
4	22	38	386.78±31.62	423.37±36.95	36.59	963
5	22	42	423.37±36.95	457.86±32.78	34.49	821
全程	22	222	202.45±21.99	457.86±32.78	255.41	1 150

有计划、有目的地实施育肥牛的补偿生长饲养，能获得较为理想的饲养效果。

221. 怎样计算育肥期肉牛的饲料利用率?

育肥牛的饲料利用率是指用多少千克饲料（牛采食的所有饲料），换取育肥牛增加的 1 千克体重（包括肌肉、骨骼、器官、组织、脂肪、皮毛），也可以说育肥牛增重 1 千克体重需要多少千克日粮（以干物质为基础或自然重为基础）。

饲料利用率的计算方法＝单位时间内饲料消耗量（千克）/单位时间内育肥牛的增重量（千克）

饲料利用率是育肥牛场一个十分重要的经济指标。因此，在表达饲料利用率时要客观，不可只计算精饲料的利用效率。

影响饲料利用率的因素有：①育肥牛健康情况，体质健壮的育肥牛采食量大，日增重高，饲料利用效率就高；②1～2 岁的育肥牛比 4～5 岁的大龄牛育肥时的饲料利用效率高；③有补偿生长的育肥牛比无补偿生长的育肥牛饲料利用效率高；④育肥前期的饲料利用效率比育肥后期的饲料利用效率高；⑤增长肌肉的饲料利用效率比沉积脂肪的饲料利用效率高；⑥按科学规律、规范、标准、程序喂牛，饲料利用效率就高。

222. 什么叫料肉比?

料肉比是指育肥牛增加 1 千克牛肉重量和需要消耗的饲料重量之比。是育肥牛场的一个重要生产指标，料肉比值越小生产水平越高，料肉比值越大生产水平越差。但是由于对牛胴体的理解不同，影响了牛肉的重量，因此料肉比也不同。①把肾脂肪、盆腔脂肪作为牛胴体的一部分，料肉比值会小一些；②不把肾脂肪、盆腔脂肪作为牛胴体的一部分，料肉比值会大一些；③胴体正常修整时，料肉比值会小一些；胴体非正常修整时，料肉比值会大一些。在以料肉比值分析和公布生产成绩时必须指明料肉比值的基础。

料肉比的计算：

精料料肉比＝精饲料消耗量（千克）/增重千克净肉重

饲料料肉比＝饲料消耗量（千克）/增重千克净肉重

223. 什么叫料重比？

料重比是指育肥牛增加1千克体重（活重）和需要消耗的饲料重量之比，也可称为饲料报酬或饲料利用效率。是育肥牛场的一个重要生产指标，料重比值越小，生产水平越高；料重比值越大，生产水平越差。影响料重比值的因素有：

1. 育肥牛称重时的状态 由于育肥牛称重时处在采食饮水后的状况（饱食、半饱食、饥饿状态）不同，料重比值会有极大的差异。①育肥牛在饱食饮水后称重，获得的料重比的比值偏小；②育肥牛在半饥饿状态下称重，获得的料重比的比值较大；③育肥牛在饥饿状态下称重，获得的料重比的比值偏大；④育肥牛在规定时间和标准状态下称重，获得的料重比的比值接近实际。

2. 育肥时间 ①架子牛育肥时间越短，料重比的比值越小；②架子牛育肥时间越长，料重比的比值越大。

3. 其他因素 ①育肥期脂肪沉积多，料重比的比值大；②增重速度低的牛品种，料重比的比值大。

常常听说某牛场的育肥牛每天增重量达3～4千克，甚至更高，料重比的比值为3∶1甚至更低，其实该牛场牛体重的增加是个虚数，实为空腹进牛体重和饱食饮水后称重，增加的体重中大部分为饲料和水，用这种比值指导养牛户，只能对养牛者提供错误的信息，毫无生产指导意义，更无经济意义。

正确的料重比应是：体重测定在规范时间内，这一次称重时间和上一次的称重时间相同；同一标准下测定前一天晚间喂料后到第二天称重前不喂料、饮水；饲料消耗量为两次称重时间内的实际数量，天数的计算为算头不算尾、算尾不算头。

料重比和料肉比是两个决然不同的概念，在实际中应严格区别应用。

在以料重比分析和公布生产成绩时必须指明料重比值的基础。

料重比的计算：

精料料重比＝精饲料消耗量（千克）/增重千克体重

饲料料重比＝饲料消耗量（千克）/增重千克体重

224. 什么叫精饲料酸中毒？

精饲料酸中毒是指育肥牛在高精料日粮催肥时，发生精饲料消化不良的现象。产生精饲料酸中毒的原因是精饲料进入育肥牛消化道以后，发酵过程中生成甲酸和乙酸，乙酸生成的同时二氧化碳、甲烷气体也产生，并且二氧化碳、甲烷随乙酸产量的高低而变化，二氧化碳、甲烷气体阻碍食物的消化，饲料未经消化即排出体外。精饲料喂量越大，二氧化碳、甲烷气体的产量也越多。影响牛的消化程度也越严重，未经消化即排出体外的饲料量也越多。此时育肥牛表现为采食量迅速下降，精神萎靡不振，毛干而粗糙，躯体消瘦，卧立不安，排粪多而稀。

225. 怎样防治育肥牛精饲料酸中毒？

精饲料酸中毒对育肥牛的危害非常严重，轻者影响增重和饲料利用，重者长期治疗不愈甚至引起死亡，因此要十分重视此病症。防治的方法有几种。

1. 采用碳酸氢钠防治法　碳酸氢钠又名小苏打。碳酸氢钠不仅能促进瘤胃内丙酸盐的生成，而且能抑制乙酸盐的生成，丙酸盐能促进饲料的消化；碳酸氢钠可以补充育肥牛唾液中碳酸氢钠的不足，中和瘤胃中的酸性物质，提高 pH 的浓度，从而增加育肥牛的采食量；碳酸氢钠能促进瘤胃的蠕动。碳酸氢钠的饲喂量为育肥牛每日精饲料喂量的 2%～5%。屠宰前无需停喂。

2. 防止淀粉颗粒胶化　淀粉的颗粒胶化是导致育肥牛精饲料酸中毒的重要因素，因此防止淀粉的颗粒胶化便可避免精饲料酸中毒。研究资料显示：采用两种日粮混合饲喂，便可减少或不发生精饲料酸中毒。

3. 采用瘤胃素防治法　瘤胃素又称莫能菌素。瘤胃素能促进瘤

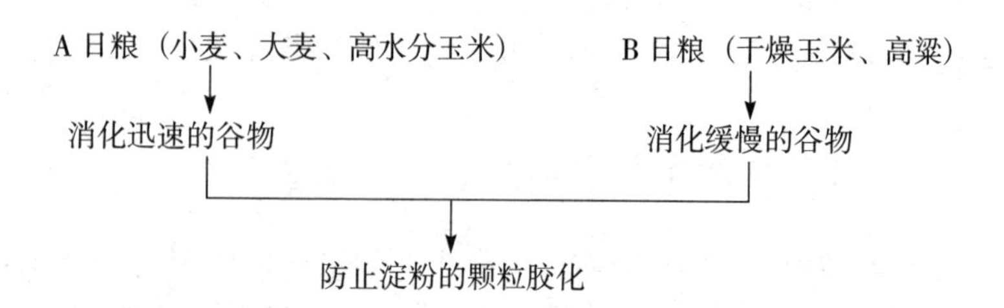

胃内丙酸的生成，抑制乙酸的生成，又能减少蛋白质在瘤胃内的降解，防止精饲料的消化不良。

瘤胃素的饲喂量：0～5天，100毫克/头；6天以后，100～360毫克/头；360毫克/头为最高量。屠宰前无需停喂。

瘤胃素稀释法见本书第114问。

4. 采用粗饲料防治法 选择干燥、清洁、优质干草（或粗饲料）打成捆吊挂在育肥牛舍内，任牛自由撕食。

5. 逐步过渡法 日粮中精饲料的增加分步实施，由少到多，有计划、有步骤地增加。

精饲料酸中毒和育肥牛腹泻拉稀是两种不同缘由引起的病态现象，前者因精饲料消化不良造成，而后者为病菌侵袭而致。因此，防治育肥牛酸中毒和腹泻拉稀的方法、措施完全不一样。

226. 什么叫无公害牛肉？

无公害食品（牛肉）是指肉牛生产环境、肉牛生产过程和牛肉产品符合无公害食品标准和规范的牛肉，经过农业部和国家认证认可监督管理委员会（简称国家认监委）认定，许可使用无公害食品标识的牛肉，称为无公害牛肉。

育肥牛育肥饲养过程中允许使用施用农药、化肥生产的饲料，但是饲料、饮用水、兽药成分中含有的有毒有害物质；农药、化肥的残留物含量都有较为严格的要求，不能超出标准。

育肥牛屠宰过程中使用的冲洗水中含有的有毒有害物质、农药含量等不能超出标准。

227. 无公害牛肉的标准是什么？

按照无公害食品牛肉生产指标要求，育肥饲养的肉牛屠宰分割后的牛肉，是否符合无公害食品牛肉质量指标，要进行取样测定，取得测定合格证书后，才可定为无公害食品牛肉。

无公害食品牛肉质量考核指标如表4-42。

表4-42　无公害食品牛肉质量考核指标

序　号	项　目	最高限量（毫克/千克）
1	砷（As）	≤0.5
2	汞（Hg）	≤0.05
3	铜（Cu）	≤10
4	铅（Pb）	≤0.1
5	铬（Cr）	≤1.0
6	镉（Cd）	≤0.1
7	氟（F）	≤2.0
8	亚硝酸盐（$NaNO_2$）	≤3.0
9	六六六	≤0.2
10	滴滴涕	≤0.2
11	蝇毒磷	≤0.5
12	敌百虫	≤0.1
13	敌敌畏	≤0.05
14	盐酸克伦特罗	不得检出（检出线0.01）
15	氯霉素	不得检出（检出线0.01）
16	恩诺沙星	肌肉≤0.1，肝≤0.3，肾≤0.2
17	庆大霉素	肌肉≤0.1，肝≤0.2，肾≤1.0，脂肪≤0.1
18	土霉素	肌肉≤0.1，肝≤0.3，肾≤0.6，脂肪≤0.1
19	四环素	肌肉≤0.1，肝≤0.3，肾≤0.6
20	青霉素	肌肉≤0.05，肝≤0.05，肾≤0.05
21	链霉素	肌肉≤0.5，肝≤0.5，肾≤1.0，脂肪≤0.5
22	泰乐菌素	肌肉≤0.1，肝≤0.1，肾≤1.0
23	氯羟吡啶	肌肉≤0.2，肝≤3.0，肾≤1.5
24	磺胺类	≤0.1
25	乙烯雌酚	不得检出（检出线0.05）

228. 怎样生产无公害牛肉？

在前面的叙述过程中不难看出安全性最好的当属有机（纯天然）牛肉，其次是绿色食品牛肉，无公害牛肉排第三。而生产的难度当属有机（纯天然）牛肉最难，其次是绿色食品牛肉，无公害牛肉相对较容易。

生产无公害牛肉的过程中使用的饲料，允许在饲料原料中使用部分农药、化肥，允许使用添加剂，也允许使用兽药，但要严格限量、限时、限品种，并在屠宰前若干天停药。

按照表4-41无公害食品牛肉质量考核指标，定期测定喂牛使用的饲料及饮用水，一旦超出标准，应立即纠正。

229. 什么叫绿色牛肉？

绿色食品牛肉是指遵循可持续发展原则，按照特定生产方式生产的牛肉。育肥牛育肥饲养过程中允许使用施用农药化肥生产的饲料，但是饲料、饮用水、兽药成分中含有的有毒有害物质，农药、化肥的残留物含量有比无公害牛肉更为严格的要求，不能超出标准。

育肥牛屠宰过程中使用的冲洗水中含有的有毒有害物质、农药含量等不能超出标准。经过中国绿色食品发展中心认定，许可使用绿色标识商标的食品牛肉。

绿色食品分A级和AA级两个等级。

230. 怎样生产绿色牛肉？

生产绿色食品牛肉的过程中，在育肥牛使用的饲料原料生产过程中，允许使用部分农药、化肥，在育肥过程中允许使用部分兽药、添加剂，但要严格控制用药量，并在屠宰前若干天停止使用兽药和添加剂。①定时定点检测饲料和饮用水中有毒有害物质，农药、化肥残留物含量，凡是超过标准的饲料一律停止使用。②检测兽药中有毒有害

物质残留物的含量，凡是超过标准的兽药一律停止使用。③定时定点检测育肥牛场和周边环境空气中有毒有害物质，一旦超出标准，应采取措施改进（改善、净化）。

231. 什么叫有机牛肉？

就当前而言，有机农业的定义尚未统一。欧洲、美国、国际有机农业运动联盟都有自己的定义。中国国家环境保护总局有机食品发展中心（OFDC）对有机农业的定义是：指遵照有机农业生产标准，在生产中不采用基因工程获得的生物及其产物，不使用化学合成的农药、化肥、生长调节剂、饲料添加剂等物质，而是遵循自然规律和生态学原理，协调种植业和养殖业的平衡，采用一系列可持续发展的农业技术生产的牛肉，称为有机牛肉。

有机（纯天然、生态食品）牛肉是指来源于有机农业生产体系、根据国际有机农业生产要求和相应的标准生产加工、并通过独立的有机食品认证机构认证的，在育肥牛生产过程不得饲用（使用）任何由人工合成的化肥、农药生产的精饲料、粗饲料、青饲料、青贮饲料及添加剂，确为无污染、纯天然、安全营养的牛肉。

有机（纯天然、生态食品）牛肉的认证机构是国家环境保护总局有机食品发展中心。

232. 怎样生产有机牛肉？

有机牛肉生产的环节包括以下内容：

1. 从肉牛使用的饲料方面 ①种植地的“转化期”，在三年过渡时间内在种植地上，逐步停止使用任何人工合成的化学农药、化肥，改用有机天然肥料和生物防治病虫害。只有这种固定地块生产的精粗饲料才能喂牛。②定时定点检测饲料和饮用水中有毒有害物质，农药、化肥的残留物含量，凡是超过标准的饲料一律停止使用。③生产有机（纯天然）牛肉的过程中，不允许使用任何人工合成的饲料添加剂。

2. 兽药 生产有机（纯天然）牛肉的过程中不允许使用任何人工合成的兽药。

3. 牛源 ①本交繁殖；②本地繁育，如为外地购入，在有机牛肉生产场地饲养的时间应不少于1年。

4. 屠宰加工环节 ①育肥牛屠宰过程中使用的冲洗水中，不允许含有有毒有害物质及农药残留物。②牛肉加工过程（环节）中不允许污染牛肉。③真空包装、贮存。

5. 有机牛肉的运输 冷冻及密闭条件下运输。

233. 无公害牛肉、绿色牛肉、有机牛肉有什么差异?

1. 无公害牛肉、绿色食品牛肉、有机（纯天然）**牛肉的相同处** 无公害牛肉、绿色食品牛肉、有机（纯天然）牛肉的相同处都是安全食品，安全是这三类牛肉的突出共性，在肉牛育肥的全过程中（母牛饲养、犊牛培育、架子牛育肥）都采用了无污染工艺技术，实行了从肉牛饲养、屠宰加工、牛肉到餐桌的全过程质量监督控制制度，保证了牛肉的安全性。

2. 相异处 无公害牛肉、绿色食品牛肉、有机（纯天然）牛肉有它的共性，但也有较大、较明显的差异，表现在如下几方面。

（1）标准不一 有机（纯天然）牛肉：在不同的国家有不同的标准，有不同的认证机构，我国由国家环境保护总局有机食品发展中心制定，在牛的饲料中不允许使用人工合成的化学农药、兽药、添加剂。

绿色食品（牛肉）：A级标准的制定是参考发达国家食品卫生标准和联合国食品法典委员会（CAC）的标准制定的；AA级的标准是根据IHFOM有机产品的原则参照有关国家有机食品认证机构的标准，再结合我国的实际情况而制定。

无公害牛肉：在牛的饲料中允许使用人工合成的化学农药、兽药、添加剂，但是对使用的农药、兽药、添加剂必须限量、限时、限品种，由农业部和国家认证认可监督管理委员会（简称国家认监委）统一监督管理全国无公害农产品标志。

(2) 级别不同　有机（纯天然）牛肉无级别之分，绿色食品牛肉分为A级和AA级，无公害牛肉不分级别。

(3) 认证方法不同　在我国有机（纯天然）牛肉、AA级绿色食品牛肉的认证实行检查员制度，在认证方法上以实地检查为主，检测为辅。

有机（纯天然）牛肉的认证重点是肉牛育肥过程操作的真实记录和饲料购买及应用记录。

A级绿色食品牛肉和无公害牛肉的认证是以检查认证和检测认证并重的原则，强调全过程实施质量监控，在环境技术条件的评价方法上，采用了调查评价与检测认证相结合的方式。

(4) 标识不同　有机（纯天然）牛肉标识：我国国家环境保护总局有机食品发展中心在国家工商局注册了有机食品标识。

绿色食品（牛肉）标识：绿色食品（牛肉）由中国绿色食品发展中心制定并在国家工商局注册了绿色食品标识。

我国绿色食品商标为圆形（意为保护），包括三部分：上方是太阳、下方是叶片、中心是蓓蕾。

无公害牛肉标识：图形为圆形，产品标志颜色由绿色和橙色组成。

(5) 有机（纯天然）牛肉具有国际性。

234. 水对育肥牛有何作用？

水是育肥牛躯体组成的主要部分，在正常的物质代谢中有特殊的作用。①育肥牛体内的大部分水和亲水胶体相结合，在蛋白质胶体中的水是细胞和组织的构成部分，这种结合水能使组织具有一定的形态、硬度、弹性。②水是一种重要的溶剂，营养物质的吸收和输送，代谢产物的排出均需溶解在水中才能进行。③水对育肥牛体温的调节起重要作用。④水是很好的润滑剂，如关节腔的润滑液能使关节活动时减少摩擦。⑤育肥牛体内的水不仅参加水解反应，还参加氧化-还原反应、有机物质的合成和呼吸作用。

水是育肥牛生产中最廉价的、最易得的物质，而且水对育肥牛有如此重要的作用，但在实际工作中往往被忽视（饮水少或不足），育肥户应该重视牛的饮水。

235. 育肥牛一天需要多少饮水？

育肥牛一天的需水量与季节、采食饲料种类和食盐的给量有关。

水是育肥牛场较重要、较廉价、较易获得的资源，也是最容易被饲养管理人员忽视的，因为他们不十分了解水对育肥牛的重要性。

要想获得比较理想的饲养效果，除了要设计好饲料配方、做好保健以外，要想方设法让牛多采食饲料，达到多吃多长的目的。要达到多吃快长必须保证育肥牛充足的饮水。表4-43提供的育肥牛饮水量的资料可以说明，随着育肥牛体重、采食量、日增重的增加，饮水量也增加。

表4-43 育肥牛饮水量（每头每日）

育肥牛体重（千克）	要求日增重（克）	采食饲料（千克干物质）	饮水量（千克）
200	700	5.7	17
200	900	4.9	15
200	1 100	4.6	14
250	700	5.8	18
250	900	6.2	20
250	1 100	6.0	19
300	900	8.1	27
300	1 100	7.6	22
350	900	8.0	27
350	1 100	8.0	27
400	1 000	9.4	35
400	1 200	8.5	30
450	1 000	10.3	40
450	1 200	10.2	40
500	900	10.5	42
500	1 100	10.4	42
500	1 200	9.6	36

另外，环境温度也影响育肥牛的饮水量，如表4-44。

表4-44　环境温度与育肥牛饮水量

环境温度（℃）	饮水量（千克/千克干物质饲料量）
－17～10	3.5
10～15	3.6
15～21	4.1
21～27	4.7
27以上	5.5

我们在气温25～27℃时，测定3头体重280千克育肥牛一昼夜的饮水量为36～37千克，按测定当天育肥牛消耗饲料（风干重）量计算，育肥牛消耗1千克饲料（风干重）需要饮水3.64千克。

236. 育肥牛吮吸一口水有多少?

据作者观测（观测背景：牛数18头，牛体重410～450千克育肥牛，季节为9月中旬，日粮中粗饲料量占65%，每日喂料2次、饮水2次）健康的育肥牛吮吸一口水的重量为0.4～0.6千克，每次饮水时吸水29～38次，每天的饮水量为35～38千克。

有了育肥牛吮吸一口水的重量的参数，便可随时在育肥牛场观察牛吮吸水的次数，以了解该牛的饮水量，判断育肥牛饮水量充分与否。

237. 育肥牛饮用水的卫生标准是什么?

为育肥牛提供清洁卫生、清凉可口的饮水，能促进育肥牛多采食饲料和多增重，是育肥牛身体健康的保证和养牛赢利的前提，也是生产无公害、绿色、有机、高档（高价）牛肉不可轻视的重要环节。饮水是有毒有害物质进入牛体内的重要渠道之一，因此要十分重视牛饮水的卫生。育肥牛饮用水卫生指标如表4-45。

表 4-45　育肥牛饮用水卫生指标

项目名称	标　准	项目名称	标　准
色	≤15	铜	≤0.1
混杂度	≤3	锌	≤1
嗅味	无	硫化物	≤250
味道	无	氯化物	≤250
肉眼可见物	无	溶解性固体	≤1 000
pH	≤8.5	氟化物	≤1
	≥6.5	大肠杆菌	≤3
总硬度	≤450	亚硝酸盐氨	—
砷	≤0.05	氨氮	—
镉	≤0.01	铬	—
铅	≤0.05	挥发酚类	—
硝化亚氨	≤20	阳离子合成洗涤剂	—
细菌总数	≤100	铁	≤0.3

育肥牛场应经常检测饮水，检测指标的依据为表 4-44。

238. 怎样让牛多饮水？

水对育肥牛的重要性前已论述，水也是最便宜易得、最易被忽视的廉价资源。要使育肥牛多饮水、饮好水的措施有：①水质清洁卫生：供应育肥牛的水必须符合饮用水标准。②水质新鲜：有条件时设置碗式或盆式饮水器，饮水常流；如条件不许可时，应经常更换饮水槽的水，不饮污浊水，不饮被太阳暴晒时间长的热水。③勤洗刷饮水槽：保持饮水槽的卫生，应天天洗刷饮水槽。④在水面撒些小麦麸，引诱牛多饮水。⑤在水中加些人工盐，既增加饮水量，又消炎败火（尤其是夏季）。

239. 什么是育肥牛最适宜的外界温度？

育肥牛对环境有一个最适宜的温度要求，有一个高温临界和低温临界的温度。育肥牛最适宜的外界温度是 7～27℃，在此温度范围

内，育肥牛的采食量、增重速度都处在较高状态，体质健壮。育肥牛对高温的耐受能力远不如对低温的耐受。因此，在夏季育肥时要特别注意防暑。

在高于27℃的外界温度环境条件下，育肥牛的采食量减少、增重降低，如在夏季育肥，在设计饲料配方和增重目标时以中等标准（日增重700～800克）为好。

在低于7℃的外界温度环境条件下，育肥牛的采食量因白天时间短而减少，在寒冷季节又要用一定的饲料量产热以抵御寒冷，增加了饲料的消耗量，即低温影响了牛的增重速度，如在冬季育肥，在设计饲料配方时应提高营养标准3%～5%，增重目标时中等标准（日增重700～800克）为好。

人工营造适合育肥牛生长的环境温度条件，对提高育肥的增重有利，尤其是在夏季。

240. 夏季育肥牛的饲养要点是什么？

根据肉牛所处育肥期，应采取不同的饲养方法，夏季育肥牛饲养的特点如下。

1. 育肥后期正遇夏季时的饲养要点　①日粮营养水平设计：在设计和编制育肥牛夏季日粮配方时，不要追求高增重速度（风险大），大体型纯种黄牛的日增重750～850克，小体型纯种黄牛的日增重650～750克，为此要把营养水平较其他季节降低3～5个百分点。②每日饲料喂量较其他季节低2～6个百分点，多用青贮饲料。③日粮的含水量以50%为好：在设计育肥牛的饲料配方时，尽可能将日粮的含水量调整到50%左右（能够提高育肥牛采食量）。④少喂料、勤喂料，喂新鲜料，食槽内不堆积饲料。⑤加喂诱食剂如炒熟、磨碎的黄豆粉，每头每日100克。⑥提高小苏打喂量（精饲料喂量的5%左右），防治精饲料酸中毒。

2. 育肥前中期正遇夏季时的饲养要点　①日粮营养水平设计：在设计和编制育肥牛夏季日粮配方时，不要追求高增重速度，大体型纯种黄牛的日增重850～900克，小体型纯种黄牛的日增重750～800

克。②多用青贮饲料、黄贮饲料和优质秸秆类粗饲料。③日粮配方中适当提高蛋白质饲料的比例（提高2%～3%）。④少喂料、勤喂料，喂新鲜料，在实施自由采食时食槽内也不要堆积饲料。

241. 夏季育肥牛防暑管理的要点是什么？

（1）在湿度大、温度高的气候环境下，首先要营造较好的干燥、清洁、安静的环境条件，确保育肥牛安全度夏。

（2）采用机械通风或其他强制通风措施，达到排除牛舍内污浊空气和降低牛舍温度的目的。安装风扇简单易行。

（3）采取降温措施，尽量减少热辐射。①喷水降温：牛舍舍顶喷水降温；牛舍舍内喷水雾降温；牛运动场（或舍内）地面泼水降温。②搭凉棚降温：牛舍顶部搭凉棚降温；牛运动场搭凉棚降温。

（4）供足饮水　清凉、新鲜、充足的饮水是育肥牛安全度夏的重要条件。

（5）防治蚊蝇　消灭蚊蝇，以免干扰牛的休息。

（6）改变喂料时间　早晨多喂，10～18点间少喂或停喂，夜间可通宵喂料。

（7）有序、规范、制度化管理，养成育肥牛良好的生活习惯，切忌频繁变动喂料、饮水时间。

（8）10～18点间尽量减少育肥牛的活动。

（9）尽量减少育肥牛直接长时间晒太阳。

242. 冬季育肥牛的饲养技术有什么特点？

1. 设计在春节前育肥结束、屠宰上市的育肥牛　进入冬季时正处在育肥期的最后阶段，此时饲养技术的重点是保证牛有足够的采食量、健康的体质。为达到此目的，作者建议的饲养技术要点如下。

（1）日粮营养水平设计　在设计和编制育肥牛冬季日粮配方时，要把营养水平较其他季节提高3～5个百分点。

（2）日粮的含水量以50%为好　在设计育肥牛的饲料配方时，

尽可能将日粮的含水量调整到50%左右（能够提高育肥牛采食量）。

（3）生产优质牛肉的育肥牛　生产符合日韩烧烤牛肉标准的育肥牛，销路好、利润空间大。以生产符合日韩烧烤牛肉标准的育肥牛时，作者建议：

1）育肥牛品种：第一选择为体型较大的秦川牛、晋南牛、鲁西牛、南阳牛、延边牛、复州牛、郏县红牛、渤海黑牛、冀南牛、新疆褐牛等，这些品种的牛易沉积脂肪，大理石花纹丰富，肉的色泽鲜红，饲养成本低，适应环境能力强。第二选择为体型较大的杂交牛，父本是利木赞牛、安格斯牛、日本和牛、肉用西门塔尔牛等的杂交牛。

2）育肥牛性别：阉公牛（阉割时间最好为出生后6～8月龄）育肥时脂肪沉积速度快而多、脂肪颜色白而坚挺。

3）育肥年龄：育肥结束时牛的年龄在30月龄以内。

4）育肥牛出栏体重：550～600千克，出栏体重越大，优质肉块越重，烧烤店越欢迎。

5）不同体重阶段肉牛每头每天的精饲料采食量：

体重（千克）	期望日增重（克）			每头每天精饲料的采食量（自然重，千克）		
400	900	1 000	1 100	5.3～5.7	6.0～6.1	6.5～7.0
450	900	1 000	1 100	5.8～6.1	6.3～6.6	7.0～7.2
500	900	1 000	1 100	6.5～6.8	7.0～7.2	7.4～7.5
550	900	1 000	1 100	6.8～7.1	7.4～7.8	8.1～8.3
600	800	900	1 000	7.6～7.9	8.3～8.5	8.8～9.2

在保证精饲料采食量的同时，应充分供应粗饲料；饲料中加喂小苏打，防止消化不良，小苏打用量为精饲料用量的3%～5%。

（4）普通肉牛育肥饲养　因对牛肉质量的要求不高，因此在冬季进行育肥时饲料营养中等水平（为上述“每头每天精饲料的采食量”的60%～70%）即可，对育肥牛的品种、年龄、体重、性别等要求也不十分严格。

（5）调整喂料时间　根据冬季昼短夜长的特点，育肥牛的喂料时间应有别于其他季节。

1）在实施自由采食的饲养方式时，早晨第一次喂料的时间应在7点前；投喂饲料时少喂勤添，不喂“懒槽”；食槽内始终保持有饲料，育肥牛随时能采食到饲料；最后一次喂料的时间应在夜间11～12点。据作者观测在零下14℃时，凌晨2～3点时仍有不少的牛采食饲料，因此在夜间11～12点喂料是十分必要的。

2）在实施定点喂料饲养方式时，早晨第一次喂料的时间应在6点前，白天最后一次喂料的时间应在傍晚17～19点，如果能在夜间加喂一次饲料，尽量缩短空食时间，会取得较好的饲养效果。

2. 设计在春节以后结束育肥、屠宰上市的育肥牛 进入冬季时正处在育肥期的过渡阶段，此时饲养技术的特点是保证育肥牛正常生长的采食量。为达到此目的，作者建议的饲养技术要点如下。①设计育肥牛饲料配方时不要以高增重为目标，因为肉牛冬季育肥追求高增重时会加大饲料成本。日增重目标定在800克左右。②日粮组成以青贮、干粗料为主，适量精饲料，尽量多利用青贮粗饲料，以降低饲料成本。③喂饲料的方法同春节前育肥结束、屠宰上市的育肥牛。

243. 冬季防寒的要点是什么？

育肥牛在外界温度低于7℃时生长发育即受到影响，外界温度在零下十几度或更低时对育肥牛的影响会更严重，为此必须做好冬季防寒。肉牛冬季育肥防寒的管理特点如下。

1. 牛舍防风保温 育肥牛适宜的环境温度为7～27℃，高于或低于此温度范围，都会影响育肥牛的增重，育肥牛舍内的风速影响牛舍的温度，风速大时温度低，育肥牛舍最适宜的风速为0.3米/秒。牛舍防风保温是冬季育肥牛管理技术的重点。其措施为：设计的牛舍应为坐北朝南，进入冬季时将牛舍北面的通风口或窗口密封防风；保温常用塑料薄膜，经济实惠。在白天温度低于0℃的地区，牛舍采用全封闭结构；白天温度在0℃左右地区，牛舍采用半封闭结构。

2. 牛舍防潮湿 牛舍的保温和防潮是一对矛盾，往往保持了温度，但牛舍太潮湿，黄牛喜欢干燥，因此在保持牛舍温度的同时要注

意防止潮湿（育肥牛舍适宜的相对湿度为55%～75%）。采取的措施有：通风，牛舍采用全封闭结构保温时，要在牛舍的顶部多开设启闭自如的通风窗，夜间半关闭，白天敞开，以防止塑料薄膜结水或牛舍顶部积水形成冰层，排除有毒有害气体；及时清除粪尿，减少水分蒸发；牛舍铺垫干草或干土吸收水分。

3. 牛舍防止有毒有害气体　冬季育肥牛的保健主要是防止有毒有害气体的侵害。育肥牛舍有毒有害气体的源头是牛粪、牛尿。有毒有害气体主要为二氧化碳、氨、硫化氢、一氧化碳，育肥牛舍有毒有害气体的容许标准为：二氧化碳0.25（%），氨20毫克/立方米，硫化氢10毫克/立方米，一氧化碳20毫克/立方米。

白天温度在0℃以下地区的育肥牛舍实施全封闭防风保温时，由于粪尿自然蒸发产生的氨、硫化氢比空气重，所以不能通过牛舍顶部或侧面的通风口排出，造成了牛舍内过多的积存，影响人畜健康（氨、硫化氢对黏膜刺激大，尤其是对鼻、眼的侵害）。采取的措施有：①及时清除粪尿。②设计实用的通风口：排出氨和硫化氢的排风口应在沿牛舍的南墙脚设强制排风扇，不定时强制排风（半开放牛舍也应如此设计），无电源的牛舍应采用人工强制排风。

4. 充分饮好水

（1）水温　有文献记载，育肥牛用雪、冰水、温水为水源，任其饮用，观测其增重和饲料报酬，结果三者没有差别。据此作者建议使用自然水。

（2）水量　育肥牛每天每头的饮水量，按该牛采食饲料的干物质计算，每采食1千克干物质，应饮水3～3.5千克。

（3）饮水方法　有条件的育肥户采用自流水；一般育肥户采用定时饮水，日饮3～4次。

（4）饮水注意事项　饮水时尽量减少水的外流；饮水槽设在南墙里侧粪尿沟旁；傍晚时清除供水管及水槽剩水，以免供水管及水槽冻裂。

244. 怎样计算育肥期肉牛的增重成本？

肉牛育肥期增重成本的计算是育肥牛场经营成本最主要的部分，

肉牛育肥期增重成本包含以下内容。

1. 饲料成本 肉牛育肥期内消耗的各种饲草、饲料、添加剂的总费用/育肥期内总增重。

2. 用电成本 肉牛育肥期内消耗的总电费用/育肥期内总增重。

3. 用水成本 肉牛育肥期内消耗的总水费用/育肥期内总增重。

4. 兽药成本 肉牛育肥期内消耗的兽医药品、防疫的总费用/育肥期内总增重。

5. 伤亡成本 肉牛育肥期内发生育肥牛伤亡的总费用/育肥期内总增重。

6. 淘汰牛的费用 肉牛育肥期内淘汰牛损失的总费用/育肥期内总增重。

7. 其他费用/育肥期内总增重 汇总1～7便是肉牛育肥期增重的总成本。

245. 怎样计算育肥期肉牛的饲养成本?

肉牛育肥期内的饲养成本包括三部分：财务费用，生产成本，行政费用。

1. 财务费用 ①贷款利息：肉牛育肥期内的贷款利息总额/总增重；②其他财务费总额/总增重。

2. 生产成本 ①肉牛育肥期内的增重成本总额/总增重；②肉牛育肥期内的人员工资奖金总额/总增重；③肉牛育肥期内的牛场固定资产折旧费总额/总增重；④肉牛育肥期内的交通运输费用总额/总增重；⑤肉牛育肥期内的易损易耗品费用总额/总增重；⑥肉牛育肥期内的场地租赁费总额/总增重；⑦肉牛育肥期内的环境保护费用总额/总增重；⑧肉牛育肥期内的税收总额/总增重；⑨其他费用/总增重。

3. 行政费用 ①肉牛育肥期内的差旅费用总额/总增重；②肉牛育肥期内的办公费总额/总增重；③肉牛育肥期内的攻关招待费总额/总增重；④育肥牛场员工医疗保险费总额/总增重；⑤肉牛育肥期内交纳的各种税款总额/总增重；⑥肉牛育肥期内发生的公益慈善费用总额/总增重；⑦育肥牛场员工住房、养老保险补贴费总额/总增重；

⑧不可预见费用总额/总增重。

246. 什么是育肥牛六位一体的经营模式?

育肥牛经营模式的实践证明，“公司＋农户＋基地”的模式是一种不错的方式，但是在实行时往往会遇到一些难以克服的困难，主要来自信任、信誉、守约、利益分配不均等，因此有部分地方在总结“公司＋农户＋基地”经验的基础上，试行六位一体的经营模式，效果较好。现把六位一体的经营模式介绍如下，供参考。“六位”的各自职责是。

1. 龙头企业（公司）　龙头企业的职责：①负责肉牛屠宰加工、牛肉商业贸易，把资源优势转化为经济优势；②扶持肉牛高效低成本生产、牛肉优质高效益等科学研究的经费；③支付养牛协会活动经费等。

2. 养牛协会　养牛协会的职责：①组织协会会员按龙头企业（公司）需要的产品质量饲养肉牛；②为会员提供信息服务（技术、市场价格、牛资源、疫病等）；③协调龙头企业（公司）和养牛户的矛盾，为养牛户说公道话、办公道事；④和龙头企业（公司）共同商定肉牛价格标准等。

3. 保险部门　保险部门的职责：①为养牛户提供养牛伤亡保险，既解除养牛户的后顾之忧，也消除银行怕收不回贷款的顾虑；②收取保险费。

4. 银行部门　银行部门的职责：①给养牛户提供养牛贷款；②为龙头企业（公司）提供流动资金贷款。

5. 政府相关部门　政府相关部门的职责：①传达上级政府部门的有关养牛政策，政策引导和政策支持；②制定适合本地的养牛政策，鼓励农户养好牛；③监督龙头企业（公司）和养牛户双方履行合同。

6. 养牛户　养牛户的职责：①按龙头企业（公司）需要的活牛质量饲养肉牛，按时交牛；②接受养牛协会的技术指导；③为保险公司反担保，按期还贷付息。

247. 影响肉牛育肥效益的因素有哪些？

影响肉牛育肥饲养效益的主要因素有育肥牛本身、饲养管理技术水平、饲料价格、流通交易等方面。

1. 育肥牛的品种 育肥牛的品种不同，每日增重量、饲料消耗量和饲料报酬差别较大，造成育肥效益的差异（参考第20问）。

2. 育肥牛的年龄 1～2岁牛生长速度快、饲料利用率高，因此小年龄牛育肥时比年龄大的牛效果好。

3. 育肥牛的性别 生产高档次牛肉时去势（阉）公牛比公牛的育肥效益高；生产普通牛肉时公牛的育肥效益高。

4. 育肥牛的体重 开始育肥时体重小，结束体重大而卖出价低，因时间长、饲料消耗量大、管理费用高等原因育肥效益低；开始育肥时体重小，结束体重大而能卖高价，育肥效益高；开始育肥时体重大，结束体重大而能卖高价，育肥效益高；开始育肥时体重大，结束体重大而卖出价低，育肥效益低。

5. 育肥牛的饲料量和价格 饲料价格低，使用饲料量少，育肥效益高；饲料价格高，使用饲料量多，育肥效益低。

6. 育肥牛的规模 受规模效益的影响，育肥牛的适度规模（由育肥者经济实力、技术力量等决定）经营时育肥效益高。

7. 育肥牛的购进价和卖出价 育肥牛的购进价格低而卖出价格高，育肥效益高；育肥牛的购进价格高而卖出价格低，育肥效益差。

8. 育肥牛的管理费用 精打细算控制管理费用，减少管理费用的支出，育肥效益好。

9. 育肥牛的保健及兽药费用 防重于治，早治，避免病情加重带来更多的经济损失，育肥效益好。

10. 育肥牛的育肥时间 一般情况育肥时间长，育肥效益差；育肥时间短，育肥效益好；生产优质高档牛肉时育肥时间长，育肥效益好。

11. 育肥牛的屠宰成绩 育肥牛的屠宰成绩越好，育肥效益就越高。

12. 育肥期气温　7～27℃环境条件下，育肥牛增重好，育肥效益就高。

13. 育肥期环境　干燥、通风、安静的环境条件，育肥牛增重好，育肥效益就高。

14. 育肥期管理　管理有序、管理制度化、管理技术水平高，育肥牛增重好，育肥效益就高。

248. 了解育肥牛的食团反刍次数有何现实意义？

育肥牛的行为与其健康情况、生产性能等有非常密切的关系，如牛尾的摇摆动作（行为）、食团的反刍次数（行为）等，健康牛和有病牛的表现有巨大的差异。据作者观测，体重450～550千克的健康育肥牛，每昼夜反刍的次数为8～12次，每次反刍的持续时间为30～40分钟，每个食团的反刍次数为44～65次；体重300千克左右的健康育肥牛，每个食团的反刍次数40～50次；体重500千克的病牛，每个食团的反刍次数仅为35～38次。

了解正常健康牛每个食团的反刍次数，可通过观察育肥牛的一个食团的反刍次数来判断育肥牛的健康情况。

249. 放牧育肥的技术要点是什么？

我国有较大面积的草原，部分地区适合肉牛放牧，肉牛放牧育肥的饲养成本较低。放牧育肥的技术要点如下。

（1）放牧季节　每年的5～6月至10～11月。

（2）放牧时间　春末夏初8～9点出牧，18～19点收牧；夏秋季5～6点出牧，19～21点收牧；冬季9～10点出牧，16～17点收牧。

（3）防止“跑青”　春末夏初地面刚见绿，野草、牧草刚露出地面，一冬未见到青草的牛到了草地往往会追青，其结果路没少跑，草吃得不多，不仅不长膘反而会消耗体力并减重，严重时发生死亡。因此，春末夏初季节放牧时，放牧员要在牛的前方控制牛的前进速度。

（4）放牧距离　①近距离放牧：周围3～5千米，早出晚归，中午及晚间各饮水1次。②远距离放牧：10千米以上，以住宿放牧较好（在水源处建简易牛圈），减少牛来回走道消耗能量。

（5）充分利用野草开花结籽期，野草开花结籽期是放牧牛增重抓膘的黄金时期，尽量延长放牧时间。

（6）放牧加补料　放牧的同时给牛补充精饲料会获得非常好的效果，精饲料补充量要依牛的状态和牧草的数量、质量而定，一般补充量按育肥牛体重的0.5%～0.8%计，以能量饲料为主，晚间收牧后饲喂。

（7）放牧和饮水　饮水充分是获得较好放牧效果的前提，因此在放牧期必须重视牛的饮水。

（8）加强放牧管理，防止格斗　防止放牧时不同牛群混合引发格斗，尤其是防止未去势育肥牛的格斗。

（9）冬季越冬放牧　冬季越冬放牧以保持育肥牛体膘为主。不到远处放牧，积雪厚时不放牧，风特大时不放牧，放牧时间10点至16点，晚间补喂干草，减少越冬牛掉膘。

250. 如何制定肉牛饲养制度？

育肥牛饲养制度的核心是让牛吃饱吃好，多吃快长。

（1）育肥牛各阶段的营养需要量，由技术人员根据牛的体重体膘设计饲料配方和饲喂量，由饲养人员执行；技术人员要经常到牛舍考察饲料配方的合理性、可用性；饲养人员要及时向技术人员反映饲料配方的使用情况。

（2）实行围栏育肥时，食槽24小时有饲料，水槽24小时有水，真真做到自由采食和自由饮水；实行定时定量育肥时，日喂2～3次，第一次喂料时间为早5：00～7：00，第二次喂料时间为中午11：00～12：00，最后一次喂料时间为20：00～21:00。

（3）育肥牛的日粮（配合饲料）必须充分搅拌均匀后才能喂牛，搅拌均匀的日粮（配合饲料）应在3～4小时内喂完。

（4）每次添料不宜太多（不喂“赖槽”），尤其是夏季。

（5）不喂发霉变质饲料，饲养员有权拒绝使用霉烂饲料喂牛。

（6）饲养及管理人员实行基本工资加奖金制度，按育肥牛的增重

量、饲料消耗量、育肥牛伤亡及药费用量、劳动积极性、出勤率等制订，奖金不封顶，以发挥饲养管理人员的最大劳动效率。

（7）制定肉牛饲养制度，是确保育肥牛在规范化、制度化、程序化的环境中发挥较高的生产力的基础。

251. 如何制定肉牛管理制度？

育肥牛管理制度的核心是营造安静、清洁、舒适的环境条件，让牛休息好，多消化、多吸收、多长膘。①保持牛舍、牛场干燥、清洁卫生和安静幽雅的环境。②保持饮水清洁卫生，24小时供水。③每天清扫牛粪尿2次，上下午各1次。④喂料车、清粪尿车、消毒车出入牛舍时动作要轻。⑤夏季防暑，防蚊蝇干扰；冬季防冻，防滑倒。⑥尽量减少牛的调圈并栏，合并牛栏时要加强看管，减少格斗造成的损失。⑦雨季做好排水，雪天尽快除雪。⑧贯彻落实防重于治的方针政策，定期做好防疫注射、保健工作。⑨实施兽医巡回制度，兽医人员主动到牛舍巡诊，早发现、早治疗；实行兽医值班制；兽医处方存档备查。⑩杜绝在育肥牛舍前牵引其他牛舍或围栏的牛只，更不允许种牛从育肥牛舍前经过。⑪紧锁牛舍或围栏门，防止牛逃跑。⑫防盗防偷。⑬制订管理责任制，明确各岗位责任，奖罚分明。⑭定期和不定期称重，及时了解育肥牛增重和饲料消耗信息，为更改饲料配方和喂料量提供依据。

252. 如何制定饲料管理制度？

饲料管理制度的目标是：购买饲料的数量足斤足两，购买饲料的质量货真价实，贮存饲料要保持品质减少损失，经济实惠加工饲料，科学配合利用饲料。

1. 购买饲料数量　饲料费用占育肥牛饲养费用的大部分（约40%），因此购买的饲料数量有差异时会增加育肥牛的成本，饲料入库时必须检斤。

2. 购买饲料质量　饲料质量和价格是影响育肥牛饲养成本的另

一部分。

（1）购买饲料入库前由采购员出示饲料品质检测报告，饲料品质检测内容包括水分（含水量<15%）；蛋白质、能量（参考附表3）；杂质（含杂质<2%）；霉变等。

（2）饲料保管员接到采购员出示的饲料品质检测报告后，决定是否接纳，如接纳则将采购员出示的饲料品质检测报告存档备查。

（3）检斤入库。

3. 贮存饲料保持品质、减少损失

（1）精饲料的保管　①精饲料必须检斤后才能入库，入库检斤记录一式两份，采购员、保管员同时签字；②精饲料出库时必须检斤，出库检斤记录一式两份，保管员和领料员同时签字；③保管员每日必须做到；饲料的出入库记录（日清月结）、饲料动态报表及时报上级主管；④保管员要做好精饲料的防潮湿，防霉，防鼠害、鸟害、虫害，防火灾等工作；⑤经常检查玉米饲料有无黄曲霉变。

（2）粗饲料的保管　防霉烂，防火灾。

（3）青贮饲料的保管　防风吹雨打，防止二次发酵，防雨水浸泡。

（4）精饲料保管的损失量　以1.5%～2.0%为基本标准。

4. 加工饲料经济实惠　精饲料加工的细度、形状应最适合育肥牛利用；粗饲料粉碎细度、长短为育肥牛最喜欢。

5. 利用饲料科学配合　利用饲料时科学配合，精打细算，减少浪费。

253. 如何制定兽药管理制度？

1. 兽药物品的购置和入库　①由主管兽医提出兽药物品的购置清单，育肥牛场主管场长核签后交采购员采购；②采购员必须按采购清单目录采购，不得随意增加或减少；③采购员采购药品回牛场后将实物和已签名的发票一一交给药品保管员；④药品保管员根据采购清单验收药品数量、质量无误后在采购单上签名，发票交财务室；⑤填写入库单。

2. 兽药物品的保管　①兽药物品保管的首要任务是保质，即防

潮湿、防腐、防尘、防虫；保量，即防盗、防火、防鼠；②兽药物品账本日清月结；③不准在兽药物品库内会客，不准在兽药物品库内吸烟；④离开兽药物品库时必须紧锁门窗；⑤保管员每月向牛场主管兽医和场长汇报当月兽药入库、出库、库存、损耗及其他情况。

3. 兽药物品的出库　①由主管兽医填写药品领用单；②保管员根据药品领用单上的药品名称、数量、规格，填写出库单据，签名；③领药品人员在领取药品后在药品出库单上签名；④药品领用单和出库单存档备查。

254. 如何制定育肥牛场的奖惩制度?

育肥牛场制定奖惩制度的目的是鼓励先进、带动中间、惩罚后进，促进育肥牛场的生产，提高饲养效益。奖惩制度的宗旨是多奖少罚，最大限度地调动饲养人员的劳动积极性。现介绍某育肥牛场试行的奖惩制度。

1. 奖惩依据　基本工资加奖金，奖金的考核指标有：①育肥牛增重量；②育肥牛饲料消耗量；③兽药费用；④劳动纪律。

2. 奖惩办法

（1）育肥牛增重量　从育肥开始到育肥终了，完成日增重指标700克不奖，超过标准，每增重1千克体重给予奖金如下：

指　标	日增重（克）	纯种黄牛（元）	杂交牛（元）
701	750	0.50	0.45
751	800	0.55	0.50
801	850	0.60	0.55
851	900	0.65	0.60
901	950	0.75	0.70
951	1 000	0.90	0.80
1 001	1 050	1.00	0.90
1 051	1 100	1.15	1.00
1 101	1 150	1.30	1.10
1 151	1 200	1.50	1.20

不达标每牛罚金30元。

（2）育肥牛精饲料消耗量　从育肥开始到育肥终了，每增重1千克体重精饲料的消耗量指标为6.0千克，完成增重指标6.0千克不奖；低于标准，奖励金额为（降低饲料量×0.50元）；超出指标每千克饲料罚金为0.3元。

（3）兽药费用　从育肥开始到育肥终了，每头牛的平均兽药费标准为15元，每降低1元，奖励金额为20元/头。超出指标每牛罚金20元。

（4）劳动纪律　遵纪守法，劳动积极，奖金（500～1 000元）鼓励。

255. 安全生产包括哪些内容？

育肥牛场安全生产的内容包括：牛的运输、饲养人员、饲料加工、防电、防火、防盗、防毒、防窃等。

1. 架子牛运输安全　架子牛运输安全主要是确保人畜安全。①行车安全，不开斗气车、不开英雄车、不开有毛病的车、不违章行车；②礼让行车，不占道，不抢道，多避让；③弯路弯道减速慢行，直道中速行驶（时速50～60千米）；④司机在行车中，注意力高度集中，不疲劳驾驶，遵守行车纪律；⑤行车安全教育要经常性，坚决杜绝酒后开车；⑥遇冰雪路行车时车轮上必须设置防滑链条。

2. 育肥牛饲养安全　育肥牛饲养的安全工作主要是饲养人员的安全，饲养员进围栏打扫卫生时要防范牛顶人、踢人，尤其是野性较大的牛。

3. 饲料加工安全　①青贮饲料收割台前的安全，严禁割台前站人。②粗饲料加工粉碎时饲料入口处的安全，戴安全帽、穿戴工作服，严禁戴手套操作，严禁留长发，严禁用手推粗饲料进入粉碎机。③精饲料加工粉碎时饲料入口处的安全，戴安全帽、穿戴工作服，严禁戴手套操作，严禁留长发。④在电工指导下使用电机、机械。⑤粉碎饲料时戴防尘口罩。

4. 防火安全　①育肥牛场的防火工作应常年抓，在冬季特别要注意粗饲料的防火；②设防火标识，划定防火区；③防火区内严禁吸烟；④冬季取暖时既要防火，更要防煤气中毒；⑤经常检查消防用水的设备完好性。

5. 用电安全　①电工凭证上岗，严禁无证操作；②制订用电操作规程；③有电击危险点设防电击标识；④经常检查线路、闸盒，确保电路正常运行。

6. 防盗防窃　①经常进行防盗防窃思想教育；②完善防盗防窃管理制度；③严格执行货物出入管理制度；④实行夜间巡逻制度。

256. 怎样计算牛场的折旧?

牛场固定资产折旧分永久性建筑物的折旧和设备折旧两种。

1. 育肥牛场永久性建筑物的折旧年限和折旧方法

（1）牛舍 20 年　每年的折旧费为：牛舍总造价/20。

（2）办公及生活用房 20 年　每年的折旧费为：办公及生活用房总造价/20。

（3）青贮窖（青贮壕、青贮塔）10 年　每年的折旧费为：青贮窖总造价/10。

（4）精饲料库 15 年　每年的折旧费为：精饲料库总造价/15。

（5）粗饲料库 5 年　每年的折旧费为：粗饲料库总造价/5。

（6）水井水塔 20 年　每年的折旧费为：水井水塔总造价/20。

（7）围墙 8 年　每年的折旧费为：围墙总造价/8。

2. 育肥牛场设备折旧年限和折旧方法

（1）车辆 5 年　每年的折旧费为：购买车辆总价/5。

（2）办公设备 3 年　每年的折旧费为：购买办公设备总价/3。

（3）机械 6 年　每年的折旧费为：购买机械总价/6。

（4）衡器设备 10 年　每年的折旧费为：购买衡器总价/10。

育肥牛场的折旧年限可长一些也可短一些，但是在实际操作时以短一些有利于经营者。

257. 为什么要建立育肥牛档案?

档案是育肥牛场管理工作中十分重要的环节，建立育肥牛档案的重要性表现在以下几方面。

（1）育肥牛档案是制定生产计划的必要条件，一个既能指导促进生产，又能避免盲目生产的计划，要依据育肥牛的档案来制定。

（2）建立育肥牛的销售网络，没有档案是不可设想的。

（3）饲养方案的制定离不开育肥牛的档案　档案显示哪个饲料配方的饲养效益更高，哪个品种牛的育肥成绩好，哪个体重阶段育肥效果更好，等等。

（4）育肥牛档案是进行成本核算时的主要依据，没有育肥牛的档案就不可能进行成本核算：①每一批育肥牛的成本核算；②每一个饲养员的成本核算；③每季度的成本核算；④每一头育肥牛的成本核算；⑤每一栋牛舍的成本核算；⑥全年度育肥牛的成本核算。

（5）安全生产离不开育肥牛的档案　由于有了档案记录，牛肉生产的全过程都记录在案，生产中出现差错，都能找到是哪个生产环节出的差错；哪块牛肉出问题，都能找到是哪一头牛。没有档案记录就做不到安全及质量的跟踪服务。

（6）育肥牛场进行年度或季度的生产运营总结时也离不开档案。

（7）育肥牛档案是业绩（育肥牛场、员工、业主）考核的依据。

（8）育肥牛档案也是交纳税收的依据。

258. 育肥牛档案有哪些?

1. 饲养档案　肉牛育肥场内发生的牛群购进量（分品种）、牛群出栏量（分品种）、牛体重称重等的记录。

（1）架子牛（肉牛）购进头数记录档案，包括日期、体重、品种、年龄、性别、毛色等。

（2）肉牛出栏头数记录档案，包括日期、体重、品种、年龄、性别、毛色等。

(3) 畜群周转记录记录档案，包括分围栏或分饲养人员、分品种记录。

(4) 育肥牛群的日报表记录档案，分围栏或分饲养人员、分品种记录。

(5) 育肥牛群的月报表记录档案，分围栏或分饲养人员、分品种记录。

(6) 育肥牛群的季度报表记录档案，分围栏或分饲养人员、分品种记录。

(7) 育肥牛群的年度报记录档案，分围栏或分饲养人员、分品种记录。

(8) 肉牛体重记录档案，分围栏或分饲养人员记录。

(9) 饲料消耗量记录档案，分围栏或分饲养人员记录。①每日饲料消耗量记录档案，分围栏或分饲养人员记录；②每月饲料消耗量记录档案，分围栏或分饲养人员记录；③每季度饲料消耗量记录档案，分围栏或分饲养人员记录；④每年度饲料消耗量记录档案，分围栏或分饲养人员记录。

(10) 肉牛称重记录　①牛进出栏称重记录，按个体或分围栏或分饲养人员、分月记录；②饲养期称重记录，按个体或分围栏或分饲养人员、分月记录。

(11) 育肥牛场气象资料记录档案　常规气候；特殊气候（极端气候）。

2. 饲料记录　①精饲料购入和消耗量；②蛋白质饲料购入和消耗量；③粗饲料购入和消耗量；④其他饲料购入（盐、添加剂等）和消耗量。

3. 兽医档案　①疾病档案，分围栏或分饲养人员，分月、季度、年度记录；②死亡记录档案，分围栏或分饲养人员，分月、季度、年度记录；③病死牛解剖记录；④药品购销记录档案，分月、季度、年度记录；⑤防疫注射记录档案，分月、季度、年度记录；⑥牛场消毒记录档案；⑦传染病记录档案；⑧非常药品记录。

4. 财会档案　建立公司财会有关管理制度。

5. 商贸档案　肉牛育肥场内发生的商贸活动记录。

6. 固定资产档案 设备、房地产、车辆等。

7. 无形资产 科技成果、专利等。

8. 档案记录方法 ①分类编号；②用铅笔或不褪色的黑色笔记录；③数字需要改写时，在原数字上打○，不能抹去或涂成黑点；④记录本不能任意撕扯缺页；⑤记录本不能任意书写与档案无关的文字材料；⑥每天填写；⑦记录员签字；⑧填写日期。

9. 档案保密制度 档案是育肥牛场非常重要的商业秘密，也是育肥牛场非常重要的知识产权，理应妥善保管，并在一定时间内保守机密。①制定档案保管、保密、借阅制度；②专人保管；③设专柜保藏；④防虫害、防潮湿。

第五部分　育肥牛的保健

259. 育肥牛的应激反应有哪些表现？

应激反应是指牛原有的生活环境突然改变或受到其他因素的刺激和干扰时，产生应对作出的反应。

1. 产生育肥牛应激反应的原因　①缺乏饲料供应或饮水不足；②混群，将不是同一栏的牛混在同一群；③育肥牛场内或周边环境噪音、异响、异味刺激；④气候环境恶劣，过分寒冷、过分炎热、过分潮湿；⑤改变饲养环境条件，从这一栋牛舍换到另一栋牛舍；⑥牛受伤、生病；⑦育肥牛被出售运输时；⑧过度密集饲养时。

2. 育肥牛应激反应的特征　①牛发生应激时精神紧张、四处张望、烦躁不安、试图脱离现实环境；②活动增加，呼吸加快；③排尿、排粪次数增加；④浑身哆嗦、颤抖，淌口水；⑤少吃少饮；⑥对管理人员的反应迟钝。

3. 减少或缓和应激反应的措施　①饲养管理有序、有规律；②生活环境清静稳定，牛舍干燥，清洁卫生，无噪音、异响、异味刺激的干扰；③饲养管理人员多接触牛，温和善待育肥牛。

260. 收购架子牛时的保健措施有哪些？

肉牛育肥防疫保健要从架子牛的源头抓起，从母牛繁殖到架子牛育肥，一个环节都不能缺少，一个环节都不能有漏洞。下面结合肉牛易地育肥技术介绍肉牛育肥环节中的防疫保健。

1. 架子牛产地疫情的考察　架子牛生产地疫情的考察：通过县、乡、村各级防疫部门了解当地近半年内有无疫情、疫病，有何种疫病，发病头数、病区面积、发病季节、死亡数、死亡后的处理方法等。

2. 交易现场检查 在架子牛交易地进行现场检查。①牛的食欲：在现场观察牛的采食饲料量，牛肚的大小、反刍次数；②牛静态和动态的表现；③测试牛体温；④各种免疫接种的证件、证件的有效时间。

3. 实验室检验内容 必要时进行实验室检验，检验内容有：牛口蹄疫、结核病、布氏杆菌病、副结核病、牛肺疫、炭疽病等。

261. 架子牛运输时的保健措施有哪些？

架子牛运输期间的保健措施：①运输架子牛的车辆车况良好，车架捆绑牢固；②运输车辆具有防滑地板，在地板上垫碎草或干土，防止牛在运输途中滑倒；③运输前服用或注射维生素 A50 万～100 万国际单位；④运输途中，启动要慢，停车要稳，切勿紧急刹车，弯路慢行，中速行车；⑤运输途中经常检查有无牛倒地，如有应帮助其站立，以免被别的牛踩伤或踩死；⑥运输途中饮水和喂料，运输距离较远，应设法给牛饮水或喂料（将粗饲料捆在车厢内壁上）；⑦运输距离较远时途中应休息几次，运输 4～5 小时休息 1 次；⑧恶劣天气停止运行。炎夏季节避免中午前后运行，寒冬季节避免夜间运行。

262. 架子牛过渡饲养阶段的保健措施有哪些？

架子牛过渡饲养阶段的保健措施有以下内容：

（1）架子牛运输到牛场后，立即卸车并检疫、称重、消毒。

（2）检疫、称重、消毒后按体重（或品种、年龄、毛色、体质）分群饲养。

（3）分群后适量饮水，依牛体重大小、运输里程远近而定，过 2～3 小时第 2 次充分饮水。

（4）采取恢复性饲养措施，尽快恢复肉牛正常生活，第 2 次饮水后投喂优质干草少量；4～5 小时后饲喂部分干草和青贮饲料；7～8

小时后可以饱食干草和青贮饲料。

(5) 休息2～3天后驱除体内外寄生虫。

(6) 保持牛舍干净、清洁、安静，营造一个有利于肉牛生长的生活环境。

(7) 免疫接种　肉牛育肥场应经常有计划地进行免疫接种，这是预防和控制肉牛传染病的重要措施之一。免疫接种工作会给牛场带来麻烦和增加费用，但是养牛者应该认识到发生传染病造成的损失更大。育肥牛场常用于肉牛预防接种的疫（菌）苗有以下几种。

1) 无毒炭疽芽苗　预防炭疽病。12月龄以上的牛皮下注射1毫升，12月龄以下的牛皮下注射0.5毫升。注射后14天产生免疫力，免疫期12个月。

2) Ⅱ号炭疽菌苗　预防炭疽。皮内注射0.2毫升，皮下注射1毫升。使用浓菌苗时，按瓶签规定的稀释倍数稀释后使用。注射14天后产生免疫力，免疫期12个月。

3) 气肿疽明矾菌苗（甲醛苗）　预防气肿疽病。皮下注射5毫升（不论牛年龄大小）。注射后14天产生免疫力，免疫期6个月。

4) 口蹄疫弱毒苗　预防口蹄疫病。周岁以内的牛不注射，1～2岁牛肌肉或皮下注射1毫升，3岁以上的牛肌肉或皮下注射3毫升。注射7天后产生免疫力，免疫期4～6个月。育肥牛接种A、O双价弱毒苗更安全保险。在生产实践中，接种疫苗的病毒型必须与当地流行的病毒型一致，否则达不到接种疫苗的目的。

5) 牛出败氢氧化铝菌苗　预防牛的出血性败血症。肌肉或皮下注射，体重100千克以下的牛注射4毫升，体重100千克以上的牛注射6毫升。注射21天后产生免疫力，免疫期9个月。

6) 牛副伤寒氢氧化铝菌苗　预防牛副伤寒病。1岁以下的牛肌肉注射1～2毫升，1岁以上的牛肌肉注射2～5毫升。注射14天后产生免疫力，免疫期6个月。

7) 药物保健　为了让架子牛尽快适应新的饲养环境，恢复精力和达到最好最大的采食量，在肉牛配合饲料中长期饲喂（添加）符合我国卫生要求的抗生素、保健剂，对架子牛获得健康的体质是十分重要的，可以用来促进架子牛健康生长的药物有很多种类，现介绍以下一些药物，供参考（表 5-1）。

263. 肉牛育肥阶段的保健措施有哪些？

架子牛育肥阶段的保健措施如下。

（1）严格遵守肉牛育肥阶段的各行饲养管理制度，让育肥牛吃饱喝足、休息好。

（2）提高饲料配方的科技含量，变更配方时必须有过渡期。

（3）不喂霉烂变质饲料。

（4）坚决贯彻预防为主、防重于治的主动防疫制度。

（5）保持育肥牛舍的清洁卫生、干燥、安静。

（6）饮水充分、清洁卫生。

（7）饲养管理人员要热爱养牛工作，爱牛爱岗，善意待牛，不鞭打牛。

（8）有条件的牛场、养牛户可在牛舍、牛圈安装音响，播放轻音乐，营造良好的生活环境，形成牛的条件反射，有利于牛的身心健康。

（9）严禁使用违禁药品、低质或超标添加剂喂牛，使用违禁药品和低质或超标添加剂不仅会影响育肥牛的健康，更会污染牛肉。

（10）药物保健　为了保证肉牛在育肥全程中具有旺盛的精力，最好最大的采食量，较高的饲料转化效率，以及有较高的日增重，使肉牛具有健康的体质是十分重要的。为此，可在肉牛配合饲料中长期饲喂（添加）符合我国卫生要求的抗生素、保健剂等添加物。可以用来保证育肥牛健康成长的药物有很多种类，现介绍以下一些常用的药物种类和使用剂量，供参考（表 5-1）。

表 5-1　育肥牛抗生素、保健剂添加物的种类及添加量

药物种类	牛别	剂　量	作　用
金霉素	犊牛	25～70 毫克/头·日	促进生长、防治痢疾
金霉素	肉牛	100 毫克/头·日	促进生长、预防烂蹄病
金霉素＋磺胺二甲嘧啶	肉牛	350 毫克/头·日	维持生长、预防呼吸疾病

（续）

药物种类	牛别	剂 量	作 用
红霉素	牛	37毫克/头·日	促进生长
新霉素	犊牛	70～140毫克/头·日	防治肠炎、痢疾
土霉素	肉牛	0.02毫克/天·千克体重	提高日增重、防治痢疾
青霉素	肉牛	7 500国际单位/头·日	防治肚胀
黄霉菌素	肉牛	30～35毫克/头·日	提高日增重速度
黄霉菌素	犊牛	12～23毫克/头·日	提高日增重速度、提高饲料利用效率
杆菌肽素	牛	35～70毫克/头·日	提高增重、保健
泰乐菌素	肉牛	8～10克/吨饲料	提高增重、保健
赤霉素	肉牛	80毫克/头（15日/次）	提高增重、提高饲料利用效率
黄磷脂霉素	牛	8毫克/千克饲料	促进生长、提高饲料利用效率
瘤胃素	肉牛	300～360毫克/头·日	防止腹泻，提高饲料利用效率

育肥牛抗生素、保健剂添加物的种类及添加量的说明：①口服抗生素、保健剂的使用量都较微小，因此在使用前应在特制的混合机内和辅料（或载体）一起充分搅拌（扩散处理）；②上述抗生素、添加物的使用，应在肉牛出栏前21～28天停止投药；③泰乐菌素、瘤胃素可以使用到肉牛屠宰；④在使用瘤胃素时，千万注意防止马属动物接触以免发生危险。

264. 育肥牛场的防疫措施有哪些？

1. 育肥牛场大门口防疫措施 ①牛场大门进口处设消毒池，池内用2%～3%浓度的消毒液（氢氧化钠）；②进出牛场车辆必须经过消毒池、人员必须经过消毒室；③来访客人必须登记，经过消毒室后才能进入牛场；④谢绝参观生产间，如牛围栏、饲料调制间等，采用闭路电视代替。

2. 引进架子牛的防疫制度 ①在架子牛采购前，对架子牛产区进行疫情调查，并对架子牛运输沿线也进行疫情调查，不在有疫情的地区收购架子牛；②在育肥牛场边一侧，专设架子牛运输车的消毒点，在架子牛卸车前将车体、车厢、车轮底消毒；③架子牛卸车后，检疫、观察前进行消毒，消毒药液喷雾、喷淋，消毒光照；④经过运输的架子牛，到牛场后再次进行检疫、观察，确认健康无病时才进入过渡牛舍（检疫牛舍）；⑤经过5～7天的检疫、观察，确认牛健康无病时转入健康牛舍饲养；⑥采购架子牛时，架子牛产地必须出具县级以上的检疫证、防疫证、非疫区证件。

3. 育肥牛疾病报告制度 ①设专用兽医室，并建立牛舍巡视制度；②饲养人员一旦发现病牛，应立即报告兽医人员，报告人要清楚、准确说明病牛所在位置（牛舍号、牛栏号）、病牛号码、简单病情；③兽医人员接到报告后，应立即到病牛跟前诊断、治疗；④病牛是否需要隔离，兽医应尽早作出判断；⑤遇有传染病和重大病情时，兽医人员应立即报告给牛场领导，并提出本人对病患的看法、治疗方案、处理方案；⑥设立病牛舍，发现病牛，隔离治疗；⑦建立病牛处理登记制度，建立病牛档案制度，建立疾病报告制度。

4. 牛场牛舍定期消毒制度 ①育肥牛场全场消毒，每年进行1～2次；②围栏、食槽、饮水槽、用具，每月消毒1次。实施全进全出饲养制度时，每批新进牛在入围栏前必须消毒食槽、水槽、围栏、地面；③牛舍地面经常消毒，新牛进栏前必须消毒。

5. 管理人员的卫生防疫 ①管理人员每年最少体检1次，无传染病者才能在牛场工作；②管理人员注意个人卫生，常洗澡、勤换内衣，常理发，常修指甲；③管理人员不在外面无证摊贩上购买生熟牛、羊、猪肉，不准将外面的生熟牛、羊、猪肉带回牛场食用。

265. 饲料保存过程中应防哪七害？

在饲养肉牛时，要防止各种污染，仅来自饲料方面的污染多达7种，这些污染往往是导致肉牛营养素损失和育肥失败的主要因素。因此，在保存使用饲料时，要严防以下7种污染：

1. 虫害鼠害污染 鼠害虫害可造成饲料营养损失或在饲料中留

下毒素。在温度适宜、湿度较大的情况下螨虫类对饲料危害较大。鼠害不仅会造成饲料损失，还会造成饲料污染，传播疾病。养牛场应坚持防止虫害、扑杀鼠类常态化。

2. 微生物类污染　饲料潮湿（含水量高）、温度适宜时易滋生黄曲霉菌、青霉菌、赤霉菌和镰刀霉菌等有害微生物，这些微生物会产生黄曲霉毒素、赤霉素、赤霉烯酮等对肉牛有害的毒素。其中黄曲霉毒素的毒性最强。饲料贮存过程中保持饲料的含水量在13%以下。

3. 抗营养因子污染　在肉牛饲料中的抗营养因子主要有蛋白酶抑制因子、碳水化合物抑制因子、矿物元素生物有效性抑制因子、颉颃维生素作用因子、刺激动物免疫系统作用因子等。它们的存在会干扰肉牛对饲料养分的消化、吸收和利用。在实际操作中要在技术人员的指导下正确处理和使用饲料。

4. 有害化学物质污染　主要包括农药污染、工业“三废”污染、营养性矿物质添加剂污染等有害化学物质。生产中避免采购受污染的原料作饲料。

5. 非营养性添加剂污染　抗生素、激素、抗氧化剂、防霉剂和镇静剂的作用对预防疾病、提高饲料利用率和生长速度有很大作用，但若不严格遵守使用原则和安全用量及停药时间，药物及其代谢产物会在牛肉中残留，并通过排泄物污染环境。肉牛饲养过程中应在技术人员指导下使用非营养性添加剂。

6. 加工过程中产生的毒物交叉污染　在肉牛饲料加工时工艺控制不当，饲料中成分复杂的添加剂在粉碎、输送、混合、制粒、膨化等特殊的加工过程中会发生降解反应、氧化还原反应，生成一些复杂的化合物。

7. 肉牛饲料生产过程中的混杂污染　也是影响饲料卫生和质量的一个重要因素。因此在饲料加工生产过程中要注意清扫设备，避免饲料在输送及混合过程中分解和残留。严格按饲料加工工艺操作。

266. 如何通过牛粪鉴别牛的健康程度？

健康牛的粪便具有一定的形状（环圆形、扁圆形、馒头形）和硬度（软硬适中），无异臭。牛粪表面无黏液，更无血液，光滑，有光泽，褐黄色，一次排粪落在一起。

亚健康牛和病牛的牛粪表现为：

（1）粪干如球状　牛采食量少，或发烧，或严重缺水，或日粮为干硬粗饲料。

（2）粪稀不成形　原因有气候突变引起消化不良的肠胃病；饲料霉变引起病菌侵犯的肠道病；精饲料过多引起的“酸中毒”症。

（3）牛粪表面有黏液或血液　缺乏运动或发烧引起便秘。

育肥牛的年龄、饲料饲养条件、饮水量、病态等因素都会影响牛粪便的形状，尤其是疾病。

牛粪形状是牛健康状态的晴雨表，因此可根据牛粪的形状判断牛是否健康强壮，患的是什么病。故作者建议饲养管理人员应早中晚三次观察牛粪，对粪便异常牛注意进一步观察。

267. 牛舍消毒应选用什么药？

用于牛舍的消毒药种类较多，使用浓度也不同，现将常用的消毒药及使用浓度介绍如下。

消毒药	浓度（%）	消毒对象
石灰乳	10～20	牛舍、围栏、饲料槽、饮水槽
热草木灰水	20	牛舍、围栏、饲料槽、饮水槽
来苏儿溶液	5	牛舍、围栏、用具、污染物
漂白粉溶液	2	牛舍、围栏、车辆、粪尿
烧碱水溶液	1～2	牛舍、围栏、车辆、污染物
过氧乙酸	0.5	牛舍、围栏、饲料槽、饮水槽、车辆
过氧乙酸	3～5	仓库（按仓库容积，2.5毫升/米^3）
臭药水	3～5	牛舍、围栏、污染物

268. 育肥牛拉稀怎么办？

架子牛在育肥过程中，常常发生拉稀现象，有时粪便呈黑色，有

时粪便呈黄色，有时为水样稀粪。

1. 致病原因　①使用发霉变质的饲料喂育肥牛；②饲料配合不够合理，或饲喂精饲料量过大；③天气突然发生变化；④较长时间缺水后饮水过量。

2. 主要病症　①拉稀；②采食量显著下降，精神状态不好，低头、闭眼、尾巴不停地摆动等。

3. 治疗方法　①由细菌引起的拉稀，采用相应的防治药物；②由育肥后期饲喂精饲料量过大引起的拉稀，在配合饲料中添加瘤胃素，每天每头的喂量为：0～5天60毫克，6天后200～300毫克，最大量不能超过360毫克，直到育肥结束。

4. 预防措施　①严格禁止使用发霉变质的饲料喂育肥牛；②变更饲料配方时应逐步完成，至少应有3～5天的过渡；③在育肥阶段中，精饲料量的比例超过60%（干物质为基础）时，配合饲料中添加瘤胃素或小苏打。

269. 牛感染口蹄疫病怎么办?

口蹄疫是牛、羊、猫、狗等偶蹄动物的一种急性、高度接触性传染病。其主要特征是口腔黏膜、蹄部趾间、蹄冠冠部皮肤及乳房皮肤发生水泡和溃烂。

1. 致病原因　致病原因是口蹄疫病毒，分为七个主型，即A型、O型、C型、南非1型、南非2型、南非3型、亚洲1型，以A、O两型危害最大。

2. 主要病症　①牛食欲下降，采食量减少，流涎，闭口，体温达40～41℃，精神萎靡不振。②在牙龈、口腔唇部内侧面、舌表面及面颊部的黏膜有水泡，水泡有黄豆大到核桃大。③蹄部趾间、蹄冠冠部皮肤、乳房皮肤发生水泡和溃烂。

3. 治疗　根据国家有关规定，口蹄疫病牛应一律扑杀，不准治疗。

4. 预防措施

（1）常年防疫，重点做好春秋两季口蹄疫疫苗注射（适合型口蹄疫苗)，注射密度达到100%。

(2) 新购架子牛进场时100%注射口蹄疫疫苗，在当地防疫部门指导下，注射适合型口蹄疫疫苗，不漏注、疫苗足量注射。

(3) 坚持常年防疫消毒，定期检疫。

(4) 发生口蹄疫时　①应立即上报，划定疫区，严格封锁，就地扑灭，严防蔓延；②疫点周围和疫点内未感染牛、羊、猪、狗等立即接种口蹄疫疫苗，接种顺序为由外向内；③污染的牛圈牛舍、饲槽、饮水槽、工具、粪便用2%氢氧化钠溶液消毒；④最后1头病牛扑杀14天后，无新病例出现，经过彻底消毒，报请上级批准后解除封锁。

270. 牛感染炭疽病怎么办?

1. 致病原因　由炭疽杆菌引起。

2. 主要病症

(1) 急性型　病牛呼吸困难，突然发病倒地，眼结膜的颜色发绀。鼻、眼流血，血液不凝固，数小时死亡。

(2) 慢性型　病牛有明显的腹部疼痛症状，便血，前胸、腰部有水肿病变。

3. 治疗方法　①静脉注射抗炭疽血清100～300毫升，4～6小时一次；②肌内注射青霉素200万～400万国际单位，4～6小时一次。

4. 预防措施　①封锁疫点、禁止疫区内交易牛、羊等，停止运出和运进牲畜和草料，立即向上级主管部门报告疫情。②及时无血扑杀病牛，并对扑杀病牛进行无害化处理。③对病牛所在牛舍、被病牛污染的场地、用具和周边环境用20%的漂白粉、5%的烧碱溶液严格消毒。④病畜周边的牛、羊、猪及大牲畜等易感家畜接种无毒炭疽芽孢菌苗，12月龄以上的牛，皮下注射1毫升；12月龄以下的牛，皮下注射0.5毫升，免疫期1年。注射Ⅱ号炭疽菌苗，皮下注射1毫升，免疫期1年。⑤对直接接触病牛的饲养管理人员及周边人员，内服阿莫西林，连续3天。

271. 牛感染结膜炎（红眼病）怎么办？

1. 致病原因　结膜炎由一种病毒引起。

2. 主要病症　①眼睛红肿；②眼睛有脓样分泌物，严重时眼球凸出、失明；③食欲不振。

3. 治疗方法　①先用生理盐水清洗眼部，再用硼酸水2%～4%洗眼，一日数次；洗眼后涂抹金霉素眼膏；②控制体温，注射青链霉素，上午、下午各一次。

4. 预防措施　①不在有结膜炎病区采购架子牛；②新采购的架子牛进场时一律用眼药水滴眼。

272. 如何防治牛前胃弛缓症？

前胃弛缓症是牛育肥阶段中最为常见的疾病之一。中兽医称之为“胃寒不吃草”。常常由于前胃机能紊乱，导致育肥牛的食欲下降、绝食，前胃蠕动减弱甚至停止，有时伴有拉稀现象。

1. 致病原因　造成育肥牛前胃弛缓的原因较多，归纳有以下几种。

（1）饲料配合、配方不合理　或者精饲料比例过高；或者酒糟、粉渣饲料的比例过大；或者块根饲料、多汁饲料的比例过高。

（2）饲养制度不合理　突然改变饲养方法，如粗饲料型配合饲料突然改为精饲料型配合饲料，导致粗饲料采食量显著减少，而精饲料采食量过量增加，造成前胃机能的紊乱。

（3）饲料单一　饲料单一，导致饲料营养成分的极度不平衡，牛食欲下降，采食量减少。

（4）饮水质量差　饮水量少、或饮水不及时、或水不清洁，尤其饲喂较多的干粗饲料时易发生前胃弛缓。

（5）喂料不及时　两次喂料的间隔时间太长，育肥牛一次采食量过多。

（6）天气突然变化　突然变化了的天气，导致育肥牛抵抗力下降，前胃蠕动减弱甚至停止。

（7）创伤性网胃炎诱发。

（8）其他原因　由于寄生虫病，如肝片吸虫病、血孢子虫病，传染病（流行热）等诱发。

2. 主要病症　病牛的主要症状为：无反刍，或反刍极缓慢；病牛停止采食、饮水；听诊时瘤胃蠕动减弱甚至停止；牛粪便呈块状或索条状，上附黏液；有时先便秘、后拉稀，或两者交替进行；病牛严重脱水，卧地不起。

3. 治疗方法　促进瘤胃收缩，缓泻制酵。

（1）石蜡油1 000～3 000毫升，人工盐300～400克，番木鳖酊10～30毫升，加水，一次灌服。

（2）按育肥牛体重大小，皮下注射药液（氨甲酰胆碱）。

（3）洗胃，用4%碳酸氢钠溶液或0.9%食盐溶液充分洗胃，洗胃以后给牛补充液体，液体配方有：①5%葡萄糖生理盐水1 000～3 000毫升，20%葡萄糖溶液500毫升，混合灌服；②5%碳酸氢钠溶液500毫升、20%安钠咖药10毫升，一次静脉注射；③10%氯化钠溶液500毫升、20%安钠咖药10毫升，一次静脉注射。

（4）氯化钠25克、氯化钙5克、葡萄糖50克、安钠咖1克、蒸馏水500毫升，灭菌，一次静脉注射。

（5）人工盐250～300克，或硫酸镁500克，加水溶化，灌服。

（6）灌服健胃剂。健胃剂龙胆酊50～80毫升，或大黄酊50～80毫升，或生姜酊50～80毫升，一次灌服。

（7）防止胃肠异常发酵。灌服福尔马林10～15毫升；鱼石脂10～15克、酒精100～150毫升，加水，一次灌服。

（8）皮下注射：①新斯的明20～60毫克，每隔2～3小时一次；②毒扁豆碱30～50毫克，一次皮下注射；③盐酸毛果芸香碱40～60毫克，一次皮下注射。

4. 预防措施　①杜绝各种致病因素的发生；②饲料配方中精饲料比例较高（60%以上）时，每头牛每天喂瘤胃素200～300毫克；③喂牛的饲料必须经过磁化处理，防止铁丝、铁钉混入饲料，伤及网胃。

273. 如何防治牛瘤胃臌胀病?

1. 致病原因

(1) 饲料配方不当，或饲料搅拌不均匀，致使个别育肥牛吃食了过量的易发酵饲料，如青饲料、白薯（红薯、山芋、地瓜）块、精饲料等。

(2) 管理不当，育肥牛跑出围栏，采食大量的精饲料。

(3) 误食有毒饲料饲草，如野草毒芹、毛茛等。

(4) 由于饥饿采食了较多发霉变质饲料。

(5) 在收获后的大豆地放牧时采食较多的大豆（东北地区较多）。

以上几种情况，极容易造成育肥牛瘤胃内容物在短时间之内急剧发酵，产生大量的气体，不易排出，形成瘤胃臌胀病。

(6) 瘤胃积食、创伤性网胃炎等疾病因素也会诱发瘤胃臌胀病。

2. 主要症状　①牛的腹部急剧臌胀，左侧肷窝显著臌起，用手敲打瘤胃时能听到鼓音；②食欲、反刍完全废绝；③病牛惊恐不安、四肢开张、呼吸困难，严重时张口伸舌，口角流涎，随着病情加剧，卧地不起，呼吸越来越困难。

3. 治疗方法

(1) 木棒消气法　病情较轻时，用木棒消气法可获得较好的治疗效果。具体治疗方法是用木棒一根（长30厘米），压在牛的口腔内，木棒两端露出口角两侧，用细绳拴在牛角上，并在木棒上涂抹食盐之类有味的东西，利用牛张口、舔木棒动作，帮助胃内气体逐渐排出。

(2) 用食醋500～1 000毫升，加植物油500～1 000毫升，一次灌服。

(3) 灌服泻药，硫酸镁500～1 000克、液体石蜡油1 000～1 500毫升、松节油30～40毫升，加水适量，一次灌服。

(4) 取生石灰500克，加水3 000～4 000毫升，充分搅拌均匀，沉淀，取清澈溶液灌服。

(5) 排气减压法　①把导管经牛食管插入瘤胃，气体由导管排出，要掌握排气速度，切忌放气速度太快；②用套管针头放气，在牛腹部左侧，剪毛、消毒，将套管针刺入瘤胃后取出套管针针芯，气体随套管排出，慢慢排气，快速排气会发生死牛现象。

用方法二排气，遇排气受阻或排出泡沫，可进一步诊断为泡沫性臌气病。治疗泡沫性臌气病：聚氧化丙烯药与聚氧化乙烯药的合剂20～25克，灌服；或消泡剂（聚合甲基硅油）30～60片，灌服。

（6）制止瘤胃内容物发酵　①烟叶末100克，菜油250毫升，松节油40～50毫升，常水500毫升，一次口服，约半小时见效；②豆油脚250～500毫升，加温水灌服。

4. 预防措施　①切实做好育肥牛的饲料配合、搅拌，不要轻易变更饲料配方；②采用野草喂牛，要检查有无毒草，如野草毒芹、毛茛等；③防止用霉烂变质饲料喂牛；④饲养管理有序、制度化，防止牛跑出围栏误食多量精饲料；⑤在大豆地放牧时控制放牧时间。

274. 如何防治牛瘤胃积食？

1. 致病原因

（1）育肥牛突然采食大量精饲料，发生于牛跑出围栏采食大量精饲料，或饲料调配不均牛采食精饲料过量；育肥牛在较长期内采食粗饲料较低的（粗饲料比例小于15%）配合饲料。

（2）其他疾病诱发，如瘤胃迟缓、重瓣胃阻塞、创伤性网胃炎等。

2. 主要症状　①食欲、反刍完全废绝。②牛的鼻镜无水珠（干燥），腹痛不安，回头望腹、后肢踢腹、摇尾弓背的症状明显。③腹围增大，左侧下部尤为明显。④排粪次数增加、排粪数量减少。⑤触摸瘤胃时可感到瘤胃坚实；听诊瘤胃时瘤胃蠕动音减弱、次数减少，严重时瘤胃停止蠕动。⑥呼吸困难。

3. 治疗方法

（1）治疗较轻病牛　饥饿疗法，即在发现病症后停止喂精饲料1～2天，但供应充足饮水，并限量饲喂优质干草、青贮饲料、鲜

草；按摩瘤胃，每次10～20分钟，1～2小时按摩一次，结合按摩灌服大量温水，效果会更好；也可以口服酵母粉250～500克，每天2次。

（2）治疗较重病牛

1）灌服泻药：用硫酸钠（或硫酸镁）500～800克，加松节油30～40毫升，常水5～8升一次灌服；用油类泻药，石蜡油1 000～1 500毫升，蓖麻油500～1 000毫升，一次灌服；或盐类泻剂与油类泻剂并用，用过泻药后给牛补充生理盐水5 000毫升。

2）提高瘤胃的兴奋性可静脉注射"促反刍注射液"500～1 000毫升，或内服促反刍散80～100克。

3）洗胃：用浓度为4%的碳酸氢钠溶液洗胃，尽量将瘤胃内容物洗出。洗胃后大量补充生理盐水。

4. 预防措施　①防止育肥牛在较长时间内吃不到饲料，饥饿后暴食，短时间内采食饲料过量，造成瘤胃积食；②配合饲料的变更要逐渐完成，突然变更饲料配方，易引起育肥牛在短时间内采食饲料过量，造成瘤胃积食；③防止育肥牛出栏偷吃精饲料；④在高精饲料强度催肥阶段，配合饲料中加瘤胃素（300～360毫克/头、日）或小苏打（精饲料喂量的3%～5%）。

275. 如何防治牛创伤性心包炎？

1. 致病原因　牛的采食速度较快，当饲料中混有铁丝、铁钉及其他尖锐金属物时，会随饲料进入牛的第一胃，这些金属物继而进入网胃，网胃与心脏仅一膜相隔，随着胃蠕动，铁丝等金属极易刺破胃壁，伤及心包，造成心包炎。

2. 主要症状　①牛毛粗糙蓬乱、干燥、无光泽；②拱背，喜站、不愿意卧地；③卧下时常常呈犬坐姿势。

3. 治疗方法　由于治疗效果差，因此一旦确诊，立即淘汰。

4. 预防措施　①在饲料粉碎机入口处放置强磁铁，吸附铁丝等金属物；②喂饲料前用强磁铁制成的铁耙检查饲料中有无铁丝等金属物；③定期用磁棒投入牛胃内吸附金属物。

276. 如何防治育肥牛肝脓肿？

1. 致病原因 ①高精饲料催肥阶段，营养代谢紊乱；②体内寄生虫侵犯肝脏。

2. 主要症状 ①食欲减退，采食量下降，逐渐消瘦；②测量体温时常有低烧现象。

3. 治疗方法 ①注射青、链霉素，上午、下午各一次，达到控制体温的目的；②使用保肝药物（投喂或注射）。

4. 预防措施 ①驱除体内寄生虫；②高精饲料催肥阶段，配合饲料中加瘤胃素（36～300 毫克/头·日）或饲喂小苏打（精饲料喂量的 3%～5%）；③配合饲料中添加泰乐菌素（8 克/1 000千克饲料）。

277. 如何防治牛黄曲霉毒素中毒？

1. 致病原因 各种用来喂牛的精饲料（玉米、大麦、花生、小麦、麸皮、米糠等）含水量较高（含水量大于 18%），或仓库温度较高时，极易被黄曲霉菌感染，当育肥牛采食被黄曲霉菌感染的饲料后发病。

2. 主要症状 ①精神沉郁，对外来刺激反应迟钝；②食欲下降，反刍减少或停止；③瘤胃臌气，贫血，消瘦。

3. 治疗方法 ①硫酸镁 500～1 000 克或人工盐 300 克，加水溶解，一次灌服，连续 3 天；②25%葡萄糖溶液 500 毫升、20%葡萄糖酸钙溶液 500 毫升，静脉注射；③5%葡萄糖生理盐水 1 000 毫升、20%安钠咖药 10 毫升、40%乌洛托品 50 毫升、四环素 250 单位，静脉注射；④多喂青绿饲料、青贮饲料。

4. 预防措施 ①精饲料的含水量 15%以下才能贮存，保持仓库通风良好，防止高温；②定期检查有无黄曲霉菌；③用药物（福尔马林）熏蒸仓库；④不用霉变饲料喂牛。

278. 如何防治牛霉稻草中毒？

1. 致病原因 水稻收割后，稻草未能晾干，又遇天阴多雨，一些真菌（镰刀菌）寄生于稻草，引起稻草发霉、变烂，同时产生毒素。较长时间给牛饲喂霉变稻草，真菌产生的毒素会引起牛的慢性或急性中毒。

2. 主要症状 ①牛耳朵尖端、尾巴尖坏死、干硬、暗褐色，与健康组织界限分明，最后脱落；②蹄趾冠部、系部脱毛，有黄色液体渗出，继而皮肤出血、化脓、坏死、腐臭，久不愈合，蹄匣脱落；③蹄趾部有痛感，跛行明显。

3. 治疗方法 ①患部处理：用0.1%高锰酸钾溶液、3%双氧水、0.1%新吉尔灭菌液冲洗患部，涂布磺胺、抗生素（四环素、红霉素软膏），并用绷带包裹。②10%～25%葡萄糖溶液1 000～1 500 毫升、5%维生素C 40～60 毫升、5%碳酸氢钠溶液 500 毫升，一次静脉注射，连续几天。③加强病畜护理，单独饲喂，饲喂优质牧草。④保持牛围栏干燥，铺垫草或干土。

4. 预防措施 收割的稻草应及时晾干；已晾干的稻草防雨防潮；不用发霉变质的稻草喂牛。

279. 牛患第三胃（瓣胃）阻塞症（又名百叶干）怎么办？

1. 致病原因 ①长期饲喂稻草、麦秸、豆秆等难消化而又富含粗纤维素的饲料；②较长时间饲喂米糠或粉碎很细的麸皮（麦麸、麸子）；③饲料中含泥沙过多。

2. 主要症状 ①空咀嚼、磨牙，食欲废绝；②排粪数量少而干，粪呈黑球状，粪的表面有白色黏液。

3. 治疗方法

（1）第三胃注射 于右侧第九肋骨间和肩骨前端水平线交叉点，针尖垂直刺入肋间肌肉后，斜向（对侧肘突）刺入6～12 厘米，注射5%～8%硫酸钠溶液 300～500 毫升。

（2）硫酸钠500～800克、液体石蜡油1 000～1 500毫升、鱼石脂20克，加水10 000毫升，一次灌服。同时补充体液；或5%葡萄糖生理盐水1 500～2 000毫升、10%安纳咖20毫升、40%乌洛托平50毫升，一次静脉注射。

（3）手术治疗　切开瘤胃或第四胃，取出第三胃的食物，再用0.9%生理盐水冲洗第三胃。

4. 预防措施　①米糠、麸皮、玉米等精饲料不要粉碎过细；②饲料中不要带泥沙，尤其是粗饲料应该去泥沙后再喂牛；③饮水充足。

280. 如何驱除牛体内、体外寄生虫？

1. 牛体内寄生虫病防治

（1）片形吸虫的驱除

1）硝氯酚（拜尔9015）：本药品有粉剂、片剂、针剂三种类型，前两种药品可以灌服，也可以放在饲料中。灌服药量按育肥牛体重（每1 000克给药3～4毫克），注射用药量为0.5～1毫克（每千克体重）。药品以注射驱虫方便、准确性高。发生中毒时，注射葡萄糖液，或把牛牵到阴凉处，喷洒凉水。

2）四氯化碳：按每100千克体重注射3～5毫升，注射时用四氯化碳和等量的液体石蜡，混合均匀，分点在深部肌内注射。发生中毒时，静脉注射5%的氯化钙，一次80～100毫升。

（2）圆线虫的驱除　用咗塞咪唑，每千克体重用药8毫克，溶于水中灌服；或用无菌生理盐水配制成浓度为5%的注射液，肌内注射。

（3）绦虫的驱除　①硫双二氯酚，每千克体重用药40～60毫克，混合在饲料中（混合均匀）；②灭绦灵（氯硝柳胺），每千克体重用药60～70毫克，将药放在牛的舌根处，牛自己吞咽。

（4）泰勒焦虫的驱除　①贝尼尔，每千克体重用药3.5～7.0毫克，配制成浓度7%的溶液，肌内注射，连续3天；②阿卡普林，每千克体重用药1毫克，用生理盐水配制成1%～2%的溶液，皮下注射；③黄色素，每千克体重用药3～4毫克，用生理盐水配制成0.5%～1%的溶液，静脉注射；④二丙酸咪唑，预防时每千克体重用药3毫克，皮下注射；治疗时，每千克体重用药1.2毫克。

（5）牛皮蝇蛆的驱除　①倍硫磷，每千克体重用药7～10毫克，肌肉注射；或配制成浓度2%的药液体重200～400千克用药液100毫升；400千克以上用药液125毫升，泼洒在牛由肩部到尾根部整个牛背部的皮肤上，遇到中毒时可用阿托品解毒。每年9月用药较好。②敌百虫，配制成浓度2%的药液涂抹在牛的背部皮肤，最好涂擦3～5分钟，25～30天用药一次；配成10%～15%的敌百虫溶液，每千克体重0.1～0.2毫升，肌内注射。③灭蝇药，牛皮蝇蛆成虫的活动期为每年的4～6月，在此时间用灭蝇药喷洒在牛背部皮肤上，5～6天喷洒一次。④蝇毒磷，每千克体重用药4毫克，配制成15%的丙酮溶液，牛臀部肌内注射。

2. 牛体外寄生虫病的防治

（1）疥螨虫　①药浴或淋浴：用林丹乳油、杀虫脒或市场上新的杀螨药，配制成药液，药浴或淋浴。②皮下注射：用伊维菌素剂，每千克体重用药200微克。

（2）硬蜱虫　杀硬蜱虫药有敌百虫药（浓度为1%）、蝇毒磷溶液（浓度为0.05%），喷洒于牛体躯的皮肤上或涂擦洗刷牛体。

3. 驱虫注意事项　①新购买的架子牛进育肥场以后10～15天都要驱虫；②驱虫以前要准备好解毒药品；③在进行大群体驱虫时，应进行小群体的试验，防止发生大群牛的中毒；④驱虫以后2～5小时内，必须有专人值班，观察牛，一旦发现中毒现象，立即进行解毒处理；⑤驱虫后的牛粪，应堆积发酵处理后才能作农家肥料；⑥使用驱虫药前必须认真看驱虫药品使用说明书，按照说明书用药。

281. 如何治疗牛焦虫病？

1. 致病原因　牛焦虫病是由焦虫（又称血孢子虫或梨形虫）寄生在牛血细胞或血浆内而引起的一类血液原虫病。通过硬蜱传播。

2. 症状　病牛初期体温上升到40～41℃以上，呈稽留高热。食欲减退，反刍停止，呼吸及心跳加快，肌肉震抖，精神沉郁。尿色浅红色到深红色，便秘和腹泻交替发生，粪便内常有黏液及血液。

3. 防治

（1）消灭硬蜱　用2%～3%敌百虫洗刷或喷洒牛舍、用具。

（2）疫苗接种　在疫区，接种牛泰勒虫病裂殖体胶冻细胞苗，接种后20天产生免疫力，免疫期在82天以上。

（3）药物防治　在发病季节，可用贝尼尔（血虫净）按每千克体重3毫克，用蒸馏水配成7%水溶液，深部肌内注射，每隔20天一次。

（4）药物治疗　①贝尼尔（血虫净）按每千克体重3.5～7.0毫克，用蒸馏水配成7%水溶液，深部肌内注射，每日一次，连续3天，如效果不明显，可重复第二个疗程；②锥黄素（又名黄色素或盐酸吖啶黄）100毫升，10%糖2 000毫升，10%安钠咖20毫升，一次静脉注射。

（5）健脾胃，恢复食欲。

282. 牛场发生传染病怎么办？

育肥牛场万一发生了牛的传染病，应按以下程序处理：

第一步　在育肥牛场的兽医确认为传染病后，立刻隔离病畜、封锁病畜，指定专人专责护理。

第二步　应以最快的速度向县（市）级动物防疫机构报告。

第三步　封锁疫区，封锁区的范围由县（市）级动物防疫机构划定。

第四步　封锁疫区的出入口必须设置检查站，专人值班。在封锁期内，严格控制人员、畜禽、车辆出入封锁区。

第五步　染病畜的处理，有治疗价值、能治疗的进行治疗；不能治疗的要用不流血扑杀法处理，并用焚尸炉销毁疫牛。

第六步　封锁疫区的出入口必须设置消毒设施，必须出入的人员都要严格消毒。

第七步　封锁疫区的用具、围栏、场地必须严格消毒。

第八步　牛粪、牛尿、垫草、确认已被污染的物品，必须在兽医人员的监督下进行无害化处理。

第九步　染疫牛的扑杀：①已确认为染疫牛，要用专用车运至染疫牛扑杀点；②采用不流血方法扑杀；③疫牛扑杀后进行无害化处理。

第十步　解除封锁：①疫区内或疫点内最后一头病牛被扑杀或痊愈后，经过所发疾病一个潜伏期以上的监测观察，未再发现病牛时；②封锁疫区经过清扫和严格消毒；③由县（市）级以上动物防疫机构检查合格后，报原来发布封锁令的政府；④由原来发布封锁令的政府发布解除疫区封锁令，并通报相邻地区和有关部门；⑤原来发布封锁令的政府写出总结报告报上一级政府备案。

283. 牛粪制作沼气的要点是什么？

利用牛粪牛尿生产沼气，既是育肥牛场处理牛粪尿等污物、清洁环境的较好办法，又可以使牛粪尿变成能源（燃料或发电），还可以利用沼气水、沼气渣（肥料）生产无公害蔬菜，可谓一举多得。牛粪制作沼气的要点是：

1. 建设沼气池　沼气池的结构由原料进池部分、发酵池、沼气贮存池、出料池、导气管等部分组成：

（1）原料进池部分　牛粪和其他污物由沼气池的进料池进入沼气发酵池，进料部分（池）设在沼气池的一端（便于进料的地方）。

（2）发酵池　沼气发酵池有地下和地上之分，但沼气池无论在地上或地下，都必须密闭不透气。池壁用砖块或石头砌成后再用水泥抹平。

（3）沼气贮存池　在农户，贮沼气池和沼气发酵池可二池合为一体；在规模饲养牛场，贮沼气池是独立的。

（4）出料池　牛粪等污物经过发酵后剩余的残渣废液的出口处。

（5）导气管　贮沼气池连接沼气用户的管子。

2. 沼气产生的条件

（1）有机物　有充足的有机物，以确保沼气菌等各种微生物正常生长发育和大量繁殖。

（2）碳氮比　除了要有充足的有机物，有机物的碳氮比例要适当。在沼气池中的发酵物的碳氮比一般25∶1较好。

（3）温度　沼气发酵对温度的反应较为敏感，沼气发酵池温度和产沼气多少有关：①沼气菌生存的温度范围为8～75℃；②沼气菌生存最活跃温度为35℃，发酵物发酵期可达30天，产沼气多而快；③沼气菌生存的温度降为15℃时，发酵物发酵期可达300天，产沼气少而慢。

（4）酸碱度　沼气发酵池要有适宜的酸碱度，沼气发酵池的酸碱度以中性较好，过于酸性或过于碱性都会影响沼气的产生。pH在6.5～7.5时产气量最高。在实际工作中，可以用pH试纸测定，酸度较高时可用石灰水或草木灰中和。

（5）密闭　沼气发酵池必须密闭不透气，池壁不透气，池顶部密封。

3. 沼气产生的过程　沼气产生的过程可以分为几个阶段。在有机物发酵的初期，发酵池中的好氧微生物分解牛粪中的有机物，将多糖分解成为微生物能利用的单糖；当发酵池中的氧气被好氧微生物耗尽后，厌氧微生物开始活动，将单糖分解为乙酸、二氧化碳、氢；微生物中的甲烷菌能将乙酸分解成甲烷和二氧化碳。

4. 安全问题　沼气可以用作燃料，也能让人中毒身亡。因此要细心，尤其是农户使用简易沼气池时更要严格按要求操作。

附沼气利用参考资料

1. 每千克鲜牛粪能产沼气0.035～0.036米^3；每头育肥牛每天排泄牛粪10千克，能产沼气0.35～0.36米^3。

2. 1米^{3}沼气燃烧时的热值相当于1千克普通煤燃烧时的热值，每头育肥牛每天排泄的牛粪能够生产相当于0.35～0.36千克普通煤燃烧时的热值。

3. 1米^{3}沼气用于发电时能获得1.5度电，每头育肥牛每天排泄的牛粪生产沼气再发电时能够获得0.53度电。

4. 使用1米^{3}的沼气发电（1.5度）的成本为0.23～0.25元，比使用电网电（1.5度）费用少0.3～0.4元。

5. 常年饲养育肥牛 10 000 头，采用沼气发电时，产气、供气、污水处理设备及安装、运行的总投资约 500 万～600 万元。

6. 常年饲养育肥牛 10 000 头时，每年利用牛粪生产沼气 3 500 米^3/天×365 天=1 277 500 米^3。

7. 常年饲养育肥牛 10 000 头，每年利用牛粪生产的沼气可以发电 1 916 250 度，比使用电网电可节省 67 万元。

8. 常年饲养育肥牛 10 000 头，利用牛粪生产的沼气发电，每年产值为（0.60 元/度）115 万元；每年可提供 18 000 吨沼气渣，用于无公害蔬菜、果树、花卉等，产值 72 万元（每 1 米^3 沼气渣的产值 40 元计）。

9. 常年饲养育肥牛 10 000 头时，一年的鲜牛粪的产值为 150 万元（每 1 米^3 鲜牛粪的产值 40 元计）。

10. 牛粪的利用，要因地制宜。在长江以南，电力供应紧张、电费较高（0.8～1.1 元/度）、气候又适合沼气菌生长，利用牛粪生产沼气发电，比牛粪作为肥料的经济效益要好；在煤炭资源丰富的地区、有机肥需求量高、肥料价格较高的地区，利用牛粪生产有机复合肥，比利用牛粪生产沼气发电的经济效益要好；农户饲养育肥牛较少，利用牛粪生产沼气的可能性较小，可堆积发酵后用作农家肥料。

284. 牛粪制作干有机肥料的要点是什么？

牛粪的用途广泛，用牛粪制作干有机肥料是牛粪利用方法之一。用牛粪制作干有机肥料的过程包括牛粪的收集、加工、调质、脱水、包装等环节。

1. 牛粪的收集方法

（1）鲜牛粪收集法　人工将鲜牛粪收集、运输到堆牛粪的场地备用。

（2）用高压水冲洗法　用高压水将牛粪冲刷到沉淀池后再利用。

2. 牛粪加工成干有机肥料　牛粪加工成干有机肥料的方法较多，现介绍当前较先进的牛粪处理技术，将牛粪制成颗粒肥料，它具有易保存、体积小、运输方便；适合各种农作物、花卉、果树为用途广泛的干有机肥料。

3. 生产工程流程

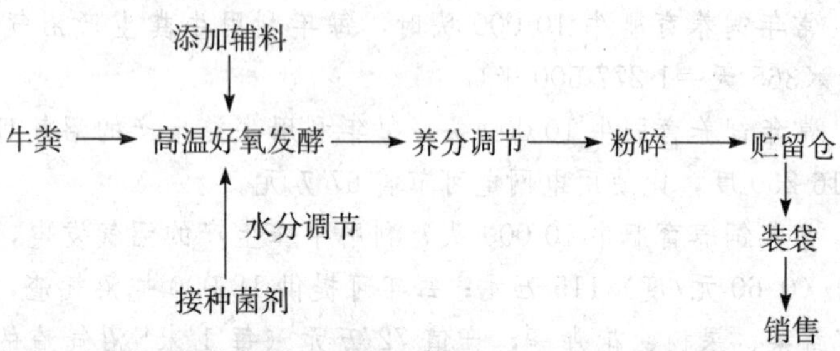

说明：本方案采用好氧高温发酵工艺。通过添加辅料调节物料湿度和碳氮（C/N）比，接种高效菌剂缩短发酵周期。经过5～6天的高温发酵后，基本杀灭有害虫卵。发酵后经过养分调节改善肥料品质，提高有机肥商品化程度。

4. 本工艺方案特点 ①本方案采用先进、实用、有效的好氧高温发酵工艺，成本低，效益好；②生产周期短，效率高；③有机肥料品质好，商品化程度高；④采用封闭式生产，实现生产清洁、无害化。

工艺方案说明：将含水量为65%～85%的鲜牛粪和适量的辅料（干秸秆、碎草、干牛粪等）放在发酵槽内发酵，同时用发酵设备（搅拌机）充分搅拌；翻堆机不断地翻堆，达到调节水分和碳、氮比（C/N）；混合后的鲜牛粪在适宜的温度和氧气条件下发酵7天；然后被送入烘干机内，牛粪块与热空气充分接触而迅速失去表面水分；由于烘干机内带有高速旋转破碎设备，牛粪块不断被破碎、失水，完成干燥过程；计量，装袋，包装，入库。

在生产平衡复合有机肥料时，在烘干牛粪中间的阶段测定烘干牛粪的N、P、K元素的含量，然后根据各种农作物、花卉、草地、林果、蔬菜，对平衡复合有机肥料N、P、K元素的要求，定量添加于正在烘干的牛粪中，用搅拌机充分搅拌，计量，装袋，包装，入库。

第六部分　育肥牛的生活环境建设

285. 怎样才能建成标准化肉牛场?

1. 确定建场宗旨

（1）肉牛育肥场的建设应符合肉牛生产现代化、规范化、规模化、可持续发展的要求。

（2）将肉牛育肥场建设成为肉牛安静、幽雅、舒适的生活环境。

（3）肉牛育肥场的建设应符合保护环境的要求。

（4）肉牛育肥场的建设应符合当地政府有关政策、法律、法规（如土地属性、土地使用规划、动物防疫等）要求并有相关证明文件。

2. 选好场址

（1）肉牛育肥场场址选择必须符合国家畜牧主管部门制定的养殖场规范布局的总体要求，符合当地土地利用发展规划和村镇建设发展规划要求。

（2）场址要地势开阔、高燥向阳、通风、排水良好，坡度不宜大于25度；场地地形整齐、宽阔、有足够的面积，避免雷击区，一般肉牛育肥场的场区占地总面积按每头存栏牛 30～35 米^2 计算，不同规模的育肥牛场占地总面积的调整系数为10%～20%。

（3）场地土壤质量符合《土壤环境质量标准》的规定。

（4）交通便利，符合卫生防疫要求，无污染。场界距离居民区和其他畜牧场应大于500 米，距离交通主干道不少于500 米。周围1500 米以内无化工厂、畜产品加工厂、屠宰厂、兽医院等容易产生污染的企业和单位。

3. 场地规划布局合理

（1）肉牛育肥场按功能一般分为管理区、生产区、饲料区和粪污处理区，各功能区之间宜相距50米，牛场周围及各区之间应设防疫隔离带。

（2）管理区一般设在场区常年主导风向的上风向及地势较高区域；隔离区设在场区下风向或侧风向及地势低的区域；饲料加工区与生产区分离，位置应方便车辆运输。

（3）牛场与外界应有专用道路与交通干线连接。场内道路分净道和污染道，两者严格分开，不得交叉混用。道路宽度一般不小于4米，转弯半径不小于8米。道路净空高4米内没有障碍物。

4. 生产设施与设备

（1）牛舍建筑形式可采用全开放式（敞棚）、半开放式或有窗式；屋顶形式可采用钟楼式、半钟楼式、双坡式或拱顶式，牛舍屋顶应加隔热层或保温层。

（2）牛舍采用砖混结构或轻钢结构。每栋牛舍长度根据牛的数量和牛场总体规划布局而定；牛舍跨度根据牛舍内部布置确定，单列式牛舍的跨度一般为5.1～6.5米；双列式牛舍的跨度一般为10.0～12.0米，可采用对头式或对尾式饲养；牛舍的高度不宜太低，牛舍檐口高度一般不低于3. 0米，双列式布置牛舍的檐口高度一般不低于3.6米，且随着牛舍的高度增加而增高；两栋牛舍间距以檐口高度的4～5倍为宜。

（3）牛舍总建筑面积　一般按照每头存栏牛6.0～8.0米^{2}计算，其他附属建筑面积一般按照每头存栏牛2.0～3.0米^{2}计算为宜。

（4）采用拴系饲养的牛床长度一般为1.8米，床面材料以砖、混凝土为宜，并向粪尿沟有1.5%～3.0%的坡度。采用小群饲养一般加垫料，也可以设坡度向粪尿沟倾斜。采用围栏饲养的，小围栏（30米^{2}养牛6～8头）、大围栏（100～150米^{2}养牛20～30头）。

（5）牛舍设备　①牛栏杆：根据饲养方式确定，小群饲养栏杆根据牛的大小设计1.3～1.5米高度。栏内可设置刷毛机等设施。②采用有槽帮食槽或地面食槽，人工或机械饲喂。③饮用水可采用自动饮水器或食槽供水。④清粪方式采用人工或机械清粪。⑤环境控制设备

包括风机等防暑降温设备。

（6）运动场中的设备　围栏散养牛运动场中的设备有补料槽、饮水设施，按20～30头牛设置一个补料槽、饮水槽。

（7）场区设备

①饲料加工与贮存设施符合下列要求：青贮贮备量按每头牛每天10～15千克计算，应满足牛场全年需要量。青贮窖池按500～600千克/米^{3}设计容量。饲草贮备量按每头牛每天5千克计算，应满足牛场3～6个月的需要量。高密度草捆密度350千克/米^{3}粗饲料贮备应有干草棚，精饲料贮备量应能满足牛场1～2个月的需要量。牛场设有粉碎机、搅拌机等相应的加工设备。

②牛场水源稳定，有水质检验报告。有贮水设施或配套饮水设备，宜采用无塔恒压给水装置供水或选用水塔、蓄水池、压力罐供水，供水压力为147～196千帕。牛场给水设计应按每头育肥牛日需水量40～50升，每人日需水量100升，每日供水量按牛场日需水量的2.5倍计算。生活与管理区给水、排放按工业与民用建筑有关规定执行。

③牛场的电力负荷为二级。当地不能保证二级供电要求时，应设自备发电机组。大中型育肥场应配置信息交流、通信联络设备。

④牛场消防应采取经济合理、安全可靠的消防设施，符合《村镇建筑设计防火规范》的规定；消防通道可利用场内道路，并与场外公路相通；采用生产、生活、消防合一的给水系统。

⑤实验室设备应满足生产所需要的兽医化验、营养分析、环境检测等工作的需要。

⑥设有保定架和装（卸）牛台。在没有颈枷设施的肉牛养殖场，必须配备保定架。装（卸）牛台既可以为固定的永久性设施，也可以为用钢管和木材等制作的可移动设施。

5. 卫生防疫

（1）牛场四周建有围墙、防疫沟，并配有绿化隔离带，牛场大门入口处设有车辆强制消毒设施。大门口消毒池长不小于4米、宽不小于3米、深不小于0.2米，消毒池应设有遮雨棚。

（2）生产区应与生活区严格隔离，在生产区入口处设人员消毒更衣室，在牛舍入口处设地面消毒池。

（3）粪污处理区与病死牛处理区按夏季主导风向设于生产区的下风向处。

（4）病死牛只处理及建设应符合《畜禽病害肉尸及产品无害化处理规程》的规定。

（5）牛舍内空气质量应符合《畜禽环境质量标准》的规定。

6. 环境保护

（1）新建肉牛育肥场必须进行环境评估，确保肉牛育肥场不污染周围环境，并不受外界环境污染。

（2）新建肉牛育肥场必须同步建设相应的粪便和污水处理设施。固体粪污以高温堆肥处理为主，处理后符合《粪便无害化卫生标准》的规定方可运出场外。污水经处理后符合《污水综合排放标准》的规定方可排放。

（3）场内空气质量应符合《恶臭污染物排放标准》的规定。

（4）场区绿化应结合场区各功能区之间的隔离、防疫、遮阴及放风的需要进行。可根据当地实际种植能美化环境、净化空气的树种和花草，不宜种植有毒、有刺、有飞絮的植物。

（5）肉牛育肥场周围最好有足够的土地面积消纳牛粪及污水，1头存栏牛需要土地10～15亩。

286. 育肥牛需要什么样的生活环境？

营建育肥牛理想的生活环境是增强育肥牛体质、提高育肥牛增重、提高饲料转换效率、降低饲料饲养成本、增加养牛利润的重要环节。现介绍某育肥牛场试行的育肥牛理想的生活环境标准。

1. 气候气温环境 牛舍牛场空气新鲜，牛舍温度7～27℃，牛舍地面干燥，湿度小。

2. 卫生环境 牛舍牛场清洁卫生，无蚊蝇干扰，无有毒有害气体侵袭。

3. 音响环境 牛舍牛场幽雅清静，无噪声干扰，音响小于65分贝。

4. 亮度　牛舍豁亮，但无强烈刺激光。

5. 风力　牛舍内有微风、和风，冬季无贼风侵犯。

6. 粉尘　牛舍内无烟囱粉尘、饲料粉碎灰尘。

7. 牛舍地面　牛舍地面平坦不滑，地面结实但不很硬，冬季铺垫垫草。

8. 牛舍面积　围栏育肥时，每头牛应占4～6米^2，拴系饲养时每头牛占2～2.5米^2，有足够的采食和休息面积。

9. 饲料和饮水　随时能够采食到满足育肥牛需求的饲料，饮水充足。

10. 管理环境　温和的管理环境，管理者不粗暴对待牛，不打牛、不骂牛，应经常接触牛，管理有理、有节、有序。

287. 肉牛一定要“东西”方向吃料吗?

民间有一种传说，牛吃料、饮水时牛头不朝向东面就是朝向西面才能吃得多、吃得好，为此在牛食槽的摆放上讲究头南尾北，以便牛吃料、饮水时牛头冲东或向西。作者认为此道理不充分，其一在草原上放牧牛吃草从没有东西向的选择，哪儿草好就往哪儿吃，牛吃得膘肥体壮；其二国内外大小型育肥牛场、种牛场牛食槽的摆设很随意，高产牛很多，不因为朝南北吃料而减产；其三牛舍坐北向南时冬暖夏凉，有利于牛的生长发育，牛舍坐北向南时食槽的摆放都为东西向，牛采食、饮水时都为南北向。因此没有必要为了使牛吃料东西向而将牛舍南北向排列，夏季牛免受太阳东晒、西晒之苦，冬季牛免受西北风之害。

288. 如何设计牛舍地面?

组成育肥牛舍地面的材料很多，如水泥、砖块、三合土、木板等，各有优缺点，在选用时应依据当地环境、建材和资金条件等决定。但是在南方以选择水泥、砖块材料较好；而在北方则选择三合土、木板材料较好。

1. 水泥地面

（1）水泥地面的优点　①传热、吸热速度快；②地面平整，外形美观；③易清洗、易清除粪便；④便于消毒、防疫；⑤排水性能好；⑥使用寿命长。

（2）水泥地面的缺点　①热反射效应强；②冬季保温性能差；③地面坚硬，易损伤牛的关节；④水泥地面易被粪尿腐蚀。

2. 立砖地面

（1）立砖地面的优点　①传热、吸热速度慢；②冬季保温性能较好；③热反射效应较小；④立砖地面硬度较水泥地面软，有利于保护牛的关节。

（2）立砖地面的缺点　①清洗、清除粪便不如水泥地面；②消毒、防疫较水泥地面差；③排水性能不如水泥地面；④使用寿命短。

3. 三合土地面

（1）三合土地面的优点　①冬暖夏凉；②地面软，有利于保护牛的关节；③造价低。

（2）三合土地面的缺点　①不易清洗、不易清除粪便；②不便于消毒、防疫；③排水性能差；④易形成土坑；⑤使用寿命短。

4. 木板地面

（1）木板地面的优点　①冬暖夏凉；②地面软，有利于保护牛的关节；③木板地面牛躺卧舒适。

（2）木板地面的缺点　①造价高；②使用寿命短。

5. 挖沟排水　为了增加牛舍地面的干燥程度，采用在牛舍周边挖水沟可以达到目的，水沟深1.5米、宽2米。在牛舍周边挖水沟还可以达到节省围墙建筑、防盗窃、防止牛只逃跑、有利于环境保护等目的。

6. 地面坡度设计　水泥地面、立砖地面、三合土地面自牛食槽至粪尿沟的坡度应有1%～1.5%，有利于雨水和牛尿的排除。

289. 如何设计牛舍、围栏面积？

设计育肥牛舍、围栏面积的依据是：

1. 发挥育肥牛最大的生产力　1头牛占有围栏的面积过大会增加养牛者的投入，太小则不利于育肥牛的生长和发育。围栏育肥时1头牛占有围栏的面积为4～6米²；拴系育肥时1头牛占有牛床面积为2～2.5米²。

2. 减少固定资产投入　牛舍、围栏面积越大，资金的投入就越大，饲养成本中的折旧费用就高，影响总成本核算。

3. 便于喂料和清除粪尿　牛舍、围栏面积大，喂料方便，但是会增大清粪除尿的劳动量。

4. 便于机械化操作　在实施机械化喂料、清粪作业时，牛舍要有较长的长度（100米），便于机械作业和提高机械工作效率。

5. 便于劳动力安排　依据1个员工喂牛清粪尿的劳动负担量，设计养牛数和牛舍面积，便于管理。

6. 符合消防要求　牛舍间便于消防车辆行驶，万一发生火灾，消防车能尽快到达。牛舍在牛场消防井的覆盖范围内。

7. 不符合消毒要求　牛舍、围栏面积越大，消毒力度越大，使用的消毒药量也越多，增加了饲养费用，降低了饲养效益。

290. 如何设计牛食槽？

制造育肥牛舍食槽的形式和材料多种多样，各地可因地制宜选材用材。但是制作时必须做到食槽底不能有死角（为U字形）。育肥牛食槽尺寸如图6-1。

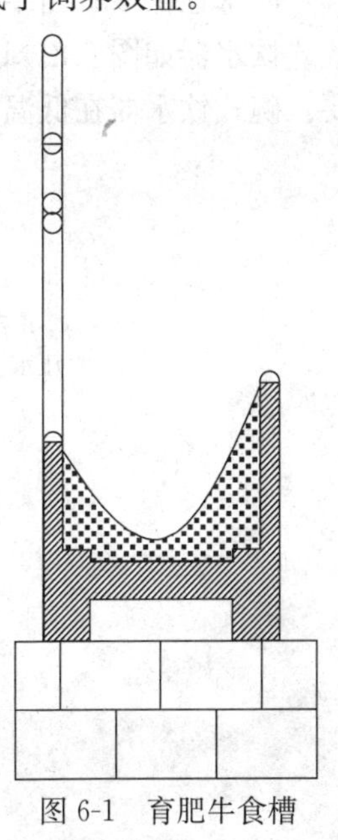

图6-1　育肥牛食槽

牛低头吃料，不像骡、马高抬头吃料，因此牛食槽的高度不异太高，食槽底部离地面的距离200～250毫米即可。

牛用舌头左右卷舔饲料，直接吞下，在牛头后方的饲料牛无法卷舔，因此牛食槽底要做成U字形，不能有死角。

1. 食槽高度　喂料侧600毫米，牛吃料侧500毫米。

2. 食槽宽度 食槽底部宽度500毫米，顶部宽度600毫米，深度为300毫米，食槽底部距地面高度200毫米。

291. 如何设计牛饮水槽？

制造育肥牛饮水槽的材料有铁板、木板、石头水泥等。

1. 饮水槽 在围栏育肥时常用的饮水槽有铁板饮水槽、水泥饮水槽等，铁板饮水槽、水泥饮水槽的尺寸为：长600毫米、宽400毫米、高250毫米（能满足30～40头牛饮水需要）。铁板饮水槽、水泥饮水槽均有进水口和卸水口，进水口设在饮水槽的上方或侧面，其高度应与饮水槽的水面一致。卸水口设在饮水槽的底部，用活塞堵截。铁板饮水槽坚固耐用，制造费用较高；水泥饮水槽制造费用较低，在低温地区易冻裂，易破碎。

2. 碗式饮水器 碗式饮水器由水盆、压水板、顶杆、出水控制阀、自来水管等组成，当牛鼻接触压水板时，通过顶杆打开出水控制阀，向水盆供水；当牛鼻脱离压水板，出水控制阀关闭，停止供水。碗式饮水器如图6-2。1个碗式饮水器能够满足10～15头牛的饮水需要。碗式饮水器在低温地区使用时要注意防冻。

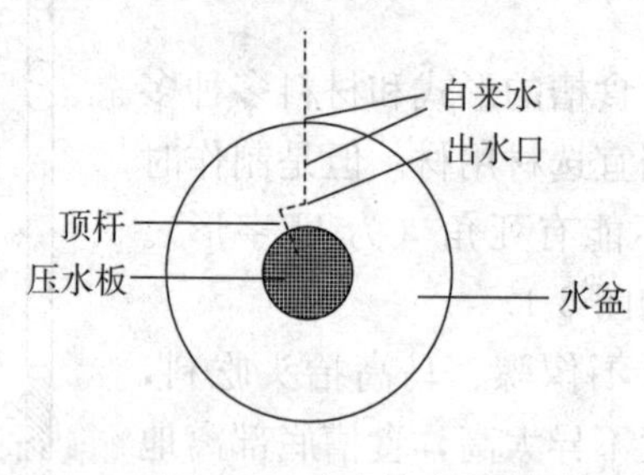

图6-2 碗式饮水器

第七部分　肉牛屠宰加工

292. 饲养户为什么要关注牛肉市场？

育肥户或育肥牛场在进行肉牛育肥饲养前必须明确育肥目标，育肥目标来自牛肉消费市场的需求。育肥户养牛的目的是为牛肉市场提供符合用户要求的牛肉产品。因此，养牛户、育肥户充分了解和认识牛肉市场信息有十分重要的意义，有目的地进行受欢迎、需求量大、价格高、利润大的肉牛育肥，既能够获得较好的活牛品牌声誉和市场占有量，得到更好的养牛效益，又能够满足牛肉市场的需要。

目前牛肉消费市场的格局大体是：

1. 为健康长寿而吃牛肉的趋势越来越明显　清洁卫生、安全无毒、优质、健康长寿型牛肉特别受消费者青睐，估计在未来的牛肉市场上无公害、绿色、有机牛肉的销售量会与日俱增，价格也会高于普通牛肉。因此，育肥户或育肥牛场的决策者的计划中，首先要有较强的无公害、绿色、有机牛肉意识，处处事事要从生产无公害、绿色、有机牛肉的观念出发，满足消费者的消费需求。

2. 多层次的牛肉消费格局已初步形成　根据作者在珠江三角洲、长江三角洲、苏浙沪、京津、东北地区的考察，“南烤北涮”的牛肉消费，高级宾馆饭店高档（高价）牛肉消费，大众百姓要求优质牛肉的消费格局已初步形成；享受型、地位型、身份型的特殊消费（1千克牛肉标价人民币几千元）牛肉也在悄悄形成。有针对性地生产符合牛肉市场需求的育肥牛，是育肥户获得高额利润的机遇和手段。

3. 优质、高档牛肉供需矛盾突出　优质、高档牛肉需求量和供应量之间的矛盾越来越大，日益富余起来的国民对牛肉质量的要求越来越高，优质、高档牛肉的消费量越来越大。但是由于饲养和屠宰两个环节严重分离（脱节），考虑自身利益多而双方不让利，这是阻碍我国肉牛生产规范化、标准化、产业化进程的主要原因之一。

4. 品牌牛肉极少 由于肉牛育肥生产和肉牛屠宰企业的利益的矛盾，肉牛屠宰企业很少有固定的育肥牛户提供肉牛，而肉牛育肥户因得不到优质优价也不愿意多喂精饲料育肥优质肉牛。因此，当前肉牛屠宰企业收购什么样的牛就屠宰什么样的牛，很难有稳定的牛肉质量，更谈不上品牌牛肉。

作者提倡饲养、屠宰加工、牛肉销售一体化的经营模式，解决养牛户害怕多投入但得不到应有的利润而不养优质肉牛，或与屠宰户实行合同制、订单制，减少育肥牛饲养户的顾虑；屠宰户应该以质论价以比较公平、公开、公证的价格收购肉牛，减少压级压价收购肉牛的现象，更要杜绝暗箱操作。

5. 低水平竞争 低档次牛肉产量大，低价格、低利润竞争现象激烈。

293. 肉牛育肥户为什么要熟悉屠宰户的收购策略？

肉牛育肥户对育肥牛育肥期和育肥目标的确定中，还有一个重要环节就是肉牛屠宰户的需要，育肥户饲养的肉牛最终要通过屠宰户，才能体现育肥牛的价值和养牛利润的高低（获得）；育肥户饲养的肉牛，最终要通过屠宰才能进入商品流通。因此，肉牛屠宰户是肉牛育肥户进入商界的不可逾越的门槛。肉牛屠宰户左右着目前活牛的市场，因此育肥户要非常清楚和明白肉牛屠宰户的收购政策、标准，然后采取相应的措施，以获得最好的效益。

1. 肉牛屠宰企业收购育肥牛标准（屠宰前活牛分类定级） 根据作者在中原、东北肉牛带40余家肉牛屠宰厂调查资料汇总，屠宰前活牛的分类定级很粗糙，仅分为阉公牛、公牛、母牛，以及能不能符合屠宰要求（体重、体质、体膘、体表面有无伤痕）等几类，不作为肉牛最后定价的依据。

2. 肉牛屠宰企业收购育肥牛的计价办法和标准

(1) 屠宰企业收购育肥牛的计价标准　大多数屠宰企业以肉牛屠

宰率52%（胴体重/活牛重×100）为活牛作价的起步价标准，增加或减少一个百分点，每千克活重加或减0.16～0.20元，屠宰率（%）越高，牛的卖出价就越高。

（2）胴体等级分为为A级和B级

A级胴体标准：肉牛年龄小于36月龄，肉牛性别为阉公牛，胴体背部脂肪厚度大于10毫米；第12～13胸肋横切面大理石花纹达到3级以上，脂肪颜色为白色或微黄色，胴体重大于240千克。

B级胴体标准：达不到A级胴体标准的为B级胴体。

A级胴体标准较B级胴体标准价格高，活牛每千克体重的差价最少为1元左右。

（3）屠宰前活牛的称重比较透明，畜主能够看得到度量衡的计量指标。

（4）胴体重的称重和计量，部分屠宰企业为暗箱操作，胴体重的大小完全由屠宰企业业主定，随意性较大。

胴体的重量是计算屠宰率（%）的分子，分子小屠宰率（%）就低，暗箱操作的屠宰企业用意就在于此，这是当前养牛者担心的主要问题。

虽然如此养牛者还是要把握规律（参考第321问），以获得较好的效益。

3. 屠宰企业收购育肥牛后的付款方法、时间 屠宰企业收购育肥牛后的付款方式和时间，直接影响育肥户再生产的时间，因此育肥户在出售肉牛时，要对该企业支付牛款的运作方法等了解清楚。

294. 什么叫屠宰前体重（计价体重）？

屠宰前体重是指肉牛屠宰前称量的体重。

由于屠宰前体重是计算屠宰率的基本参数，因此称重前是否停食停水，停食停水时间的长短、称重和屠宰的间隔时间的长短等都会影响屠宰率［屠宰率%＝（胴体重/屠宰前体重×100%）］的高低，屠宰率（%）又是计算活牛价格的唯一参数，因此屠宰率是直接影响肉牛产值的基础。按畜牧界和商界的要求肉牛屠宰前停食24小时、停水6小时，停食停水时间短，屠宰前体重大，屠宰率低，肉牛产值低；停食停水时间长，屠宰前体重小，屠宰率高，肉牛产值高。一般规定称重后30分钟内屠宰，如果称重后几个小时才屠宰，会降低屠宰率，而肉牛产值也会低一些。

肉牛育肥户应适时地给牛停食停水、屠宰前称重，以获得较好的养牛效益。

295. 什么叫肉牛胴体？什么叫肉牛胴体重？

1. 肉牛胴体 目前在屠宰行业（尤其是民营屠宰企业）和农业部门对此的解释差异非常悬殊。

（1）畜牧界 我国畜牧界对胴体概念的定义是：

①“牛尸体除去皮、头、尾、内脏（不包括肾脏和肾脂肪）、腕、跗关节以下的四肢、生殖器官及其周围脂肪，称为胴体”（中国黄牛.邱怀主编．农业出版社，1992）。

②“胴体脂肪包括肾脂肪、盆腔脂肪、腹膜脂肪、胸腔脂肪”（肉牛技术手册一．全国肉牛繁育协作组．1980年1月）。

（2）商业部门 原商业部对牛的屠宰加工要求（鲜冻四分体带骨牛肉，1988）牛胴体“剥皮，去头、蹄尾、内脏、大血管、乳房、生殖器官；皮下脂肪或肌膜保持完整”。

（3）民营屠宰企业 除去皮、头、尾、内脏（包括肾脏和肾脂肪）、腕、跗关节以下的四肢、生殖器官及其周围脂肪，胴体不包含盆腔脂肪、腹膜脂肪、胸腔脂肪、肌膜；不包含牛脖、前胸处可见脂肪。

同一头肉牛，畜牧界和民营屠宰企业的胴体重量相差20～30千克，活重500千克肉牛的屠宰率相差4%～5%，按民营屠宰企业的标准养牛户一头牛要少收入400～500元。

作者呼吁为了提高养牛户的效益，振兴我国肉牛产业，政府应主持协调并尽快制定国家级的牛胴体标准，在未出台国家级的牛胴体标准前，屠宰企业对胴体不宜修割过分，要适当让利于养牛户。

2. 肉牛胴体重 指牛尸体除去皮、头、尾、内脏（不包括肾脏和肾脂肪）、腕、跗关节以下的四肢、生殖器官及其周围脂肪的重量，

称为胴体重。

胴体重有鲜胴体重和成熟后胴体重之分，鲜胴体重指劈半后2小时内称量的胴体重量；成熟后胴体重是指胴体在成熟车间成熟结束后的胴体重量。肉牛育肥户在出售活牛给屠宰企业时一定要咨询清楚。鲜胴体重和成熟结束后胴体重量的差异约有1.5%~3.0%，每千克活牛作价差额达到0.3～0.6元，活重550千克的肉牛出售价差165～330元。

胴体重是组成屠宰率不可缺少的分子部分，也是影响屠宰率高或低的重要部分，在分母固定时，分子大，屠宰率就高；分子小，屠宰率就低。一些屠宰企业之所以最大限度地减少胴体重，目的就是缩小分子，达到降低屠宰率，降低肉牛的收购价格。

296. 什么叫肉牛胴体产肉率?

胴体产肉率指胴体分割剔除牛骨后的净肉重和胴体重的比率。

计算方法：胴体产肉率＝（净肉重/胴体重）×100%

优质肉牛的胴体产肉率在85%左右，胴体产肉率不足75%的肉牛质量较差。

净肉重：含肾脂肪、盆腔脂肪、腹膜脂肪、胸腔脂肪、肌膜、肉块间脂肪、分割碎肉块、肉末的实际测定重量。

297. 什么叫肉牛胴体体表脂肪覆盖率?

肉牛胴体体表脂肪覆盖率是指肉牛胴体表面脂肪覆盖面积占胴体总面积的比率。

计算方法：

胴体体表脂肪覆盖率（%）＝(胴体表面脂肪覆盖面积/胴体总面积）×100%

胴体体表脂肪覆盖率是胴体分级标准的指标之一。测定方法是用求不规律图形法计算胴体的总面积；用同样方法测定胴体表面未被脂肪覆盖面积，胴体的总面积减去胴体表面未被脂肪覆盖面积，即为胴体表面脂肪覆盖面积。

特级肉牛的胴体体表脂肪覆盖率应大于90%；A级肉牛的胴体体表脂肪覆盖率应在80%～90%；肉牛的胴体体表脂肪覆盖率小于80%列为B级牛。

活牛确定脂肪覆盖率的方法是用手指压迫牛的背部（第6～7胸肋至腰椎）脂肪的厚薄，当手指压迫用力很小便碰到硬物（脊椎），说明脂肪层很薄，脂肪覆盖率很差；当手指压迫用力较大时碰到硬物（脊椎），说明脂肪层已较厚，脂肪覆盖率较好（达到80%以上）；当手指压迫用力很大才碰到硬物（脊椎），说明脂肪层很厚，脂肪覆盖率很好（达到90%以上），甚至达到100%（见彩图9）。

298. 什么叫肉牛屠宰率？

肉牛屠宰率是肉牛胴体重和屠宰前活重的比率，是肉牛生产性能的重要指标，屠宰率越高，牛的生产性能越好。影响肉牛屠宰率高低的因素较多，在育肥过程中进行充分育肥的牛的屠宰率高，育肥力度差的牛屠宰率低；育肥牛品种也影响屠宰率的高低，国外专用肉牛的屠宰率高达65%以上，我国黄牛较充分育肥时屠宰率可达63%左右；屠宰前是否停食停水对屠宰率的影响更大；对胴体的理解不同，屠宰率相差很大，等等；在屠宰过程中凡是能改动胴体重、屠宰前活重的暗箱操作，都能改变肉牛屠宰率的高和低。

肉牛屠宰率的计算方法：屠宰率(%)=(胴体重/屠宰前活重)×100%。目前我国肉牛屠宰率的计算方法有畜牧业、商业部门、民营企业几种，从形式上看计算方法是相同的，但是由于对胴体的理解（见第315问）和利润的驱动，同1头牛的屠宰率相差会非常悬殊。作者在某屠宰厂统计了带腹脂和不带腹脂屠宰率的差别。

项 目	统计头数	屠宰率(%)	差额（百分点）
带腹脂（肾周边脂肪、腰窝油）屠宰率	60	60.78	4.22
不带腹脂（肾周边脂肪、腰窝油）屠宰率	88	56.56	0.00

仅仅这一项指标，肉牛的屠宰率就差4.22个百分点，1头550千克肉牛的价格相差（550×4.22×0.2）464.2元。

肉牛育肥户出售肉牛给屠宰企业时，应对该企业肉牛屠宰率的计算方法有详细的了解。

299. 肉牛育肥户如何利用好肉牛屠宰率？

当前绝大多数屠宰企业以屠宰率为计算肉牛价值的依据，屠宰前体重和胴体重是计算屠宰率的基本参数。肉牛屠宰前体重又受胃肠内容物的多少的影响，胃肠内容物的多少会影响屠宰率［屠宰率(%)＝(胴体重/屠宰前体重×100%)］的高低，屠宰率（%）又是计算活牛价格的唯一参数，因此屠宰率是直接影响肉牛计价的基础。有些地区的牛贩子为了提高肉牛屠宰率，因此在屠宰前的牛体重上（屠宰率的分母）大做文章，尽最大程度降低屠宰前牛的体重，以获得较高的屠宰率，他们将屠宰前的肉牛停食停水 48 小时以上，由原来体重 500 千克的牛经过饥饿后体重减少为 470 千克，甚至更低。那么出售 500 千克体重的牛合算还是出售 470 千克体重的牛合算，实践证明出售 470 千克体重的牛更合算。计算见表（屠宰率 52%为活牛作价的起步价，增加或减少一个百分点，加或减 0.20 元/千克体重）。

从表中的计算不难看出，体重每下降 5 千克，屠宰率（%）就增加了 1 个百分点，每千克体重增加了 0.2 元，育肥牛体重 500 千克时的出售价为 4 000 元，停水停食后体重减少了 30 千克，但是由于屠宰率提高，每千克活重的价格也提高了，体重 470 千克的出售价为 4 324 元，比体重 500 千克出售收入多了 324 元。因此，养牛户要获得较好的效益，一方面出售育肥牛时一定要把屠宰企业计算牛体重的标准、计价标准了解清楚，并采用合理减重技术措施增加养牛效益。在进一步计算时发现起步计价（元/千克）高比起步计价低，每头牛的差价小，如起步计价为 8.8 元/千克较 8.0 元/千克每头牛少了 34 元，因此养牛户要充分利用屠宰企业的收购规定，获得较高的利润。

某些屠宰企业想尽各种办法，最大限度地降低胴体重量（上述算式中分子越小，计算值越小），以较低的屠宰率计价，获得较高的利润，损害了养牛户的利益。

计价体重（千克）	屠宰率（%）	计价（元/千克）	每头售价（元）	差额（元/头）
500	52.0	8.0	4 000.0	
495	53.0	8.2	4 059.0	59
490	54.0	8.4	4 116.0	116
485	55.0	8.6	4 171.0	171
480	56.0	8.8	4 224.0	224
475	57.0	9.0	4 275.0	275
470	58.0	9.2	4 324.0	324

300. 什么叫肉牛净肉率？

肉牛的净肉率是指胴体重量除去牛骨重量的净肉重量和屠宰前活牛体重的比率。肉牛净肉率是肉牛生产性能的重要指标，净肉率高的牛食用价值大，净肉率低的牛食用价值小。影响净肉率高低的因素主要有两方面，其一是育肥程度充分的净肉率高；其二屠宰时胴体修整不规范时净肉率低。

计算方法：

净肉率（%）＝净肉重量/屠宰前体重×100%

第八部分　附　　表

附表一　生长育肥肉牛的营养需要

见附表1-1、附表1-2、附表1-3。

附表1-1　生长育肥肉牛营养需要（每天每头的养分）

体重（千克）	日增重（克）	干物质进食量（千克/头·日，最少）	日粮中粗饲料比例（%）	蛋白质总量（千克）	维持需要（兆焦）	增重需要（兆焦）	总养分（千克）	钙（克）	磷（克）	维生素A（1×1 000国际单位）
100	0	2.1	100	0.18	10.17	0	1.20	4	4	5
	500	2.9	75～80	0.36	10.17	3.72	1.82	14	11	6
	700	2.7	55	0.41	10.17	5.31	2.00	19	13	6
	900	2.8	27	0.45	10.17	7.03	2.09	24	16	7
	1 100	2.7	15	0.50	10.17	8.79	2.32	28	19	7
150	0	2.8	100	0.23	13.81	0	1.60	5	5	6
	500	4.0	75	0.45	13.81	5.02	2.50	14	12	9
	700	3.9	55	0.50	13.81	7.24	2.72	18	14	9

（续）

体重（千克）	日增重（克）	干物质进食量（千克/头·日，最少）	日粮中粗饲料比例（%）	蛋白质总量（千克）	维持需要（兆焦）	增重需要（兆焦）	总养分（千克）	钙（克）	磷（克）	维生素A（1×1 000国际单位）
150	900	3.8	27	0.55	13.81	9.50	3.00	28	17	9
	1 100	3.7	15	0.59	13.81	11.88	3.09	28	20	9
200	0	3.5	100	0.30	17.15	0	1.90	6	6	8
	500	5.8	85	0.59	17.15	6.23	3.41	14	13	12
	700	5.7	75	0.59	17.15	8.95	3.59	18	16	13
	900	4.9	40	0.59	17.15	11.80	3.72	23	18	13
	1 100	4.6	15	0.64	17.15	14.73	3.90	27	20	13
250	0	4.4	100	0.35	20.25	0	2.30	8	8	9
	700	5.8	60	0.64	20.25	10.59	4.00	18	16	14
	900	6.2	47	0.68	20.25	13.93	4.50	22	19	14
	1 100	6.0	22	0.73	20.25	17.45	4.72	26	21	14
	1 300	6.0	15	0.77	20.25	21.09	5.22	30	23	14
300	0	4.7	100	0.40	23.22	0	2.60	9	9	10
	900	8.1	60	0.82	23.22	15.98	5.40	22	19	16
	1 100	7.6	22	0.82	23.22	20.00	5.58	25	22	16
	1 300	7.1	15	0.82	23.22	24.14	6.00	29	23	16
	1 400	7.3	15	0.86	23.22	26.32	6.22	31	25	16

（续）

体重（千克）	日增重（克）	干物质进食量（千克/头·日，最少）	日粮中粗饲料比例（%）	蛋白质总量（千克）	维持需要（兆焦）	增重需要（兆焦）	总养分（千克）	钙（克）	磷（克）	维生素A（1×1 000国际单位）
350	0	5.3	100	0.46	26.11	0	2.90	10	10	12
	900	8.0	45～55	0.80	26.11	17.95	5.81	20	18	18
	1 100	8.0	20～25	0.83	26.11	22.43	6.22	23	20	18
	1 300	8.0	15	0.87	26.11	27.11	6.81	26	22	18
	1 400	8.2	15	0.90	26.11	29.54	7.00	28	24	18
400	0	5.9	100	0.51	28.83	0	3.30	11	11	13
	1 000	9.4	55	0.86	28.83	22.31	6.81	21	20	19
	1 200	8.5	20～25	0.86	28.83	27.36	7.00	23	21	19
	1 300	8.6	15	0.91	28.83	29.96	7.31	25	23	19
	1 400	9.0	15	0.95	28.83	32.64	7.72	26	23	19
450	0	6.4	100	0.54	31.46	0	3.60	12	12	14
	1 000	10.3	55	0.95	31.46	24.35	7.40	20	20	20
	1 200	10.2	20～25	0.95	31.46	29.87	7.90	23	22	20
	1 300	9.3	15	0.95	31.46	32.76	8.00	24	23	20
	1 400	9.8	15	0.95	31.46	35.65	8.40	25	23	20
500	0	7.0	100	0.60	34.06	0	3.80	19	19	15
	900	10.5	55	0.95	34.06	23.43	7.50	19	19	23
	1 100	10.4	20～25	0.95	34.06	29.33	8.10	20	20	23
	1 200	9.6	15	0.95	34.06	32.34	8.20	21	21	23
	1 300	10.0	15	0.95	34.06	35.44	8.70	22	22	23

附表 1-2　生长育肥肉牛营养需要（日粮干物质中的养分含量）

体重（千克）	日增重（克）	干物质进食量（千克/头·日，最少）	日粮中粗饲料比例（%）	蛋白质总量（%）	维持需要（兆焦/千克）	增重需要（兆焦/千克）	总养分（%）	钙（%）	磷（%）
	0	2.1	100	8.7	4.90	0	55	0.18	0.18
	500	2.9	70～80	12.4	5.65	3.14	62	0.48	0.38
100	700	2.7	55	14.8	6.69	4.18	70	0.70	0.48
	900	2.8	25～30	16.4	7.57	4.94	77	0.86	0.57
	1 100	2.7	<15	18.2	8.66	5.73	86	1.04	0.70
	0	2.8	100	8.7	4.90	0	55	0.18	0.18
	500	4.0	70～80	11.0	5.65	3.14	62	0.35	0.32
150	700	3.9	55	12.6	6.69	4.18	70	0.46	0.36
	900	3.8	25～35	14.1	7.57	4.94	77	0.61	0.45
	1 100	3.7	<15	15.6	8.66	5.73	86	0.76	0.54
	0	3.5	100	8.5	4.90	0	55	0.18	0.18
	500	5.8	80～90	9.9	5.23	2.51	58	0.24	0.22
200	700	5.7	70～80	10.8	5.86	3.26	64	0.32	0.28
	900	4.9	34～45	12.3	7.11	4.60	75	0.47	0.37
	1 100	4.6	<15	13.6	8.66	5.73	86	0.59	0.43

（续）

体重（千克）	日增重（克）	干物质进食量（千克/头·日，最少）	日粮中粗饲料比例（%）	蛋白质总量（%）	维持需要（兆焦/千克）	增重需要（兆焦/千克）	总养分（%）	钙（%）	磷（%）
250	0	4.1	100	8.5	4.90	0	55	0.18	0.18
	700	5.8	55～65	10.7	6.53	3.97	70	0.31	0.28
	900	6.2	45	11.1	6.86	4.27	72	0.35	0.31
	1 100	6.0	20～25	12.1	7.57	4.94	77	0.43	0.35
	1 300	6.0	<15	12.7	8.66	5.73	86	0.50	0.38
300	0	4.7	100	8.6	4.90	0	55	0.18	0.18
	900	8.1	55～65	10.0	6.53	3.97	70	0.27	0.23
	1 100	7.6	20～25	10.8	7.57	4.94	77	0.33	0.29
	1 300	7.1	<15	11.7	8.28	5.48	83	0.41	0.32
	1 400	7.3	<15	11.9	8.66	5.73	86	0.42	0.34
350	0	5.3	100	8.5	4.90	0	55	0.18	0.18
	900	8.0	45～55	10.0	6.86	4.27	72	0.25	0.22
	1 100	8.0	20～25	10.4	7.57	4.94	80	0.29	0.25
	1 300	8.0	<15	10.8	8.28	5.48	83	0.32	0.28
	1 400	8.2	<15	10.9	8.66	5.73	86	0.34	0.29

（续）

体重（千克）	日增重（克）	干物质进食量（千克/头·日，最少）	日粮中粗饲料比例（%）	蛋白质总量（%）	维持需要（兆焦/千克）	增重需要（兆焦/千克）	总养分（%）	钙（%）	磷（%）
400	0	5.9	100	8.5	4.90	0	55	0.18	0.18
	1 000	9.4	45～55	9.4	6.86	4.27	72	0.22	0.21
	1 200	8.5	20～25	10.2	7.57	4.94	80	0.27	0.25
	1 300	8.6	<15	10.4	8.66	5.73	86	0.29	0.26
	1 400	9.0	<15	10.5	8.66	5.73	86	0.29	0.26
450	0	6.4	100	8.5	4.90	0	55	0.18	0.18
	1 000	10.3	45～55	9.3	6.86	4.27	72	0.19	0.19
	1 200	10.2	20～25	9.5	7.57	4.94	80	0.23	0.22
	1 300	9.3	<15	10.4	8.66	5.73	86	0.26	0.25
	1 400	9.8	<15	10.0	8.66	5.73	86	0.26	0.23
500	0	7.0	100	8.5	4.90	0	55	0.18	0.18
	900	10.5	45～55	9.1	6.86	4.27	72	0.18	0.18
	1 100	10.4	20～25	9.2	7.57	4.94	80	0.19	0.19
	1 200	9.6	<15	10.0	8.66	5.73	86	0.22	0.22
	1 300	10.0	<15	9.7	8.66	5.73	86	0.22	0.22

附表 1-3　生长育肥肉牛每头每日的净能需要量（兆焦）

体重（千克）维持 需要（兆焦）	100 10.17	150 13.81	200 17.15	250 20.25	300 23.22	350 26.11	400 28.83	450 31.46	500 34.06
日增重（克）	增重需要（兆焦）								
100	0.71	0.96	1.17	1.42	1.63	1.80	2.01	2.18	2.34
200	1.42	1.92	2.38	2.85	3.26	3.68	4.06	4.44	4.77
300	2.18	2.93	3.64	4.31	4.94	5.56	6.15	6.74	7.28
400	2.93	3.97	4.94	5.86	6.69	7.53	8.33	9.08	9.79
500	3.72	5.02	6.23	7.41	8.45	9.50	10.50	11.46	12.43
600	4.52	6.11	7.57	9.00	10.29	11.55	12.76	13.93	15.06
700	5.31	7.24	8.95	10.59	12.13	13.64	15.06	16.44	17.78
800	6.15	8.37	10.33	12.26	14.06	15.77	17.45	19.04	20.59
900	7.03	9.50	11.80	13.93	15.98	17.95	19.83	21.67	23.43
1 000	7.87	10.67	13.22	15.69	17.95	20.17	22.31	24.35	26.32
1 100	8.79	11.88	14.73	17.45	20.00	22.43	24.81	27.07	29.33
1 200	9.67	13.10	16.23	19.25	22.05	24.77	27.36	29.87	32.34
1 300	10.59	14.35	17.82	21.09	24.14	27.11	29.96	32.76	35.44
1 400	11.55	15.65	19.37	22.97	26.32	29.54	32.64	35.65	38.58
1 500	12.51	16.95	21.00	24.89	28.49	32.01	35.40	38.62	41.76

附表二　育肥牛饲料典型配方

见附表2-1至附表2-4。

附表 2-1　体重300千克架子牛过渡期配合饲料配方示例

饲料名称	配方一	配方二	配方三	配方四	配方五
玉米（%）	20.6	8.5	14.3	4.7	0.0
棉籽饼（%）	13.9		13.2		3.6
玉米胚芽饼（%）	0.0	20.9	0.0	14.8	0.0
麦麸（%）	0.0	0.0	0.0	0.0	9.7
甜菜干粕（%）	6.9	0.0	0.0	0.0	0.0
玉米酒精蛋白料（DDGS湿，%）	0.0	15.1	0.0	15.3	0.0
玉米酒精蛋白料（DDGS干，%）	0.0	0.0	0.0	5.4	10.1
全株玉米青贮饲料（%）	44.5	28.3	49.0	27.0	42.0
苜蓿（%）	0.0	0.0	0.0	0.0	8.2
玉米秸（%）	13.6	0.0	23.1	15.8	18.1
玉米皮（%）	0.0	3.4	0.0	5.0	6.8
小麦秸（%）	0.0	0.0	0.0	2.4	0.0
添加剂（%）	1.0	1.0	1.0	1.0	1.0
食盐（%）	0.2	0.2	0.2	0.2	0.2
石粉（%）	0.3	0.4	0.3	0.3	0.2
每千克配合饲料（干）含有成分				0.3	0.2
维持净能（兆焦/千克）	6.14	7.32	6.39	6.19	5.77
增重净能（兆焦/千克）	3.64	1.09	3.73	3.68	3.26
粗蛋白质（%）	11.40	13.70	11.00	14.40	14.7
钙（%）	0.46	0.44	0.40	0.37	0.58
磷（%）	0.32	0.36	0.34	0.36	0.55
饲料配方中干物质（%）					
预计采食量（千克、自然重）	13.1	12.0	13.70	13.7	14.5
预计日增重（克）	900	900	900	800	700

附表 2-2 体重 300～350 千克架子牛育肥期配合饲料配方示例*

饲料名称	配方一	配方二	配方三	配方四	配方五
玉米（%）	31.2	18.4	17.3	21.1	16.9
玉米胚芽饼（%）	0.0	13.2	14.1	0.0	15.4
棉籽饼（%）	6.4	0.0	0.0	9.4	2.3
棉籽（%）	3.4	0.0	0.0	0.0	0.0
菜籽饼（%）	0.0	0.0	0.0	0.0	0.0
玉米酒精蛋白料（DDGS 湿，%）	0.0	18.6	15.0	0.0	0.0
玉米酒精蛋白料（DDGS 干，%）	0.0	0.0	0.0	0.0	10.7
全株玉米青贮饲料（%）	44.1	27.0	40.0	50.0	34.1
玉米秸（%）	3.4	10.7	10.6	18.0	7.0
玉米皮（%）	0.0	4.4	1.5	0.0	12.0
小麦秸（%）	0.0	7.2	0.0	0.0	0.0
甜菜干粕（%）	10.0	0.0	0.0	0.0	0.0
添加剂（%）	1.0	1.0	1.0	1.0	1.0
食盐（%）	0.2	0.2	0.2	0.2	0.2
石粉（%）	0.3	0.3	0.3	0.3	0.4
每千克配合饲料（干）含有成分					
维持净能（兆焦/千克）	7.28	6.95	7.03	6.81	6.95
增重净能（兆焦/千克）	4.45	4.20	4.27	4.09	4.23
粗蛋白质（%）	11.0	12.8	12.96	10.4	14.31
钙（%）	0.37	0.33	0.38	0.34	0.37
磷（%）	0.32	0.30	0.32	0.31	0.37
饲料配方中干物质（%）					
预计采食量（千克）	13.2	15.2	14.1	14.2	14.5
预计日增重（克）	1 200	1 000	1 000	1 000	1 000

附表 2-3　体重 350～400 千克架子牛配合饲料配方示例*

饲料名称	配方一	配方二	配方三	配方四	配方五
玉米（%）	26.4	30.7	31.2	34.0	46.4
麦麸（%）	0.0	0.0	0.0	2.9	0.0
玉米胚芽饼（%）	0.0	0.0	0.0	2.0	0.0
棉籽饼（%）	7.2	9.8	7.0	3.6	7.7
棉籽（%）	3.6	3.3	3.5	0.0	2.3
菜籽饼（%）	3.6	0.0	0.0	0.0	0.0
玉米酒精蛋白料（DDGS 干，%）	0.0	0.0	0.0	18.0	0.0
全株玉米青贮料（%）	41.0	48.4	44.0	0.0	32.0
甜菜干粕（%）	7.0	0.0	13.6		11.0
玉米秸（%）	10.7	7.4	0.0	19.3	0.0
苜蓿草（%）	0.0	0.0	0.0	5.0	0.0
玉米皮（%）	0.0	0.0	0.0	14.7	0.0
每千克配合饲料（干）含有成分					
维持净能（兆焦/千克）	6.94	7.27	7.31	7.24	7.81
增重净能（兆焦/千克）	4.25	4.46	4.47	4.44	4.86
粗蛋白质（%）	12.55	11.20	11.20	14.20	10.95
钙（%）	0.39	0.34	0.39	0.39	0.39
磷（%）	0.37	0.32	0.33	0.36	0.37
饲料配方中干物质（%）					
预计采食量（千克）	14.8	15.9	15.2	15.5	13.6
预计日增重（克）	1 000	1 100	1 100	1 100	1 200

附表 2-4　肉牛催肥期配合饲料配方示例

饲料名称	配方一	配方二	配方三	配方四	配方五
玉米（%）	40.9	35.9	24.7	30.5	48.5
大麦（%）	8.0	0.0	0.0		8.6
棉籽饼（%）	8.1	0.0	0.0		6.0
玉米胚芽饼（%）	0.0	16.0	17.8	17.1	0.0

（续）

饲料名称	配方一	配方二	配方三	配方四	配方五
棉籽（%）	0.0	0.0	0.0		2.5
玉米酒精蛋白料（DDGS湿，%）	0.0	0.0		17.0	0.0
玉米酒精蛋白料（DDGS干，%）		7.2	4.1		0.0
全株玉米青贮饲料（%）	26.0	25.1	32.6	18.2	21.0
甜菜干粕（%）	16.0	0.0			12.2
苜蓿草（%）	0.0	4.3			0.0
玉米秸（%）	0.0	2.6	9.2	9.1	0.0
小麦秸（%）	0.0	0.0	0.0	5.0	0.0
玉米皮（%）	0.0	7.3	10.0	1.8	0.0
添加剂（%）	1.0	1.0	1.0	1.0	1.0
食盐（%）	0.2	0.3	0.2	0.3	0.2
石粉（%）	0.0	0.55	0.4	0.5	0.0
每千克配合饲料（干）含有成分					
维持净能（兆焦/千克）	7.67	7.66	7.28	7.53	7.86
增重净能（兆焦/千克）	4.71	4.77	4.56	4.69	4.94
粗蛋白质（%）	10.7	13.46	12.60	12.90	10.7
钙（%）	0.34	0.35	0.40	0.32	0.34
磷（%）	0.28	0.33	0.35	0.31	0.31
饲料配方中干物质（%）					
预计采食量（千克）	14.3	14.5	15.1	16.5	13.6
预计日增重（克）	1 200	1 200	1 100	1 000	1 300

对表 2-1 至表 2-4 的说明：

（1）肉牛营养需要参见美国肉牛“NRC”标准；

（2）饲料营养成分参见附表—肉牛常用饲料成分表；

（3）如肉牛采食量大于表中预计数时，日增重可高于表中预计数；采食量小于表中预计数时，肉牛日增重小于表中预计数；

（4）我国黄牛的采食量、增重量要低于“NRC”标准；

（5）在实际应用时要考虑饲料的含水量；

（6）在实际应用时要考虑饲料杂质的含量。

附表三　育肥牛常用饲料成分

肉牛常用饲料成分表

饲料名称	水分（%）	代谢能（兆焦/千克）	维持需要*（兆焦/千克）	增重需要*（兆焦/千克）	粗蛋白*（%）	粗纤维*（%）	钙*（%）	磷*（%）
青甘薯藤	87.6	9.55	5.69	3.18	16.9	19.4	—	2.10
青甘薯藤	87.0	8.67	5.10	2.34	16.2	19.2	1.53	0.38
青黑麦草	87.7	10.55	6.44	4.06	12.9	24.5	—	—
青花生藤	70.7	8.00	4.73	1.63	15.4	21.2	—	0.81
苜蓿青草	71.2	9.55	5.69	3.18	17.7	26.4	1.22	1.53
苜蓿青草	79.8	8.62	5.10	2.30	17.8	32.2	2.33	0.30
青野青草	74.7	8.25	4.85	1.88	6.7	28.1	—	0.47
青野青草	81.1	8.92	5.27	2.59	16.9	30.2	1.27	0.16
甘蔗尾	75.4	7.87	4.64	1.51	6.1	31.3	0.28	0.41
苜蓿干草	12.3	9.00	5.31	2.68	20.9	35.9	1.68	0.22
苜蓿干草	11.6	7.97	5.19	2.47	17.5	28.7	1.24	0.25
野干草	7.9	7.90	4.27	0.71	8.3	33.7	0.49	0.08
野干草	9.2	7.37	4.35	0.92	7.6	31.4	0.56	0.24
黑麦苗	76	10.46	6.69	4.18	15.9	28.5	0.39	0.33

（续）

黑麦干草	14	9.08	5.48	3.10	8.6	30.3	0.65	0.32
玉米青贮	75.0	8.50	5.02	2.18	6.0	30.8	—	—
玉米青贮	77.3	8.37	4.94	2.01	7.1	30.4	0.44	0.26
稻草	10.6	7.03	4.18	0.54	2.8	27.0	0.08	0.06
稻草（早稻）	10.7	6.70	4.02	0.13	2.7	26.9	—	—
稻草（晚稻）	10.3	6.78	4.06	0.21	3.5	31.8	—	—
瘪稻谷	11.5	5.02	3.26	—	6.3	27.0	0.18	0.26
稻壳	8.0	1.80	0	0	3.3	42.9	0.10	0.08
小麦秸	10.4	6.91	4.14	0.38	6.3	35.6	0.06	0.07
小麦糠	12.0	—	4.67	0.45	6.9	—	0.08	0.08
玉米秸	8.2	9.59	5.73	3.22	6.5	26.3	1.23	0.18
玉米秸	8.7	9.50	5.65	3.14	9.3	26.2	1.53	0.22
玉米芯粉	10.0	7.57	4.06	1.76	3.2	36.2	0.12	0.04
高粱秆	12.0	8.16	4.64	2.30	5.2	33.5	0.52	0.13
高粱糠	8.9	12.64	8.28	5.52	10.5	4.4	0.08	0.89
大豆秸秆	12.0	6.36	2.85	0.63	5.2	44.3	1.59	0.06
甘蔗渣	9.0	7.28	3.77	1.46	1.6	48.1	0.90	0.29

（续）

饲料名称	水分（%）	代谢能（兆焦/千克）	维持需要*（兆焦/千克）	增重需要*（兆焦/千克）	粗蛋白*（%）	粗纤维*（%）	钙*（%）	磷*（%）
大米	12.5	13.48	9.16	6.02	9.7	0.9	0.07	0.24
大麦	11.2	12.35	7.70	5.10	12.2	5.3	0.14	0.33
稻谷	9.4	11.81	7.49	4.98	9.2	9.4	0.14	0.31
稻谷	8.4	11.27	7.41	4.90	9.4	9.9	0.05	0.17
玉米	11.6	13.44	9.12	5.98	9.7	2.3	0.09	0.24
玉米	10.1	13.57	9.29	6.07	9.8	2.8	0.06	0.21
玉米	11.8	13.44	9.12	5.98	8.8	2.4	0.02	0.41
玉米皮	12.1	9.46	5.65	3.10	11.5	15.7	—	—
玉米皮	11.8	10.89	6.69	4.31	11.0	10.3	0.32	0.40
米糠饼	9.3	10.55	6.44	4.02	16.8	9.8	0.13	0.20
米糠	9.8	12.69	8.33	5.56	13.4	10.2	0.16	1.15
米糠	11.6	13.57	9.29	6.07	16.1	7.1	0.25	—
玉米胚芽饼	7.0	11.26	7.03	4.60	18.80	16.0	0.05	0.53
大豆皮	13.0	12.02	7.70	5.10	17.7	6.6	0.38	0.55
小麦	8.2	13.77	8.95	5.90	13.2	2.6	0.12	0.39
黄面粉	12.2	13.52	9.25	6.07	12.6	0.9	0.14	0.15
黄面粉	12.5	12.81	8.45	5.61	19.2	7.1	—	0.14

（续）

黄面粉	12.8	13.44	9.12	5.98	10.9	1.5	0.09	0.50
小麦麸	11.4	10.89	6.69	4.31	16.3	10.4	0.20	0.88
小麦麸	10.7	10.55	6.44	4.06	16.8	11.5	0.16	0.60
小麦麸	11.8	10.76	6.61	4.23	13.3	11.5	0.12	0.99
小麦麸	14.0	10.84	6.65	4.31	17.4	11.5	0.41	0.93
小麦麸	11.7	10.59	6.44	4.06	17.7	9.6	0.24	0.99
小麦麸	10.7	10.93	6.74	4.35	14.7	9.2	0.28	1.01
燕麦	9.7	12.10	7.78	5.19	12.8	9.9	0.17	0.37
高粱	11.6	12.06	7.74	5.15	9.0	2.7	0.06	2.38
高粱	12.7	12.39	8.03	5.36	9.2	1.7	0.02	0.44
植物油	0	26.78	19.87	14.69	0	0	0	0
菜籽饼	7.8	12.06	7.74	5.15	39.5	11.6	0.79	1.03
菜籽粕	7.5	10.89	6.69	4.31	44.2	14.5	0.80	1.16
胡麻饼	8.0	12.30	7.95	5.31	36.0	10.7	0.63	0.84
芝麻饼	8.0	12.48	8.12	5.44	42.6	7.8	2.45	1.29
花生饼	11.0	13.15	13.35	9.04	55.2	6.0	0.34	0.33
花生饼	11.5	12.27	7.91	5.27	44.6	4.1	0.37	0.62

（续）

饲料名称	水分（%）	代谢能（兆焦/千克）	维持需要*（兆焦/千克）	增重需要*（兆焦/千克）	粗蛋白*（%）	粗纤维*（%）	钙*（%）	磷*（%）
花生粕	9.9	11.97	7.66	5.1	54.2	6.1	—	—
棉籽饼	15.6	8.46	4.98	2.09	24.5	24.4	0.92	0.75
棉籽粕	11.7	11.22	6.99	4.56	44.6	11.8	0.26	2.28
棉籽	8.0	—	10.09	7.08	23.9	20.8	0.16	0.75
棉荚	8.0	—	3.14	0.92	11.0	32.2	0.90	0.12
棉籽壳	9.0	6.36	2.85	0.63	4.1	47.8	0.15	0.09
棉籽皮	13.8	—	3.54	0.95	10.6	—	0.78	0.33
花生荚	9.0	3.35	0	0	7.8	62.9	0.26	0.07
向日葵粕	7.4	9.71	5.82	3.35	49.8	12.7	0.57	0.57
向日葵饼	6.7	6.66	4.02	0.04	18.6	42.0	0.43	1.01
DDGS	0	15.94	10.76	7.06	30.9	7.2	0.11	0.75
玉米粉渣	15.0	13.23	8.91	5.86	12.0	9.3	0.13	0.13
甜菜渣	9.0	13.64	11.21	7.36	9.7	19.8	0.69	0.10
甜菜渣	89	13.26	10.88	7.11	11.2	28.1	0.87	0.10
豆腐渣	11.0	12.23	9.04	5.94	30.0	19.1	0.45	0.27
粉渣	86.0	10.72	6.57	4.14	15.0	20.0	0.43	0.21
粉渣	85.0	13.23	8.91	5.86	12.0	9.3	0.13	0.13

（续）

白酒糟	20.7	12.73	8.37	5.56	24.7	9.0	—	—
白酒糟	35.0	10.09	6.07	3.68	18.3	14.3	0.26	0.20
啤酒糟	23.4	10.47	6.74	3.97	29.0	16.7	0.38	0.77
石灰石粉	0		0	0	0	0	33.8	0.02
石粉	0		0	0	0	0	36.0	0
磷灰石	0		0	0	0	0	33.1	18.0
磷酸氢钙	0		0	0	0	0	23.1	18.7
贝壳粉	0		0	0	0	0	38.1	0.1

*　是干物质（水分为0）为基础时的成分含量。

主要参考文献

蒋洪茂．1995. 优质牛肉生产技术．中国农业出版社．

蒋洪茂．1998. 黄牛肉育肥实用技术．中国农业出版社．

蒋洪茂．2003. 肉牛高效育肥饲养与管理技术．中国农业出版社．

蒋洪茂．2003. 肉牛快速育肥实用技术．金盾出版社．

蒋洪茂．2005. 肉牛无公害高效养殖．金盾出版社

蒋洪茂．2008. 无公害肉牛安全生产手册．中国农业出版社．

蒋洪茂．2008. 优质肉牛屠宰加工技术．金盾出版社．

马曼云，等．1998. 肉牛营养需要．农业出版社．

郑丕留，等．1986. 中国牛品种志．上海科学技术出版社．

图书在版编目（CIP）数据

肉牛最新育肥技术300问/蒋洪茂编著．—北京：中国农业出版社，2016.7（2019.6重印）
（养殖致富攻略·一线专家答疑丛书）
ISBN 978-7-109-21982-3

Ⅰ.①肉…　Ⅱ.①蒋…　Ⅲ.①肉牛－饲养管理－问题解答　Ⅳ.①S823.9-44

中国版本图书馆CIP数据核字（2016）第186791号

中国农业出版社出版
（北京市朝阳区麦子店街18号楼）
（邮政编码100125）
责任编辑　郭永立

中农印务有限公司印刷　　新华书店北京发行所发行
2017年1月第1版　　2019年6月北京第3次印刷

开本：890mm×1230mm 1/32　　印张：10.875
字数：305千字
定价：30.00元